华章IT

HZBOOKS | Information Technology

HZ Books

Introduction to React Native: A Hands-On Approach

React Native 精解与实战

邱鹏源 编著

机械工业出版社
China Machine Press

图书在版编目（CIP）数据

React Native 精解与实战 / 邱鹏源编著．—北京：机械工业出版社，2018.6
（实战）

ISBN 978-7-111-60385-6

I. R⋯　II. 邱⋯　III. 移动终端－应用程序－程序设计　IV. TN929.53

中国版本图书馆 CIP 数据核字（2018）第 146531 号

React Native 精解与实战

出版发行：机械工业出版社（北京市西城区百万庄大街 22 号　邮政编码：100037）

责任编辑：陈佳媛　　责任校对：李秋荣

印　　刷：北京市荣盛彩色印刷有限公司　　版　　次：2018 年 8 月第 1 版第 1 次印刷

开　　本：186mm×240mm　1/16　　印　　张：22

书　　号：ISBN 978-7-111-60385-6　　定　　价：79.00 元

凡购本书，如有缺页、倒页、脱页，由本社发行部调换

客服热线：（010）88379426　88361066　　投稿热线：（010）88379604

购书热线：（010）68326294　88379649　68995259　　读者信箱：hzit@hzbook.com

Preface 前　言

从2015年React Native框架发布开始，我就关注React Native框架的发展，在得知React Native框架将同时支持iOS平台与Android平台的部署后，我们就开始着手将之前的项目从混合开发的方式慢慢转移到使用React Native框架开发的方式上来。当时国内的React Native方面的资料非常少，很多难题的解决都需要查阅大量的国外文档，正是在这个摸索的过程中，加深了对React Native框架的理解。

后来，我们的很多Web项目都在使用React框架，React正是React Native最底层的技术框架，同时也深深体会到只有理解底层架构，才能对于很多表象的难题快速定位并找到解决方案。

本书基于我多年写的技术博客以及使用React Native框架的实战经验，我认为底层的原理永远比一些组件的使用方法更重要，所以本书介绍了大量框架底层原理。通过阅读本书你会发现掌握框架后，组件和API的使用将变得非常简单，希望你在学习时能体会到这种触类旁通的感觉。

本书主要内容

本书分为两大部分，第Ⅰ部分“入门”包括第1～9章，介绍React Native框架的基本原理与使用；第Ⅱ部分“进阶”包括第10～15章，介绍React Native框架的高阶开发与App部署相关知识。

第1章介绍React与React Native框架产生的背景与原理，以及开发优势。

第2章介绍Node.js框架，并实战演示了React Native开发环境的安装与配置。

第3章介绍React Native框架的构成、工作原理、组件间通信以及生命周期，包括代码实战演示。

第4章介绍React Native页面布局开发使用的CSS Flex，帮助读者掌握好React Native框架中元素布局的基本方法。

第5章介绍React Native框架下iOS平台与Android平台环境配置与代码调试的方法，并对React Native框架的调试工具以及借助Chrome进行远程调试的方法进行了实战讲解。

第6章介绍React Native框架中常用的组件，如View、TabBar、NavigatorIOS、Image、Text、TextInput、WebView、ScrollView等。同时介绍了iOS平台与Android平台的适配以及更适合的第三方组件。

第7章介绍React Native框架重点API的使用，包括提示框、App运行状态、异步存储、相机与相册、地理位置信息、设备网络信息等API，希望读者熟练掌握这些基础API，进而能举一反三。

第8章介绍React Native框架下的网络请求以及列表数据的绑定，这是开发App需要使用的技术重点。

第9章介绍React Native开发生态下一些常用的第三方组件，通过代码实战的方式进行讲解，并介绍了如何快速地找到自己的项目需要使用的第三方组件。

第10章结合iOS与Android平台深入讲解了React Native框架的底层运行原理，并分别介绍了两个平台的部署与测试方法。

第11章介绍React Native框架下iOS平台的混合开发方法，通过混合开发，你可以在React Native框架下访问任何iOS原生平台。

第12章介绍React Native框架下Android平台的混合开发方法，以及案例分析。

第13章详细讲解React Native框架下iOS平台与Android平台的消息推送原理，并介绍两个平台的消息推送实战。

第14章介绍项目最终打包前App的图标与启动图的设置，并介绍了如何通过第三方工具快速生成这些相关资源。

第15章介绍React Native性能调优的方法与技巧，以便在App上架前测试以及后期App遇到性能问题时可以快速定位到问题所在。

本书附录简单剖析了React Native的源码，希望能帮助你深入研究React Native框架的源码，以便能探究其底层本质。同时也分享了一些学习React Native框架的相关资源。

本书的读者对象

- 各类移动 App 开发人员，学习 React Native 框架可以使你开发一套 React Native 源码同时部署到 iOS 平台与 Android 平台。
- 想进入移动 App 开发领域的初学者，React Native 框架比 Android 和 iOS 两个原生平台的技术门槛低很多，只需掌握 HTML、CSS、JavaScript 相关知识点就可以动手开发跨平台的移动 App。
- 已经在使用 React Native 框架开发移动 App 的开发人员，书中讲解了 React Native 框架的底层原理，以及与 iOS 平台、Android 平台的高阶混合开发部分，完全用代码进行讲解，学习起来更加直观。

本书配套源代码

本书的配套源代码都可以在 https://github.com/ParryQiu/ReactNative-Book-Demo 下载。

后续如果遇到 React Native 框架的大升级，我同样会在此代码库中相应地更新实战演示的代码。

致谢

首先感谢多年来共事过的同事们、领导们，多年来容忍我在一些技术问题上吹毛求疵，给了我很多好的建议和思路启发。还要感谢吴怡编辑，从约稿到审稿，都体现了她的认真态度和专业知识，她能一针见血地指出问题所在，促使我更加认真、专业地去编写此书。

在编写的过程中，虽然对于每一个知识点我都查阅了大量的相关文档，但是本书涉及海量的知识点，难免会有疏漏，恳请各位读者斧正。

邱鹏源

2018 年 4 月

目　录 *Contents*

第Ⅱ部分　进阶

第 I 部分 *Part 1*

入　门

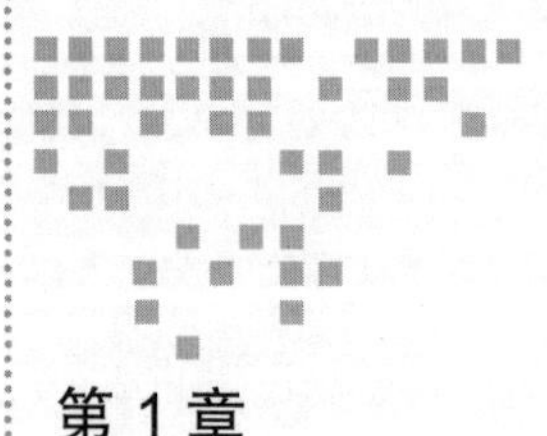

Chapter 1 第1章

React与React Native简介

这一章我们将对React与React Native的基本概念进行介绍。首先，详细介绍React产生的背景及React的框架，然后简单介绍React的底层实现原理，最后介绍React Native的基本概念。

你将对React与React Native框架的发展、框架之间的关系有一个基本的了解，具体的技术细节在后续的章节将有更加详细的讲解与实战解读。

1.1 React简介

React框架最早孵化于Facebook内部，Jordan Walke是框架的创始人。React作为内部使用的框架，在2011年的时候用于Facebook的新闻流（newsfeed），并于2012年用在了Instagram项目上。在2013年5月美国的JSConf大会上，Facebook宣布React框架项目开源。

图1-1为GitHub上React的开源项目截图，地址为：https://github.com/facebook/react/。

React框架产生的缘由是在当时的技术背景下，前端MVC（Model-View-Controller）框架性能不能满足Facebook项目的性能需求以及扩展需求，所以Jordan Walke索性就自己着手开始写React框架，这种精神值得学习。

在当时Facebook内部极其复杂的项目中，面临的一个问题是，在MVC架构的项目中当Model和View有数据流动时，可能会出现双向的数据流动，那么项目的调试以及维护将变得异常复杂。

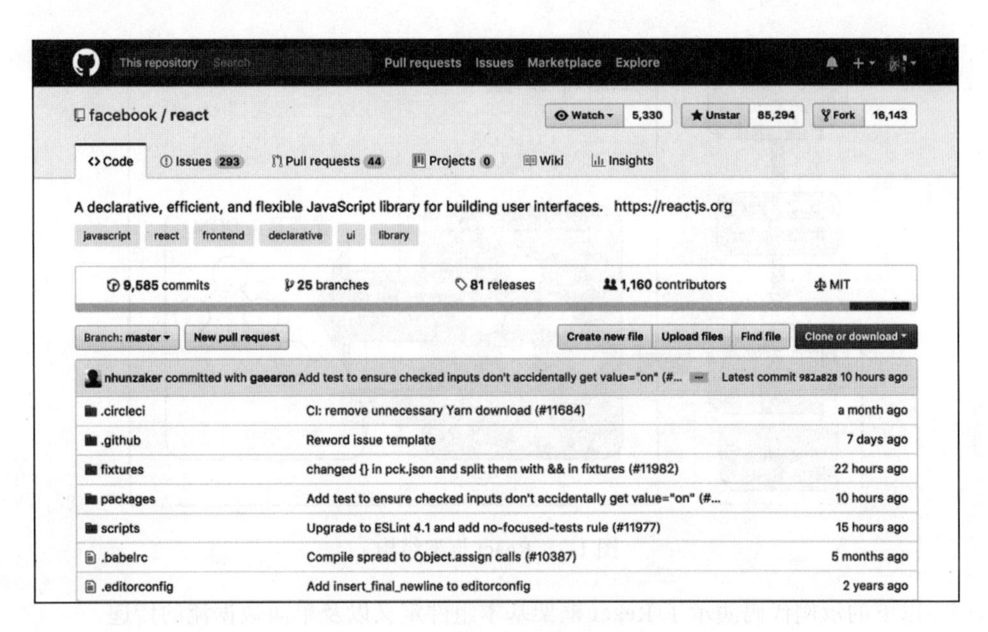

图1-1 GitHub上的React项目

React官方也说自己不是一个MVC框架（https://reactjs.org/blog/2013/06/05/why-react.html），或者说React只专注于MVC框架设计模式中的View层面的实现。

为了大大减少传统前端直接操作DOM的昂贵花费，React使用Virtual DOM（虚拟DOM）进行DOM的更新。

图1-2为React框架的基本结构，清晰明了地描述出了React底层与前端浏览器的沟通机制。

React的组件是用户界面的最小元素，与外界的所有交互都通过state和props进行传递。通过这样的组件封装设计，使用声明式的编程方式，使得React的逻辑足够简化，并可以通过模块化开发逐步构建出项目的整体UI。

React框架中还有一个重要的概念是单向数据流，所有的数据流从父节点传递到子节点。假设父节点数据通过props传递到子节点，如果相对父节点（或者说相对顶层）传递的props值改变了，那么其所有的子节点（默认在没有使用

shouldComponentUpdate 进行优化的情况下）都会进行重新渲染，这样的设计使得组件足够扁平并且也便于维护。

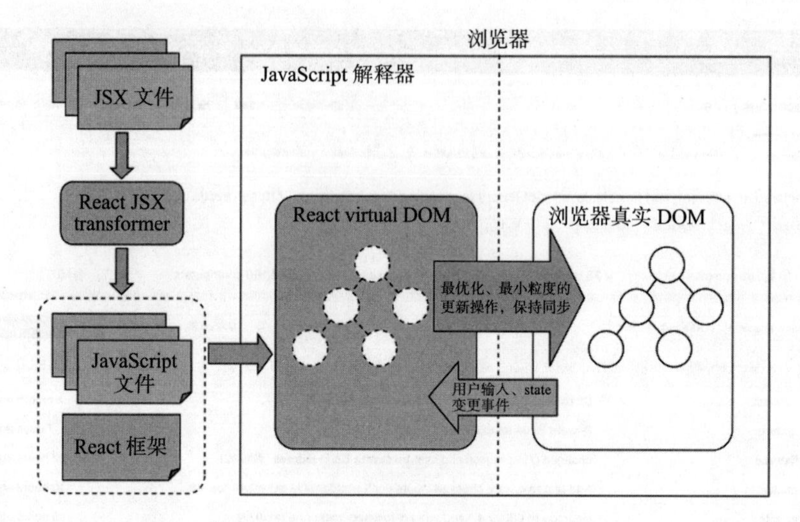

图 1-2　React 框架结构

以下的示例代码演示了 React 框架基本组件定义以及单向数据流的传递。

> 完整代码在本书配套源码的 01-01-02 文件夹。

我们在 index.js 文件中定义 React 项目的入口，render 函数中使用了子组件 BodyIndex，并通过 props 传递了两个参数，id 和 name，用于从父组件向子组件传递参数，这也是 React 框架中数据流的传递方式：

```
 1. /**
 2.  * 章节: 01-01-02
 3.  * index.js 定义了 React 项目的入口
 4.  * FilePath: /01-01-02/index.js
 5.  * @Parry
 6.  */
 7.
 8. var React = require('react');
 9. var ReactDOM = require('react-dom');
10. import BodyIndex from './components/bodyindex';
11. class Index extends React.Component {
12.
13.   //生命周期函数 componentWillMount，组件即将加载
14.   componentWillMount(){
```

```
15.     console.log("Index - componentWillMount");
16.   }
17.
18.   //生命周期函数 componentDidMount，组件加载完毕
19.   componentDidMount(){
20.     console.log("Index - componentDidMount");
21.   }
22.
23.   //页面表现组件渲染
24.   render() {
25.     return (
26.       <div>
27.         <BodyIndex id={1234567890} name={"IndexPage"}/>
28.       </div>
29.     );
30.   }
31. }
32.
33. ReactDOM.render(<Index/>, document.getElementById('example'));
```

在子组件 BodyIndex 中定义了 state 值，并通过 setTimeout 函数在页面加载 5 秒后进行 state 值的修改。页面表现层代码演示了如何读取自身的 state 值以及读取父组件传递过来的 props 值：

```
1. /**
2.  * 章节: 01-01-02
3.  * bodyindex.js 定义了一个名为 BodyIndex 的子组件
4.  * FilePath: /01-01-02/bodyindex.js
5.  * @Parry
6.  */
7.
8. import React from 'react';
9. export default class BodyIndex extends React.Component {
10.   constructor() {
11.     super();
12.     this.state = {
13.       username: "Parry"
14.     };
15.   }
16.
17.   render() {
18.     setTimeout(() => {
19.       //5秒后更改一下 state
20.       this.setState({username: "React"});
```

```
21.     }, 5000);
22.
23.     return (
24.       <div>
25.
26.           <h1>子组件页面</h1>
27.
28.           <h2>当前组件自身的 state</h2>
29.           <p>username: {this.state.username}</p>
30.
31.           <h2>父组件传递过来的参数</h2>
32.           <p>id: {this.props.id}</p>
33.           <p>name: {this.props.name}</p>
34.
35.       </div>
36.     )
37.   }
38. }
```

项目的 package.json 文件配置和使用的相关框架版本如下所示：

```
1. {
2.   "name": "01-01-02",
3.   "version": "1.0.0",
4.   "description": "",
5.   "main": "index.js",
6.   "scripts": {
7.     "test": "echo \"Error: no test specified\" && exit 1"
8.   },
9.   "author": "",
10.  "license": "ISC",
11.  "dependencies": {
12.    "babel-preset-es2015": "^6.14.0",
13.    "babel-preset-react": "^6.11.1",
14.    "babelify": "^7.3.0",
15.    "react": "^15.3.2",
16.    "react-dom": "^15.3.2",
17.    "webpack": "^1.13.2",
18.    "webpack-dev-server": "^1.16.1"
19.  }
20. }
```

在命令行执行 webpack-dev-server 命令后，浏览器中的运行结果如图 1-3 所示，并且在 5 秒后子组件的 state 定义的 username 值由 Parry 变成了 React。具体的配置方法及其意义将在后续章节讲解。

你可以直接在本地编写代码运行测试或直接下载本书配套源码运行，运行后，注意此 state 页面值更新的部分，整个页面没有进行任何的重新刷新加载，而只是进行了局部的更新，其原理详见下一节。

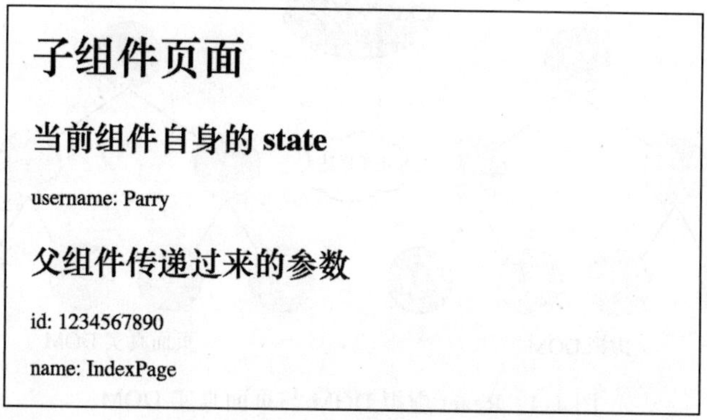

子组件页面

当前组件自身的 state

username: Parry

父组件传递过来的参数

id: 1234567890

name: IndexPage

图 1-3　代码在浏览器中的执行结果

React 框架底层的核心为 Virtual DOM，也就是虚拟 DOM。本节将介绍它的底层特性，只有理解了 React 框架底层的本质，才能更好地帮助你理解 React 框架的前端表现，并为后续章节讨论 React Native 框架的性能优化进行一定的知识储备。

传统的 HTML 页面需要更新页面元素，或者说需要更新页面时，都是将整个页面重新加载实现重绘，执行这样的操作不管是从服务器代价还是从用户体验上来说，“代价”都是非常昂贵的。后来，有了 AJAX（Asynchronous JavaScript And XML）这样的局部更新技术，实现了页面局部组件的异步更新，不过 AJAX 在代码的编写、维护、性能以及更新粒度的控制上还是不太完美。

文档对象模型（Document Object Model，DOM），是 W3C 组织推荐的处理可扩展标志语言的标准编程接口。在 HTML 网页上，将构成页面（或文档）的对象元素组织在一个树形结构中，用来表示文档中对象的标准模型就称为 DOM。

React 在框架底层设计了一个虚拟 DOM，此虚拟 DOM 与页面上的真实 DOM 相互映射，当业务逻辑修改了 React 组件中的 state 部分，如上例中，子组件的 state 值，username 由 Parry 修改成了 React，React 框架底层的 diff 算法会通过比较虚拟 DOM 与真实 DOM 的差异，找出哪些部分被修改了最终只更新真实 DOM 与虚拟 DOM 差异的部分。此计算过程是在内存中进行的，所以 React 在前端中的高性能表现正是来自于其底层的优良设计。

图 1-4 展示了 React 中的虚拟 DOM 与页面真实 DOM 之间的关系，其间的差异通过 React 框架底层的 diff 算法获取。

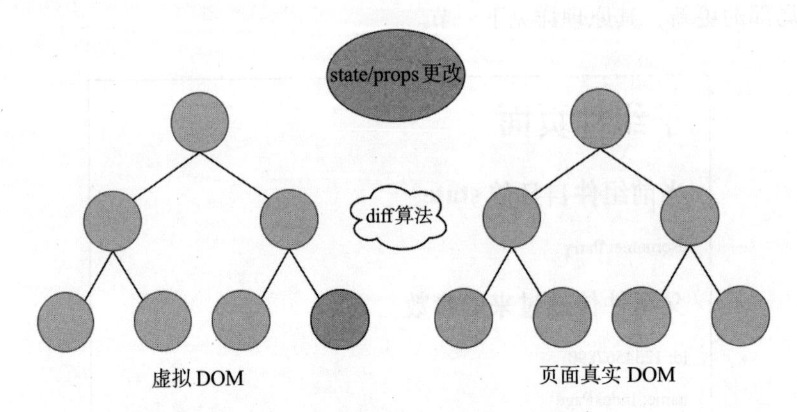

图 1-4 React 虚拟 DOM 与页面真实 DOM

要更加深入地了解 React 在源码级别的实现原理，可以参考我博客里从 React 的源码角度对其底层批量更新 state 策略的分析文章：

- 深入理解 React JS 中的 setState

  http://blog.parryqiu.com/2017/12/19/react_set_state_asynchronously/

- 从源码的角度再看 React JS 中的 setState

  http://blog.parryqiu.com/2017/12/29/react-state-in-sourcecode/

- 从源码的角度看 React JS 中批量更新 State 的策略（上）

  http://blog.parryqiu.com/2018/01/04/2018-01-04/

- 从源码的角度看 React JS 中批量更新 State 的策略（下）

  http://blog.parryqiu.com/2018/01/08/2018-01-08/

通过以上对 React 框架的简介、代码演示以及底层原理的剖析得知，React 最大的优势在于更新页面 DOM 时，对比于之前的前端更新方案，效率会大大提高。其实 React 并不会在 state 更改的第一时间就去执行 diff 算法并立即更新页面 DOM，而是将多次操作汇聚成一次批量操作，这样再次大大提升了页面更新重绘的效率。

使用 React 框架开发，我们不会通过 JavaScript 代码直接操作前端真实 DOM，而是完全通过 state 以及 props 的变更引起页面 DOM 的变更，相对于 jQuery 等框架那样进行大量的 DOM 查找与操作要简单、高效得多。

React 框架在开源生态下，已经有大量的相关开源框架与组件可供使用，非常适合项目的快速开发。

1.2　React Native 简介

Facebook 曾致力于使用 HTML 5 进行移动端的开发，最终发现与原生的 App 相比，体验上还是有非常大的差距，并且这种差距越来越大，特别是在性能方面。最终，Facebook 放弃了 HTML 5 的技术路线，于 2015 年 3 月正式发布了 React Native 框架，此框架专注于移动端 App 的开发。

在最初发布的版本中，React Native 框架只用于开发 iOS 平台的 App，2015 年 9 月，Facebook 发布了支持 Android 平台的 React Native 框架。至此，React Native 框架真正实现了跨平台的移动 App 开发，此举简直就是移动 App 开发人员的福音。

图 1-5 为 GitHub 上 React Native 的开源项目，地址为 https://github.com/facebook/react-native/。

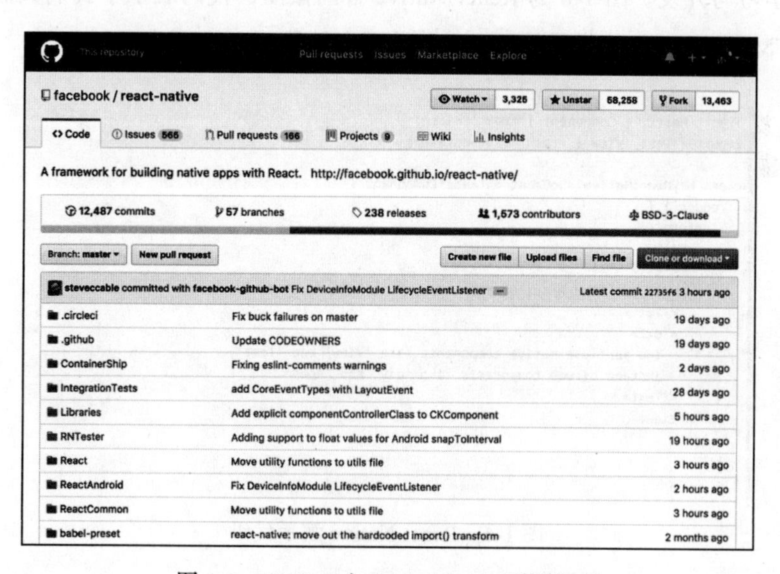

图 1-5　GitHub 上 React Native 开源项目

React Native 框架在 React 框架的基础上，底层通过对 iOS 平台与 Android 平台原生代码的封装与调用，结合前台的 JavaScript 代码，我们就可以编写出调用

iOS平台与Android平台原生代码的App，这样编写的App的性能远远优于使用HTML 5开发的App性能，因为HTML 5开发的App只是在HTML 5外部包裹上一个程序外壳后在移动平台上运行，在性能与功能上都不能达到React Native框架的水准。

React Native框架提供了原生组件与底层API供开发者使用，这些自带的组件与API足以满足移动端App的开发需求，后续章节会详细讲解这些组件与API的概念与使用实战演示。

React Native框架还提供了与iOS平台、Android平台混合开发的接口，让开发者可以在React Native中调用iOS平台与Android平台中任意的原生API与代码，让可以在原生平台实现的任何功能都可以在React Native框架中得以实现。

在使用React Native框架开发移动平台App的过程中，我们可以直接使用CSS进行页面元素的布局，这之前是iOS与Android原生移动平台开发者简直不可想象的事情。

开发人员在具备了React框架基础知识后，可以更加快速地进行React Native框架的学习与开发。图1-6为React Native官网截图，代码展示了我们只需要使用类似HTML 5（JSX）的代码就可以进行跨平台的移动App开发。

```
import React, { Component } from 'react';
import { Text, View } from 'react-native';

class WhyReactNativeIsSoGreat extends Component {
  render() {
    return (
      <View>
        <Text>
          If you like React on the web, you'll like React Native.
        </Text>
        <Text>
          You just use native components like 'View' and 'Text',
          instead of web components like 'div' and 'span'.
        </Text>
      </View>
    );
  }
}
```

图1-6 React Native演示代码

React Native有以下优势：

- 底层采用React框架，减少了我们学习与开发的成本，React Native框架可以让你真正跨越移动开发的鸿沟，不需要分开学习iOS平台与Android平台的特定语法、页面布局以及各平台的特别处理技巧，使用一套 React Native 代码的部署就可以覆盖多个移动平台。

- React Native 性能优化很好，完全可以避开之前使用 HTML 5 开发移动 App 的性能障碍。
- React Native 框架的 JavaScript Core 底层，可以让 App 轻松实现更新操作，基本上更新一下 JavaScript 文件，整个 App 就完成了更新，非常适合用来开发 App 的热更新。
- React Native 框架同时也使得 App 的开发调试变得异常简单，不需要像之前在多个平台、多个语言、多个工具之间跳来跳去，React Native 开发的 App 在模拟器或真机中，只需要像刷新浏览器一样就可以即时查看到代码修改后的效果，并且还可以在 Chrome 浏览器中查看控制台输出、加断点、单步调试等，整个过程完全就是 JavaScript 开发调试的体验，非常畅快。

图 1-7 为使用 React Native 框架开发时，在 iOS 系统下的开发调试选项截图，功能非常强大、使用非常方便。Android 平台提供了同样的调试选项。

图 1-7　React Native 开发调试选项

1.3　React Native 前置知识点

在正式学习 React Native 框架前，我们梳理一下需要具备的基本知识，因为

React Native 毕竟是在多平台的移动 App 开发，涉及知识点比较多，而且底层的 React 框架有别于目前既有的一些前端框架知识。

- 掌握 HTML 5 的基本知识；
- 掌握 JavaScript 的基础知识，如果有 React 的基础知识学习起来会更加轻松；
- 掌握 CSS 布局的基本知识，在 React Native 中会使用 CSS 直接进行页面元素的布局与样式控制；
- 接触过移动端的开发更好，项目的后期会涉及两个平台的 App 打包、部署与上架，不过这些知识点后续章节都会讲解；
- Node.js 以及 npm 包管理的知识，这部分后续章节同样会有详细的讲解。

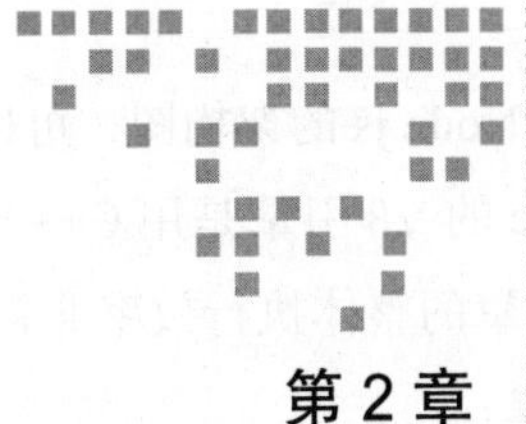

第2章 Chapter 2

Node.js 简介与开发环境配置

本章将对开发过程中依赖的基础框架 Node.js 进行介绍，并深入讲解为什么使用此框架。同时我们将开始配置 React Native 的开发环境，并对代码编辑器 Visual Studio Code 以及相关高效开发插件做详细的介绍。

2.1 Node.js 与 npm 简介

本节对 Node.js、npm 进行了介绍，以及对需要使用到 Node.js 框架的原因进行了介绍。

1. Node.js 简介

关于 Node.js，官网（https://nodejs.org）给出的定义如下。

Node.js 是一个基于 Chrome V8 引擎的 JavaScript 运行环境。Node.js 使用了一个事件驱动、非阻塞式 I/O 的模型，使其轻量又高效。Node.js 的包管理器 npm，是全球最大的开源库生态系统之一。

虽然只有几句话，但是已经很清楚地描述了 Node.js 以及 npm 的概念。

Node.js 本身并不是一个新的开发语言，也不是一个 JavaScript 框架，而是一个 JavaScript 运行时，底层为 Google Chrome V8 引擎，并在此基础上进行了封装，可用于创建快速、高效、可扩展的网络应用。Node.js 采用事件驱动与非阻塞 I/O 模型，以使得 Node.js 轻量并高效。

图 2-1 为 Node.js 的架构图，可以看到底层使用 C/C++ 编写。

- Chrome 的 V8 引擎是用 C++ 开发的，负责将 JavaScript 代码转换成机器码，所以引擎的整体执行效率非常高。Google Chrome 浏览器的底层使用的就是 V8 引擎；
- 线程池是完全使用 C 语言实现、全特性的异步 I/O 库 libeio，用于执行异步的输入 / 输出、文件描述符、数据处理、sockets 等；
- libev 是在 Node.js 内部运行的 event loop，最早用于类 Linux 系统。event loop 是一个让多线程执行更加高效的程序结构；
- 这些框架实现的语言不一样，有 C，有 C++，还有 JavaScript，那么将这些代码整合在一起就是 Node bindings 要做的事情；
- 最上层是使用 Node.js 开发时接触到的应用层，Node.js 提供了一系列标准的 JavaScript 类库供开发者使用。

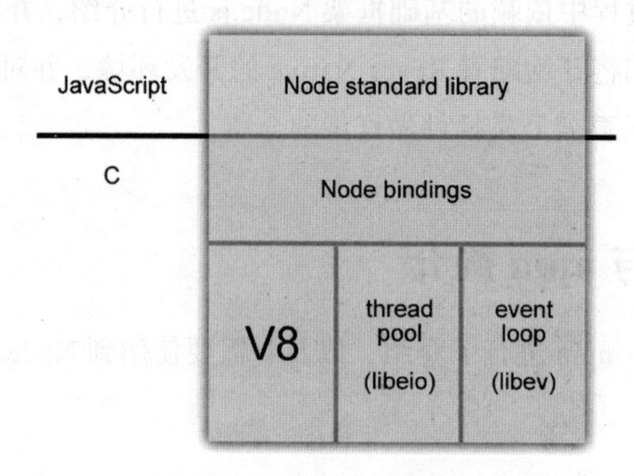

图 2-1 Node.js 架构图

2. npm 简介

npm 是 Node.js 的包生态系统，是最大的开源生态系统。可以理解为基于 Node.js 框架，全世界的开发者提交了各种各样的功能类库到 npm 中，其他开发者在开发过程中需要使用的大部分功能都可以在 npm 中找到已存在的库，完全不需要自己"造轮子"。

截至 2018 年 3 月 npm 官网（https://www.npmjs.com/）上已有 60 多万个包，是一个非常大的宝库，你可以下载、使用、学习各种类库，当然，也可以贡献自己的类库到 npm 中供其他开发者使用。

可以在 npm 中直接搜索你在开发过程中需要使用到的任何功能库，假设你需要一些关于 cookie 处理的 JavaScript 类库，图 2-2 就是在 npm 中搜索 cookie 相关类库的结果。使用 npm 库是你使用 React Native 开发 App 肯定会接触到的一个过程。

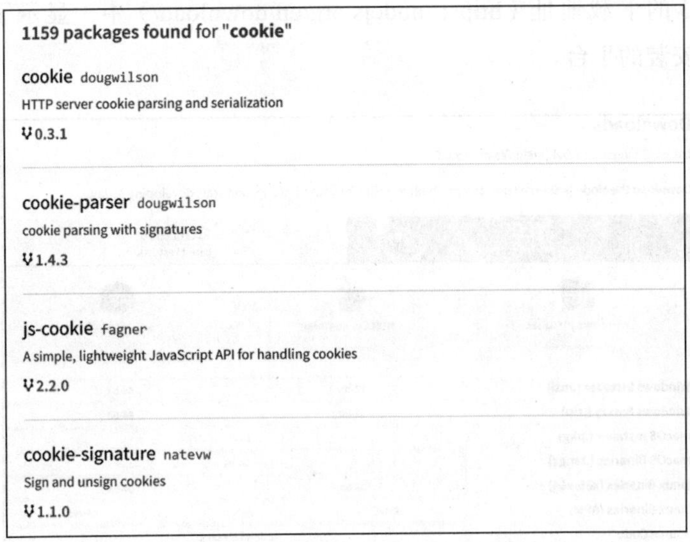

1159 packages found for "cookie"

cookie dougwilson
HTTP server cookie parsing and serialization
v0.3.1

cookie-parser dougwilson
cookie parsing with signatures
v1.4.3

js-cookie fagner
A simple, lightweight JavaScript API for handling cookies
v2.2.0

cookie-signature natevw
Sign and unsign cookies
v1.1.0

图 2-2 npm 中搜索类库

3. React Native 与 Node.js 的关系

Node.js 提供了很多的系统级的如文件操作、网络编程等特性，并且是事件驱动、异步编程的。React 构建于 Node.js 之上，其实本质上 React 也是 npm 包中的一个，React Native 也是 npm 包之一，只不过是功能非常强大的包而已。所以整个的框架都构建于 Node.js 之上，并且 Node.js 还提供了海量的类库，在这个完整的生态系统下开发，过程将变得更加高效，在后续的章节中将会慢慢体会到此生态系统的价值。

2.2 React Native 开发环境配置

本节我们将开始配置 React Native 的开发环境，包括 Node.js 的安装与 React Native 的安装，并介绍代码编辑器 Visual Studio Code 以及高效开发插件的安装，工欲善其事必先利其器，搭建一个完美的开发环境，学习起来才会更加顺畅。

2.2.1 安装 Node.js

Node.js 提供了多个平台的安装包，掌握了 Node.js，可以开发出很多跨平台的应用。

在图 2-3 的下载地址（https://nodejs.org/en/download/）中，显示了 Node.js 目前可以下载安装的平台。

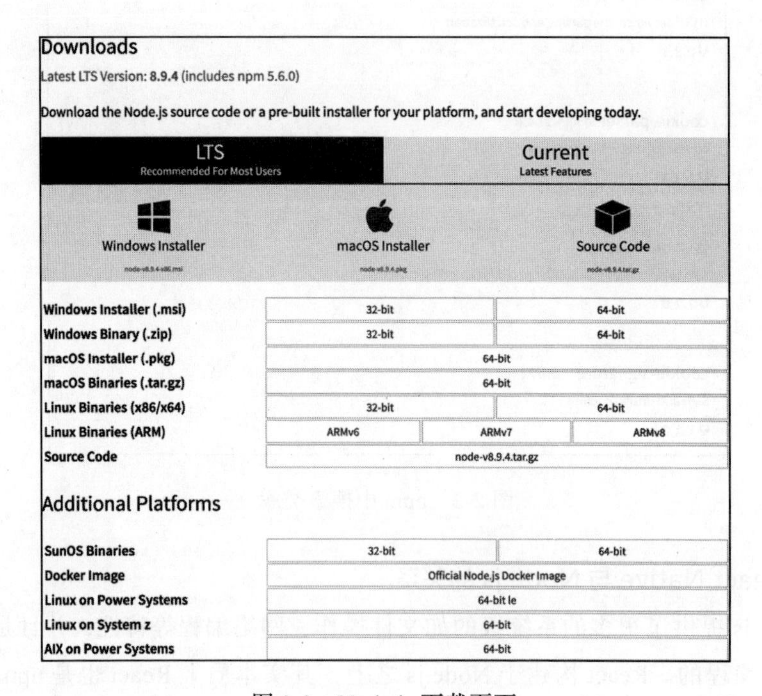

图 2-3 Node.js 下载页面

可以根据自己特定的开发环境，下载对应的版本安装即可。Node.js 官方推荐下载 LTS 版本，LTS 俗称长效版，框架整体的变更不频繁、稳定可靠，一般用于上线版本，当然学习环境的安装也推荐安装此版本。

如果需要安装其他的版本，在此下载页面的底部有 Previous Releases 链接，可查看到 Node.js 已发布的所有版本安装包。

下面以 macOS 系统为例，进行 Node.js 的安装。Windows 等其他平台下载对应的安装包安装即可，整个过程没有需要特别配置的地方，只要注意 Node.js 的安装包分为 32 位和 64 位，下载你电脑对应的安装包即可，且需要安装最低版本为 4.0 以上的 Node.js。

这里演示的是 Node.js 6.11.3 版本的安装，如图 2-4 所示，双击安装包进行安装，界面会有当前安装包包含的 Node.js 版本和 npm 版本的提示。

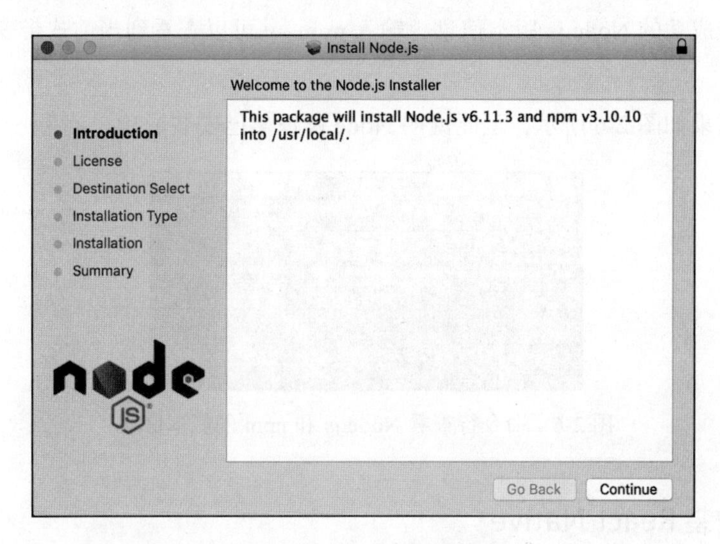

图 2-4　安装 Node.js 的版本提示

安装程序需要确认 Node.js 的 License，点击同意即可。同时会提示占用的系统空间，继续下一步。如图 2-5 所示，安装程序会进行安装，安装完成后，会在界面中提示 Node.js 和 npm 最终安装的路径，需要检查系统的全局变量是否已包含了对应的目录，一般都是默认配置好的。

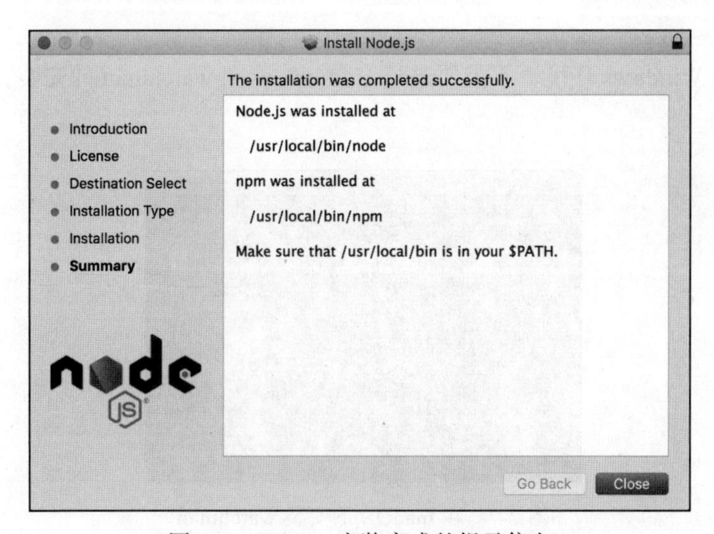

图 2-5　Node.js 安装完成的提示信息

在 Node.js 安装完成后，可以通过命令行检查 Node.js 以及 npm 是否安装成功。打开 macOS 的终端或者 Windows 系统的命令行工具，输入命令 node –v 可以查看到当前安装成功的 Node.js 版本信息，输入 npm –v 可以查看到当前连带安装的 npm 版本信息。

运行结果如图 2-6 所示，至此说明 Node.js 框架已安装成功。

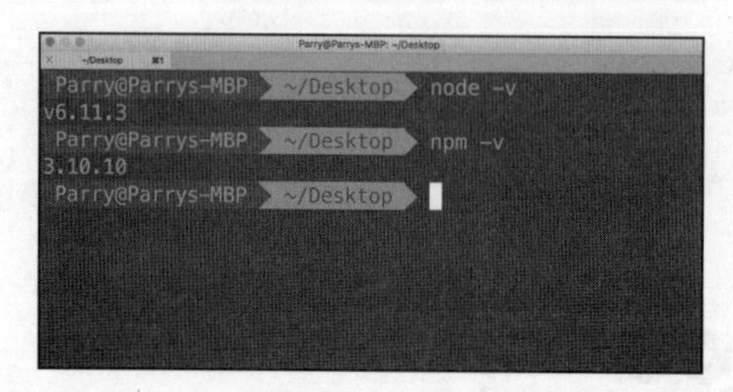

图 2-6 命令行查看 Node.js 和 npm 的版本信息

2.2.2 安装 React Native

在安装 React Native 框架之前，我们需要安装监控文件变更的组件 watchman，便于后期 React Native 项目的打包更新时提高性能之用。

在命令行中输入命令 brew install watchman 即可安装，前提是确保系统中已安装好了 Homebrew（https://brew.sh/）。

安装过程如图 2-7 所示，首次更新 Homebrew 的时间可能稍长，耐心等待片刻即可。

注意在 Windows 环境下不需要进行 Homebrew 和 watchman 的安装，跳过此安装步骤即可。

```
Parry@Parrys-MBP ~/Desktop brew install watchman
Updating Homebrew...
==> Auto-updated Homebrew!
Updated 1 tap (homebrew/core).
==> New Formulae
auditbeat          field3d            monero
bedops             glances            opencascade
bioawk             go-statik          orocos-kdl
blast              kallisto           sickle
bwa                kumo               visp
darksky-weather    librealsense@1
elektra            libtomcrypt
==> Updated Formulae
flow ✓                     libtiff
gdbm ✓                     libtorrent-rasterbar
node ✓                     libu2f-server
```

图 2-7 在 macOS 下安装 watchman

接下来我们开始安装 React Native，之前介绍 npm 时说过，React Native 也是一个 npm 的包，那么这里就可以通过 npm 命令进行 React Native 框架的安装。

图 2-8 为 React Native 在 npm 包中的项目页面，地址为：https://www.npmjs.com/package/react-native。

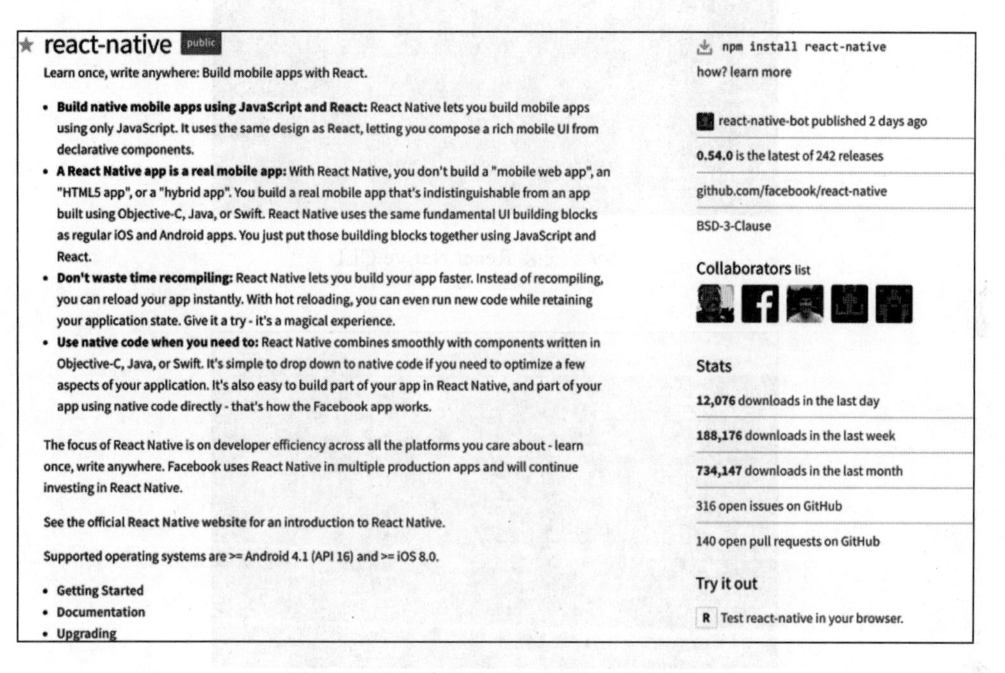

图 2-8　npm 中的 React Native 项目页面

在 npm 下安装一个包的命令格式为：npm install + 包的名称，如果加上参数 g，命令 npm install –g + 包的名称，就是全局安装，而不仅仅是在运行命令的当前目录中安装。

所以，我们通过 npm 命令执行安装 React Native CLI 的命令行工具即可，后续的 React Native 项目初始化都可以通过 React Native CLI 命令行工具执行。

安装命令为：npm install -g react-native-cli。

命令执行的结果如图 2-9 所示。

下面我们在本书配套源码的 02-02-02 文件夹中进行第一个 React Native 项目的初始化，执行命令：react-native init HelloReact。

命令执行过程如图 2-10 所示。

```
Parry@Parrys-MBP: ~/Desktop
~/Desktop ⌘1
x Parry@Parrys-MBP ~/Desktop npm install -g react
-native-cli
/Users/Parry/.nvm/versions/node/v6.11.3/bin/react-nati
ve -> /Users/Parry/.nvm/versions/node/v6.11.3/lib/node
_modules/react-native-cli/index.js
/Users/Parry/.nvm/versions/node/v6.11.3/lib
└── react-native-cli@2.0.1
    ├── chalk@1.1.3
    │ ├── ansi-styles@2.2.1
    │ ├── escape-string-regexp@1.0.5
    │ ├── has-ansi@2.0.0
    │ │ └── ansi-regex@2.1.1
    │ ├── strip-ansi@3.0.1
    │ └── supports-color@2.0.0
    ├── minimist@1.2.0
    ├── prompt@0.2.14
```

图 2-9　安装 React Native CLI

```
react-native init HelloReact
react-native ⌘1
x Parry@Parrys-MBP ~/Desktop/React Native 写作/react_nativ
e_book_source_code react-native init HelloReact
This will walk you through creating a new React Native projec
t in /Users/Parry/Desktop/React Native 写作/react_native_book
_source_code/HelloReact
Using yarn v0.21.3
Installing react-native...
yarn add v0.21.3
info No lockfile found.
[1/4] 🔍 Resolving packages...
warning react-native > connect@2.30.2: connect 2.x series is
deprecated
warning react-native > fbjs-scripts > gulp-util@3.0.8: gulp-u
til is deprecated - replace it, following the guidelines at h
```

图 2-10　初始化 React Native 项目

初始化完成后，最终生成的项目文件结构如图 2-11 所示。

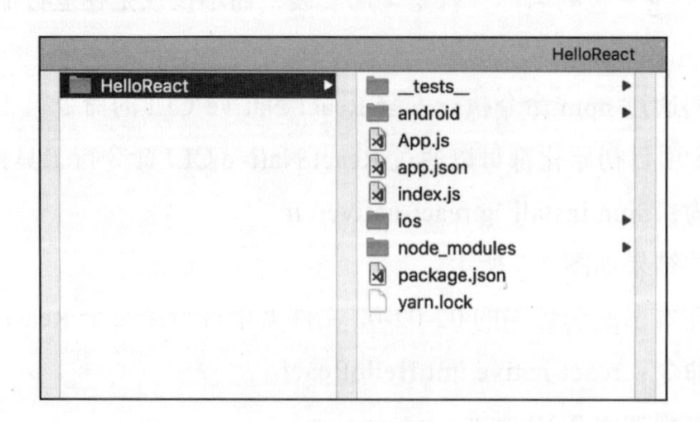

图 2-11　React Native 初始化项目结构

我们使用 Xcode 打开 ios 文件夹中的 iOS 项目以及使用 Android Studio 导入 android 文件夹中的 Android 项目。

iOS 平台的执行结果如图 2-12 所示，可以看到，React Native 构建的项目直接就适配好了 iPhone X，其他的 iOS 设备适配当然也没有任何问题。

图 2-12 项目在 iOS 平台下运行

Android 平台的执行结果如图 2-13 所示，同样，也可以完全适配。

图 2-13 项目在 Android 平台下运行

到目前为止还没有写过任何一行代码，生成的App却已经可以完美地适配iOS与Android两个平台，这正是React Native平台的魅力所在，后续的实战章节我们还将继续领略此框架的魅力。

2.2.3 代码编辑器以及推荐插件

一个好的代码编辑器会让你的开发效率成倍地提升，这里从性能、界面、插件生态系统以及编辑器的更新迭代情况综合考虑，推荐大家使用微软推出的、免费的Visual Studio Code，的确非常好用，可以说它是目前前端开发的首选编辑器。图2-14是Visual Studio Code编辑器的主界面，编辑器的左侧五个按钮依次为：项目文件浏览器、代码搜索、git管理、调试工具、插件安装，右侧为代码编辑界面，最下面的状态栏包含了如git信息、代码定位、代码中的错误与警告、文件编码、代码格式等相关信息。

图2-14 Visual Studio Code编辑器

Visual Studio Code还有一个很大的优势就是有很多提升开发效率的插件，这里推荐几个开发React Native项目必备的插件，这些插件会大大提高你的开发效率。你只需要直接在编辑器的插件选项中搜索名称即可安装。

Visual Studio Code 编辑器的插件安装界面如图 2-15 所示，在左侧的菜单按钮中选择插件，然后你可以在图中标示的搜索框中搜索需要安装插件支持的语言或直接输入插件名称，在搜索结果列表中选择对应的插件点击安装按钮即可。

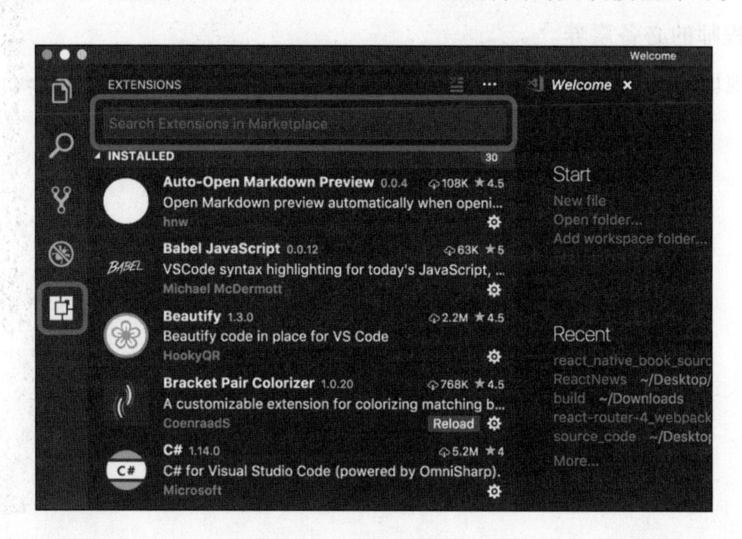

图 2-15　编辑器插件安装

1. React Native Tools

此插件提供 React Native 的开发环境，可以直接在编辑器中使用 React Native CLI 的命令，并可以对 React Native 框架提供的函数、参数、API 等进行智能提示，非常方便。

插件地址：https://marketplace.visualstudio.com/items?itemName=vsmobile.vscode-react-native/。

2. ES7 React / Redux / GraphQL / React-Native snippets

此插件在开发时提供 React Native 中会使用到的 ES 语法，可以快速生成输入。

如导入模块命令 import moduleName from 'module' 可以直接使用 imp 输入、导出模块命令 export default moduleName 只需要输入 exp 即可。

熟悉这些命令之后，可以省去很多书写特定代码的时间。

插件地址：https://marketplace.visualstudio.com/items?itemName=dsznajder.es7-react-js-snippets/。

3. react-beautify

此插件用于快速格式化React Native开发过程中的JavaScript、JSX等代码，免去很多手动整理代码格式的过程，保持规范、整洁、易读的代码格式，是一个优秀软件工程师的必备素养。

插件地址：https://marketplace.visualstudio.com/items?itemName=taichi.react-beautify/。

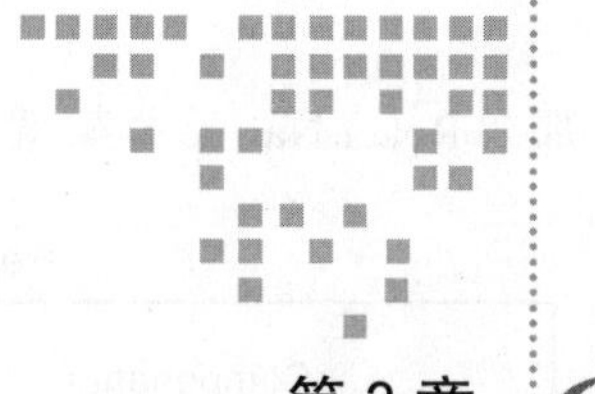

第 3 章 Chapter 3

React Native 工作原理与生命周期

本章将深入讲解 React Native 的底层原理，万丈高楼平地起，深入理解 React Native 底层的实现，有助于在开发中遇到难题时找到解决问题的思路。

本章介绍 React Native 的框架构成、工作原理、组件间通信，以及 React Native 中的生命周期。

如果需要直接进入 React Native 的开发与实战，可以从第 4 章开始学习。

3.1 React Native 框架及工作原理

React Native 框架内部提供了很多的内置组件，如图 3-1 所示。包括基本组件，如 View、Text 等，用于一些功能布局的 Button、Picker 等，iOS 平台与 Android 平台的特定组件、API 等。同时也提供了接口便于与原生平台进行交互。后续的章节我们会介绍与原生平台的混合实战开发。

在介绍 React 框架的章节，我们理解了如何将代码渲染至虚拟 DOM 并更新到真实 DOM 的过程。在 React Native 框架中，渲染到 iOS 平台与 Android 平台的过程如图 3-2 所示。

在 React 框架中，JSX 源码通过 React 框架最终渲染到了浏览器的真实 DOM 中，而在 React Native 框架中，JSX 源码通过 React Native 框架编译后，通过对应平台的 Bridge 实现了与原生框架的通信。如果我们在程序中调用了 React Native 提供的 API，那么 React Native 框架就通过 Bridge 调用原生框架中的方法。

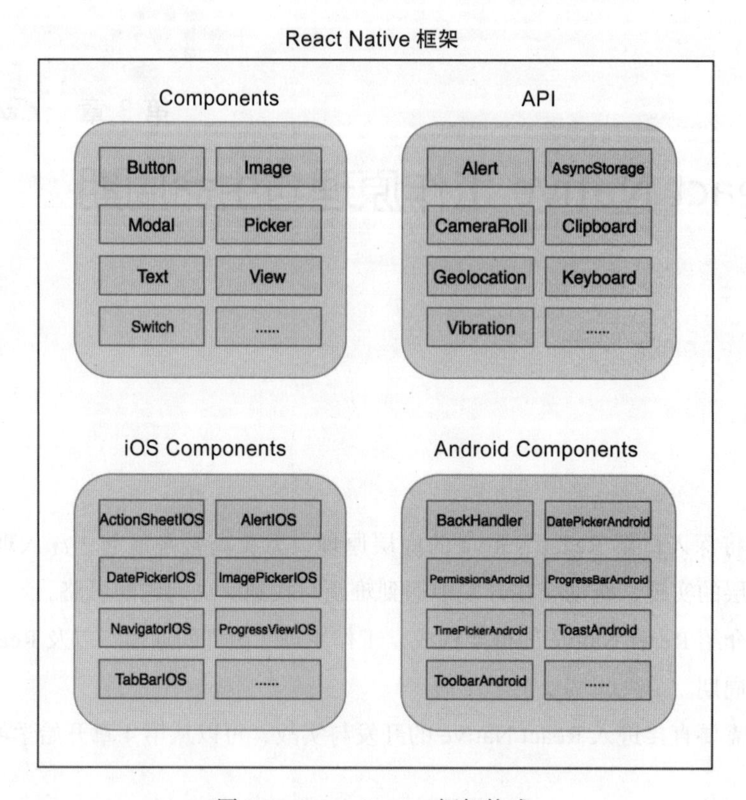

图 3-1 React Native 框架构成

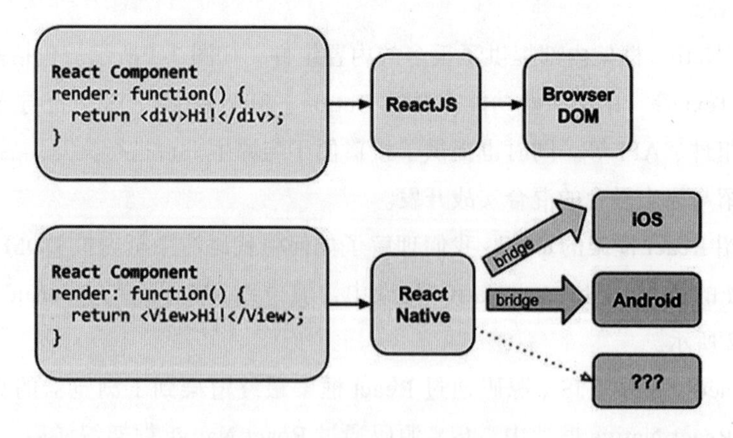

图 3-2 React Native 渲染

因为 React Native 的底层为 React 框架，所以，如果是 UI 层的变更，那么就映射为虚拟 DOM 后调用 diff 算法计算出变动后的 JSON 映射文件，最终由 Native 层将此 JSON 文件映射渲染到原生 App 的页面元素上，实现了在项目中只需控制 state 以及 props 的变更来引起 iOS 与 Android 平台的 UI 变更。

编写的 React Native 代码最终会被打包生成一个 main.bundle.js 文件供 App 加载，此文件可以存储在 App 设备本地，也可以存储于服务器上，以供 App 下载更新，后续章节讲解的热更新就会涉及 main.bundle.js 位置的设置问题。

3.1.1 React Native 与原生平台通信

React Native 在与原生框架通信中，如图 3-3 所示，采用了 JavaScriptCore 作为 JS VM，中间通过 JSON 文件与 Bridge 进行通信。若使用 Chrome 浏览器进行调试，那么所有的 JavaScript 代码都将运行在 Chrome 的 V8 引擎中，与原生代码通过 WebSocket 进行通信。

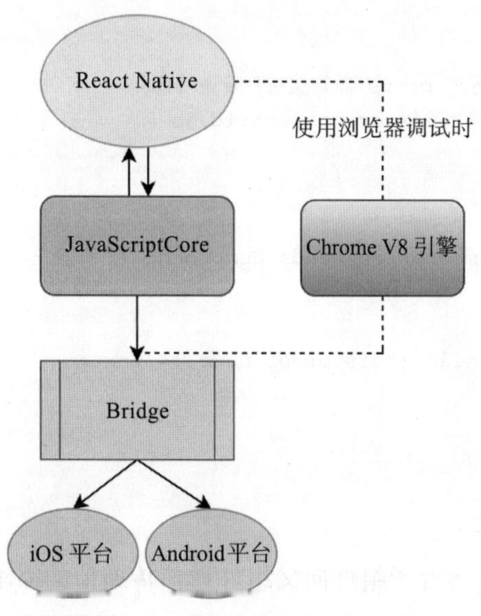

图 3-3 React Native 与原生平台的通信

3.1.2 组件间通信

React Native 开发最基本的元素就是组件，React Native 与 React 一样，也会涉及组件之间的通信，便于数据在组件之间传递，下面列出了几种常用的组件间通信方式。

1. 父子组件的通信

如同之前介绍 React 组件间参数传递一样，在 React Native 中，可以通过 props 的形式实现父组件向子组件传递值。

在下例中，父组件通过调用子组件并赋值子组件的 name 为 React，子组件通过 this.props.name 获取父组件传递过来的 name 的字符串值 React。

> 完整代码在本书配套源码的 03-04 文件夹。

```
1. /**
2. * 章节: 03-04
3. * 父子组件通信，在父组件中调用子组件
4. * FilePath: /03-04/parent-2-child.js
5. * @Parry
6. */
7.
8. <ChildComponent name='React'/>
9.
10. /**
11. * 章节: 03-04
12. * 子组件实现，通过 props 获取父组件传递的值
13. * FilePath: /03-04/parent-2-child.js
14. * @Parry
15. */
16.
17. class ChildComponent extends Component {
18.   render() {
19.     return (
20.       <Text>Hello {this.props.name}!</Text>
21.     );
22.   }
23. }
```

2. 子父组件的通信

在开发过程中，还会有子组件向父组件通信传递值的需求，比如当子组件的某个值变更后，需要通知到父组件做相应的变更与响应，那么就需要子父组件之间的通信。

例如，在父组件的定义中，在调用子组件时，同样向子组件传递了一个参数，不过这个参数是一个函数，此函数用于接收后续子组件向父组件传递过来的数据，与之前父组件向子组件传递数据不太一样。

完整代码在本书配套源码的 03-04 文件夹。

```
1. /**
2. * 章节: 03-04
3. * 子父组件通信，父组件的实现
4. * FilePath: /03-04/child-2-parent.js
5. * @Parry
6. */
7. import React, {Component} from 'react';
8. import ChildComponent from './ChildComponent'
9.
10. class App extends Component {
11.   constructor(props) {
12.     super(props)
13.     this.state = {
14.       name: 'React'
15.     }
16.   }
17.
18.   //传递到子组件的参数，不过参数是一个函数。
19.   handleChangeName(nickName) {
20.     this.setState({name: nickName})
21.   }
22.
23.   render() {
24.     return (
25.       <div>
26.         <p>父组件的 name: {this.state.name}</p>
27.         <ChildComponent
28.           onChange={(val) => {
29.           this.handleChangeName(val)
30.         }}/>
31.       </div>
32.     );
33.   }
34. }
35.
36. export default App;
```

下面为子组件的定义，子组件在页面中定义了一个按钮，点击此按钮调用自身的一个函数 handleChange，修改了自身 state 中的值 name 为 nickName 定义的值 Parry，那么此子组件的页面上的字符串将由之前的 Hello React! 变为 Hello Parry!，同时使用了 this.props.changeName，也就是父组件调用时传递过来的函数，向父组件传递了 nickName 的值 Parry。

父组件在接收到子组件的调用后，调用了父组件自身的函数 handleChangeName 修改了自身的 state 中的 name 的值为 Parry，也就是子组件传递过来的 Parry，所以，父组件的页面上的值也同时由之前的 React 变更成了 Parry。代码如下：

```
1. /**
2. * 章节: 03-04
3. * 子父组件通信，子组件的实现
4. * FilePath: /03-04/child-2-parent.js
5. * @Parry
6. */
7.
8. import React, {Component} from 'react'
9.
10. export default class ChildComponent extends Component {
11.   constructor(props) {
12.     super(props)
13.
14.     this.state = {
15.       name: 'React'
16.     }
17.   }
18.
19.   handleChange() {
20.     const nickName = 'Parry';
21.     this.setState({name: nickName})
22.     //调用父组件传递过来的函数参数，传递值到父组件去。
23.     this
24.       .props
25.       .changeName(nickName)
26.   }
27.
28.   render() {
29.     const {name} = this.state;
30.     return (
31.       <div>
32.         <p>Hello {name}!</p>
33.         <Button
34.           onPress={this
35.           .handleChange
36.           .bind(this)}
```

```
37.             title="修改一下 name 为 Parry"/>
38.         </div>
39.     )
40.   }
41. }
```

3. 多级组件之间的通信

如果组件之间的父子层级非常多，需要进行组件之间的传递，这时候当然可以通过上面介绍的方法逐级传递，但这样的传递方法不是一个太好的方法。

因为组件之间通信冗长，嵌套逻辑太深，会导致用户体验不好，可以想象一下用户从最底层一层层操作返回到最顶层时的体验。

可以使用如 context 对象或 global 等方式进行多级组件间的通信，但是不推荐这种方式。最好不要让组件之间的层级关系太深。

4. 无直接关系组件间通信

前面提到的都是有层级关系的组件间的通信方式，如果组件间没有层级关系的话，则可以通过如 AsyncStorage 或 JSON 文件等方式进行通信。

当然，还可以使用 EventEmitter/EventTarget/EventDispatcher 继承或实现接口的方式、Signals 模式或 Publish/Subscribe 的广播形式，都可以达到无直接关系组件间的通信。

这些组件间的通信方式使得组件之间可以传递数据，后续的实战章节会有详细的代码实现，这里主要进行了理论的介绍。掌握这部分知识后才可以将 App 开发中的基本单位（也就是组件）串联起来。

3.2 React Native 中的生命周期

任何生命体都会经历从出生到消亡的过程，React Native 框架中的组件同样具有这样的属性。在组件生命周期的每个阶段，React Native 提供了多个生命周期函数，供开发者作为切入组件的钩子（hook），这样在对应的时间点程序就可以做对应的逻辑处理，从而实现相应的功能。

在 React Native 程序启动时，内部的虚拟 DOM 开始建立，生命周期就是建立在此虚拟 DOM 的整个生命周期之中，从虚拟 DOM 的初始化到虚拟 DOM 的卸载，React Native 为组件的不同状态建立了不同的生命周期。

在图 3-4 中，可以看到在 React Native 虚拟 DOM 的几个大的阶段中，都存在对应的生命周期函数。下面就分阶段介绍。

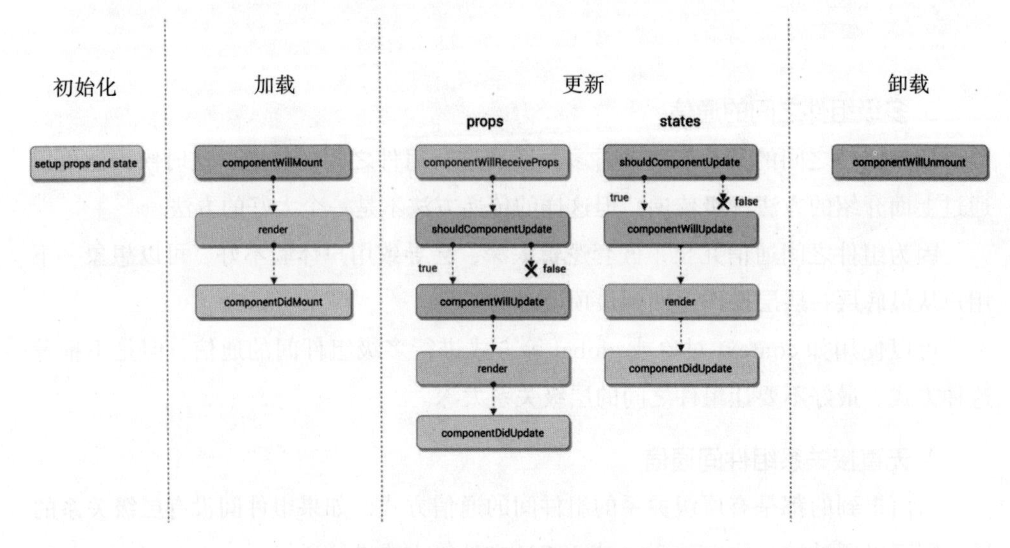

图 3-4 React Native 中的生命周期

1. 初始化阶段

此阶段设定组件 props 和 state 的默认值，可通过如下代码赋值：

```
1. static defaultProps = {
2.     autoPlay: false,
3.     maxLoop: 10,
4. };
```

2. 加载阶段

此阶段为组件开始实例化的阶段，比如当该组件被其他组件调用的时候。主要包含以下三个函数：

- componentWillMount：组件将要开始加载，若需要在组件开始加载前添加一些业务逻辑，那么就可以在此函数中添加。
- render：组件开始根据 props 和 state 生成页面的 DOM，并最终返回此 DOM。在此函数中不可以修改 props 和 state 的值，只可以读取，并且返回的 DOM 只能有一个顶层元素，比如说只能由一个 div 包裹所有的元素返回。
- componentDidMount：组件已加载完毕，在 render 函数之后立即执行此函数。

可以在这里进行网络请求，因为组件 UI 渲染好之后再进行网络请求，一般不会造成 UI 的错乱问题。在此生命周期函数中修改了 state 的值后，UI 会立即进行重新渲染，所以这是一个通过加载网络数据更新 UI 的好时机。

3. 更新阶段

当用户操作或者父组件有更新并且组件由于 props 或 state 的变更导致组件需要重新渲染时，会经历此阶段。而在更新渲染的几个重要时机，React Native 提供了如下的生命周期函数供开发者执行对应的逻辑操作：

- componentWillReceiveProps：当接收到更新的 props 值时，会执行此函数，此时可以将接收到的 props 值赋值给 state。
- shouldComponentUpdate：此函数用于判断新的 props 和 state 的变更需不需要引起组件的 UI 更新，默认是都会引起更新的，但是 React Native 提供了此函数供开发者自主决定是否需要更新。如果此函数返回 True，那么组件将进行更新，如果返回 False，那么组件就不更新。此函数在优化 App 性能时非常重要，因为可以通过此函数拦截掉很多不必要的组件 UI 更新。
- componentWillUpdate：如果以上函数 shouldComponentUpdate 返回了 True，那么此函数将继续执行，表示组件即将进行更新操作。在更新操作前，还有时机进行相关的逻辑处理。但是从逻辑上你也应该明白，这里不可以再修改 state 的值，而只需做一些更新前的其他准备工作。
- componentDidUpdate：组件更新完毕之后执行的函数。此函数有两个参数 prevProps 和 prevState，分别为更新前的 props 与 state。这里可以进行新旧值的比较，如果发现值有变化则可以进行一些网络请求、加载数据等操作。

4. 卸载阶段

- componentWillUnmount：此函数在组件被卸载和注销前执行，这里可以进行一些所谓的扫尾工作，如关闭之前的网络请求、清空一些不必要的存储、循环执行的定时器的清除等。

至此，React Native 一个组件的完整生命周期执行完毕，你可以通过下面的代码体会 React Native 每个阶段的执行过程。实际开发时只需要根据项目需求在对应的生命周期函数中添加上自己的业务逻辑即可。

```
1. /**
2. * 章节: 03-06
3. * React Native 中的生命周期
4. * FilePath: /03-06/lifecycle.js
5. * @Parry
6. */
7.
8. import React, { Component } from 'react';
9. import { AppRegistry,View,Text } from 'react-native';
10.
11. export default class LifeCycle extends Component {
12.
13.   constructor(props) {
14.     super(props);
15.     this.state = {
16.       name: "React"
17.     }
18.   }
19.
20.   //组件即将加载
21.   componentWillMount() {
22.     console.log("componentWillMount");
23.   }
24.
25.   //开始组件渲染
26.   render() {
27.     console.log("render");
28.     return (
29.       <View>
30.         <Text>
31.           {this.state.name}
32.         </Text>
33.       </View>
34.     );
35.   }
36.
37.   //组件加载完毕后
38.   componentDidMount() {
39.     console.log("componentDidMount");
40.   }
41.
42.   //组件接收到新的 props
43.   componentWillReceiveProps(nextProps) {
44.     console.log("componentWillReceiveProps");
```

```
45.     }
46.
47.     //逻辑控制是否需要更新组件
48.     shouldComponentUpdate(nextProps, nextState) {
49.       console.log("shouldComponentUpdate");
50.     }
51.
52.     //组件即将更新重新渲染
53.     componentWillUpdate(nextProps, nextState) {
54.       console.log("componentWillUpdate");
55.     }
56.
57.     //组件重新渲染后
58.     componentDidUpdate(prevProps, prevState) {
59.       console.log("componentDidUpdate");
60.     }
61.
62.     //组件卸载注销前
63.     componentWillUnmount() {
64.       console.log("componentWillUnmount");
65.     }
66. }
67.
68. AppRegistry.registerComponent('LifeCycle', () => Main);
```

3.3 本章小结

如同武功修炼中必备的内功一样，本章看起来和使用 React Native 框架的关系不大，而且底层原理理解起来还有点晦涩难懂。不过，如果你想成为一个精通 React Native 框架的开发者，而不仅仅是一个使用者的话，这部分内容是非常重要的，而且在后期遇到此框架的难题时，你可以根据这部分底层原理性的知识快速找到问题的原因。其他软件开发语言的学习原则也是如此，希望能对你有所启发。

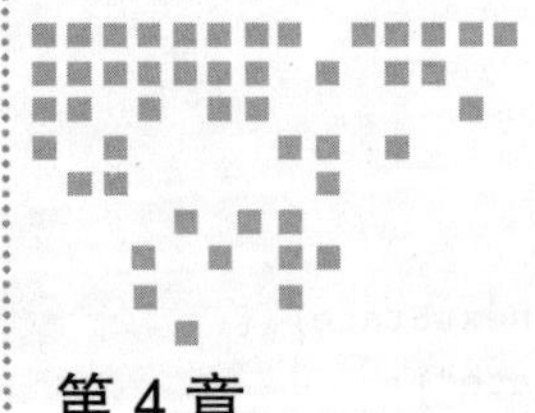

Chapter 4 第 4 章

React Native 页面布局

本章将对 React Native 中的页面布局原理以及使用到的 CSS Flex 布局着重讲解，对于 Flex 的 12 个属性会进行详细的介绍与代码实战演示，最后再介绍 React Native 中使用到的 Flex 布局的属性。

4.1 CSS 3 简介

层叠样式表（Cascading Style Sheets，CSS）的出现使得 HTML 的页面布局变得简单、高效起来，实现了对页面布局、颜色、元素背景、整体字体等属性设置的精准控制。

而 CSS 3 是 CSS 的最新版本，将之前的 CSS 都进行了模块化的定义，拆分后的重要模块如下：

- 选择器
- 盒模型
- 背景和边框
- 文字特效
- 2D/3D 转换
- 动画
- 多列布局
- 用户界面

传统的 CSS 布局思路中使用的就是盒模型，而在适配移动端开发时，因为移动端设备尺寸的差异，使得盒模型在适配多种设备时显得力不从心，特别是一些 Float 特性的处理。

图 4-1 为传统的 CSS 盒模型。元素由固定的大小以及内边距（padding）、边框（border）、外边距（margin）共同构成了元素的空间大小，浮动流以及定位流是其主要的特征表现，前端开发人员应该对这部分非常熟悉了。

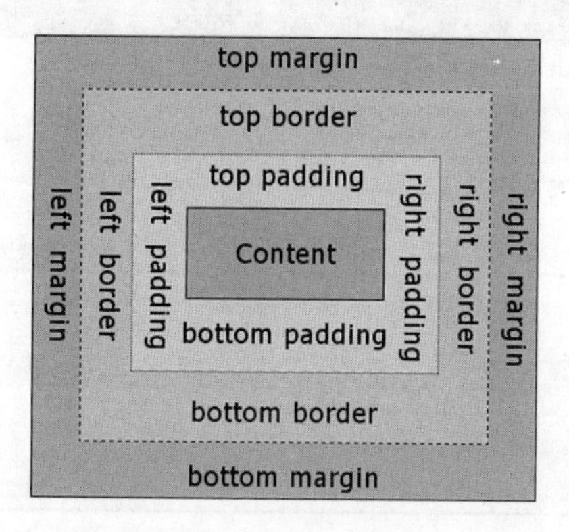

图 4-1　CSS 盒模型

CSS 3 引入了一个新的模块：Flex 布局，有时候通俗地称为弹性盒模型。W3C 起草此特性是为了更加有效地去布局、对齐元素，尽管有的时候元素的大小可能不固定，所以叫作弹性盒模型。

在 React Native 的开发需求中，此特性刚好可以用来满足移动端不同尺寸屏幕适配的需求，并且在 React Native 中使用的表现和浏览器中的特性表现是一样的，前端开发人员可以快速上手 React Native 开发下的页面布局，大大节约了学习的成本。

而如果我们进行分平台的原生开发，不仅仅需要学习原生平台语言的特性，在布局方面还需要重新去学习 iOS 与 Android 平台下的布局原理与方法，学习与开发的成本都很高，而且后期的调试非常麻烦。这也正是让我们坚定学习 React Native 开发的一个原因。

对于学习 CSS 以及查询一些新 CSS 属性在你开发项目的浏览器中是否支持，推荐一个在线查询的工具：https://caniuse.com，可供查询属性在各浏览器下的支持情况、可能出现的问题以及学习的资源，这也是一个前端开发人员必备的小工具，如图 4-2 所示。

4.2　Flex 弹性盒模型

关于 Flex 弹性盒模型的结构见图 4-3。对比上一节中的传统 CSS 盒模型，Flex

弹性盒模型的几个特征如下：

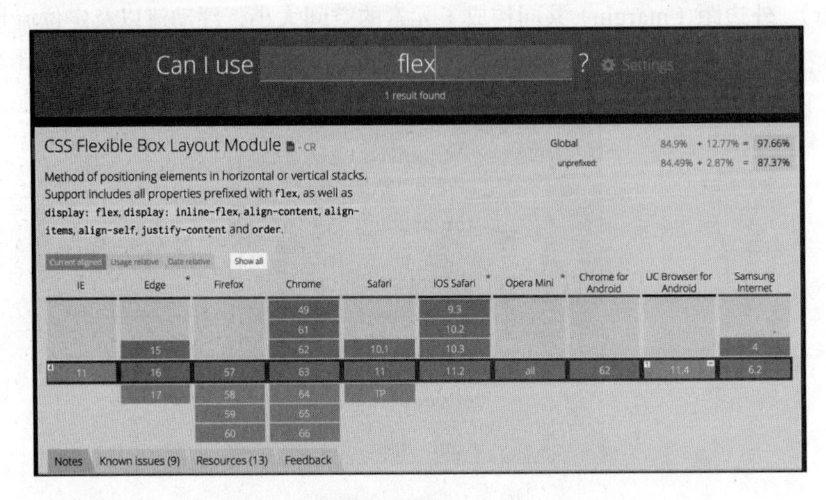

图 4-2　caniuse 工具

- 元素以两个坐标方向进行布局，分别称为主轴（Main axis）和交叉轴（Cross axis），而且主轴也可以变为垂直方向，那么相应地交叉轴就变成了水平方向；
- Flex 布局的元素都存在于 Flex 容器（Flex Container）中。容器有层级关系，父容器可以统一设置所有子容器的排列方式，当然子容器也可以单独设置自己的，如果父子需要同时设置，那么以子容器设置值为准；
- 以 Flex Container 的起始与结束分别作为坐标的起始与结束点；
- Flex 元素是可以自动伸缩的，默认可以填充完整剩余的空间。

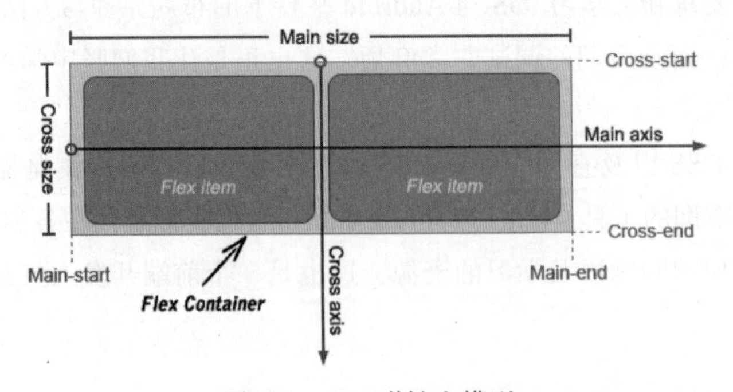

图 4-3　Flex 弹性盒模型

Flex 弹性盒模型主要是赋予元素具备了更改自身的宽与高，以便完全填充掉可用空间，这样才不会受限于设备的大小。

下面我们通过实际的代码与其绘制图形来详细地学习 Flex 的布局，为 React Native 开发页面的元素布局打下基础。当然你也可以直接下载对应的源代码在本地浏览器中测试，自己动手修改代码体会各属性的表现，这样学习起来更加高效。

4.3 Flex 属性详解与实例

本小节将进行 12 个 Flex 属性的代码实战学习。

完整代码在本书配套源码的 04-03 文件夹中。

表 4-1 为 CSS Flex 中 12 个属性的总结性描述，App 布局的开发贯串于整个 React Native App 的开发过程中，这个表便于你在开发时快速查找 Flex 属性。

表 4-1 CSS Flex 中 12 个属性及说明

属性名	说明	值	默认值
justify-content	定义元素沿主轴的对齐方式	flex-start flex-end center space-between space-around	flex-start
align-items	定义子容器在 Flex 容器中按照交叉轴排列的方式	flex-start flex-end center baseline stretch	stretch
align-self	定义了自身元素在 Flex 容器中按照交叉轴排列对齐的方式	auto flex-start flex-end center baseline stretch	auto
flex-direction	定义了元素在 flexbox 容器中的排序方式	row row-reverse column column-reverse	row
flex-basis	定义了弹性盒模型 flexbox 的初始化大小	auto/ 具体值	auto
flex-wrap	定义了元素在 flexbox 容器中是显示一行还是多行	nowrap wrap wrap-reverse	nowrap

（续）

属 性 名	说 明	值	默 认 值
align-content	定义了 flexbox 容器中每一行的对齐方式	stretch flex-start flex-end center space-between space-around	stretch
flex-grow	定义了当元素有其他可用空间的时候如何进行填充	int 类型的值	0
flex-shrink	定义了当没有足够空间的时候，元素如何压缩自身空间	int 类型的值	1
order	定义了元素在容器中的排序位置	int 类型的值	0
flex-flow	属性 flex-direction 和 flex-wrap 的缩写		
flex	属 性 flex-grow、flex-shrink、flex-basis 的缩写		

接下来我们将结合代码来学习这 12 个重要的属性。

4.3.1 justify-content 属性

justify-content 属性定义了在 flexbox 容器中，元素沿着主轴（Main axis）的对齐方式，代码如下。

这里为了避免出现太长的无关代码，只贴出与 Flex 学习相关的核心代码，其他如元素，如背景色等代码，请直接下载本书配套完整源代码。

```
1. <!--
2.    * 章节：04-03-01
3.    * 用于演示 justify-content 属性的使用
4.    * FilePath: /04-03/justify-content.html
5.    * @Parry
6. -->
7. <!DOCTYPE html>
8. <html>
9.    <head>
10.       <link rel="stylesheet" type="text/css" href="website.css">
11.       <style type="text/css">
12.          .justify-content {
13.             display: flex;
14.             /*替换不同的 justify-content 属性值，学习不同属性的不同作用*/
15.             justify-content: flex-start;
```

```
16.       }
17.     </style>
18.   </head>
19.   <body>
20.     <div class="justify-content">
21.       <p class="block block--alpha">
22.         <strong>1.</strong> One</p>
23.       <p class="block block--beta">
24.         <strong>2.</strong> Two</p>
25.       <p class="block block--pink">
26.         <strong>3.</strong> Three</p>
27.     </div>
28.   </body>
29. </html>
```

页面 div 中定义了三个元素，父级元素使用 display: flex 定义了整个容器使用 Flex 进行布局，这是使用 Flex 布局的基础。下面通过修改第 15 行代码中的 justify-content 属性值来学习其不同的作用。

1. flex-start

这是属性的默认值，定义了所有子容器沿着主轴的起始端对齐，没有设置主轴方向时，默认以水平轴为主轴。浏览器中的运行结果如图 4-4 所示，可以看到三个元素都在主轴的开始处对齐了。

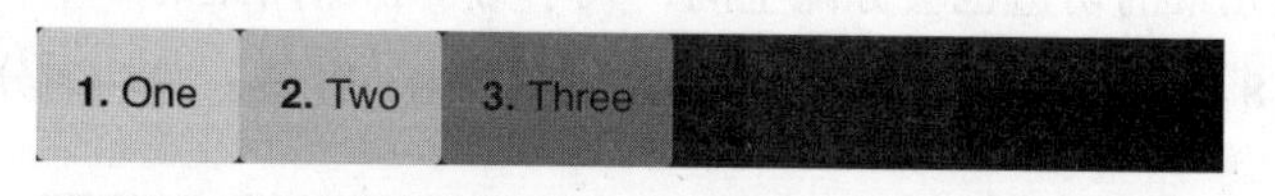

图 4-4　justify-content: flex-start 布局效果

只修改上面代码第 15 行 justify-content 的属性值即可，我们继续学习其他值表现出的绘制效果。

2. flex-end

这个属性定义了所有子容器沿着主轴的结束端对齐。浏览器中的运行结果如图 4-5 所示，可以看到三个元素都在主轴的尾部对齐了。

图 4-5　justify-content: flex-end 布局效果

3. center

这个属性定义了所有子容器沿着主轴居中对齐。浏览器中的运行结果如图 4-6 所示，可以看到三个元素都居中对齐了。

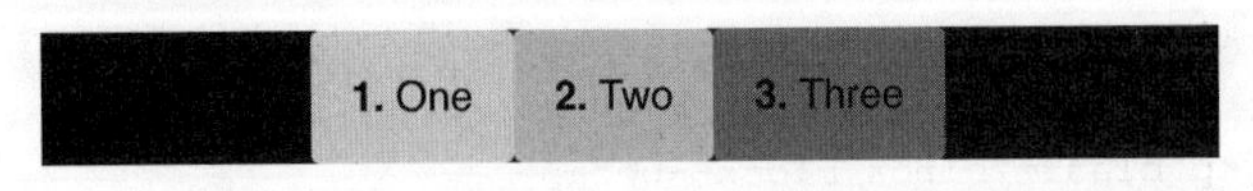

图 4-6 justify-content: center 布局效果

4. space-between

这个属性定义了所有子容器沿着主轴均匀分布，首尾子容器与父容器相切。浏览器中的运行结果如图 4-7 所示，可以看到三个元素平分了 Flex 容器，而首尾的元素是与父容器相切的。

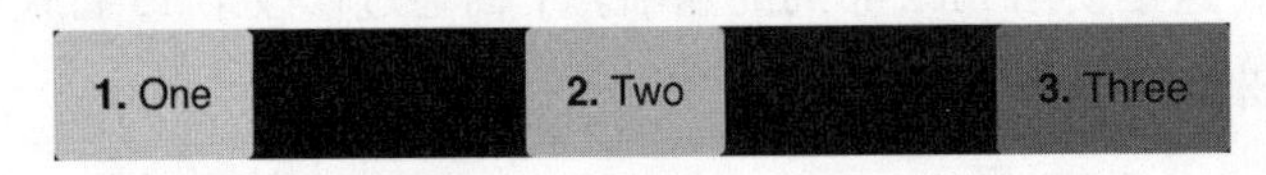

图 4-7 justify-content: space-between 布局效果

5. space-around

这个属性定义了所有子容器沿着主轴均匀分布，与上一个属性 space-between 的区别是首尾元素的切边也会分配空间，大小为子容器间距的一半。浏览器中的运行结果如图 4-8 所示，可以看到三个元素平分了 Flex 容器，并均匀分布。

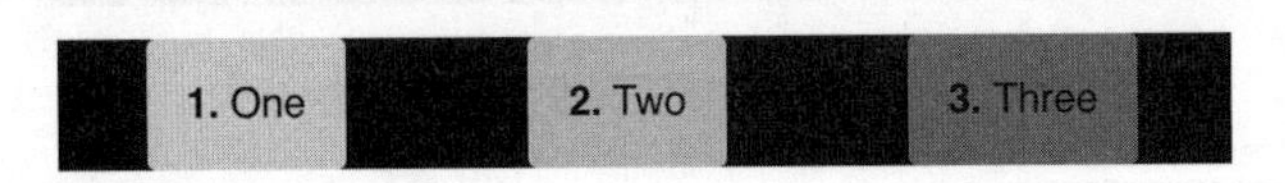

图 4-8 justify-content: space-around 布局效果

4.3.2 align-items 属性

align-items 属性定义了子容器在 Flex 容器中按照交叉轴（Cross axis）排列的方式，代码如下。

这里为了避免出现太长的无关代码，只贴出与 Flex 学习相关的核心代码，其他元素，如背景色等代码请参考本书配套完整源代码，以下不再重复说明。

```
1. <!--
2.    * 章节：04-03-02
```

```
3.    * 用于演示 align-items 属性的使用
4.    * FilePath: /04-03/align-items.html
5.    * @Parry
6. -->
7. <style type="text/css">
8.    .align-items {
9.      display: flex;
10.     justify-content: center;
11.     /*设置不同的 align-items 属性值，学习不同属性的不同作用*/
12.     align-items: flex-start;
13.   }
14. </style>
15. <div class="align-items">
16.   <p>1</p>
17.   <p>2</p>
18.   <p>3</p>
19.   <p>4</p>
20.   <p>5</p>
21.   <div class="line"></div>
22. </div>
```

页面定义了五个色块，编号为 1～5，通过设置不同的 align-items 属性值，页面会有不同表现。最后一个红色的 div 为一条红色的细线（本书黑白印刷，也就是 Line 的那一行线），用于帮助大家看清楚对齐的基准线。

下面我们通过修改代码第 12 行的 align-items 不同的属性值学习其不同的作用。

1. flex-start

定义了子容器按照交叉轴起始端对齐。浏览器中的运行结果如图 4-9 所示，可以看到所有元素都在交叉轴的顶部对齐了。

图 4-9　align-items: flex-start 布局效果

2. flex-end

定义了子容器按照交叉轴的结束端对齐。浏览器中的运行结果如图 4-10 所示，可以看到所有元素都在交叉轴的底部对齐了。

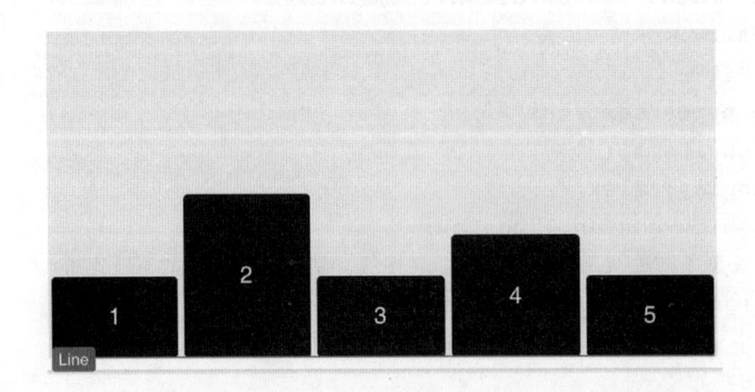

图 4-10 align-items: flex-end 布局效果

3. center

定义了子容器按照交叉轴的中间对齐。浏览器中的运行结果如图 4-11 所示，可以看到所有元素都在交叉轴的中间对齐了，注意看那条线，所有的元素按照那条基准线进行对齐。

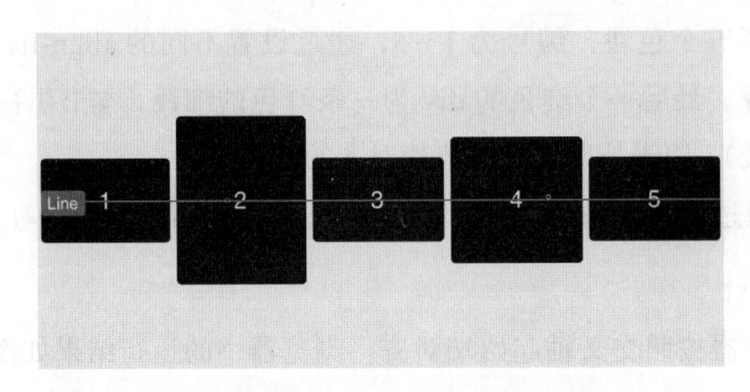

图 4-11 align-items:center 布局效果

4. baseline

定义了子容器按照交叉轴的 baseline 对齐。浏览器中的运行结果如图 4-12 所示，可以看到所有元素都按照交叉轴的中间并根据元素中的文字 baseline（基线）对齐了，注意看那条线，所有的元素按照那条基准线进行对齐，注意与上一个属性值 center 的区别。

5. stretch

属性的默认值，定义了子容器将拉伸覆盖整个交叉轴。浏览器中的运行结果如图 4-13 所示，可以看到所有元素都按照交叉轴的方向进行了拉伸，直到填充了所有的空间。

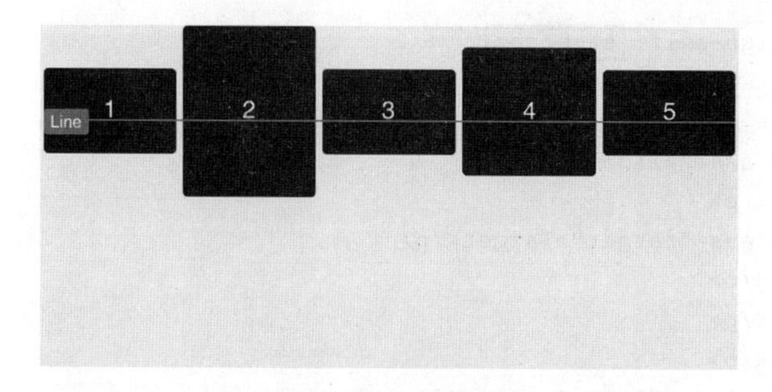

图 4-12　align-items: baseline 布局效果

图 4-13　align-items: stretch 布局效果

4.3.3 align-self 属性

align-self 属性与 align-items 的原理相同，但是仅仅作用于一个 flexbox 元素，而不是作用于所有的元素，其定义了自身元素在 Flex 容器中按照交叉轴排列对齐的方式，示例代码如下：

```
1. <!--
2.    * 章节：04-03-03
3.    * 用于演示 align-self 属性的使用
4.    * FilePath: /04-03/align-self.html
5.    * @Parry
6. -->
7. <style type="text/css">
8.    .align-self {
9.      display: flex;
10.     align-items: center;
11.     justify-content: center;
12.   }
13.
14.   .target {
15.     /*设置不同的 align-self 属性值，学习不同属性的不同作用*/
```

```
16.     align-self: stretch;
17.   }
18. </style>
19. <div class="align-self">
20.   <p>1</p>
21.   <p class="target">Target</p>
22.   <p>3</p>
23.   <p>4</p>
24.   <p>5</p>
25.   <div class="line line--default"></div>
26.   <div class="line line--red"></div>
27. </div>
```

示例代码中依然定义了五个元素，一个为自身定义的目标元素 Target，并且定义了两条线，一条线表示元素默认继承到的对齐基线 Items，另一条线表示目标元素对齐基线 self。

同样，我们通过修改代码的第 16 行，设置不同的 align-self 属性值，学习不同属性值的不同效果。

1. auto

属性的默认值，定义了目标元素在容器中的默认对齐方式，继承于 align-items 的值。浏览器中的运行结果如图 4-14 所示，可以看到所有元素都按照交叉轴的中间进行对齐，即继承于 align-items 的值 center。所以 Self 的线和 Items 的线是同一个基线。

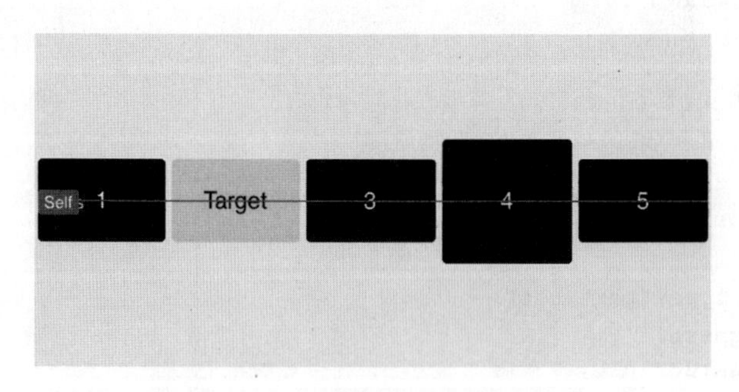

图 4-14 align-self: auto 布局效果

2. flex-start

这个属性定义了目标元素对齐于交叉轴的开始处。浏览器中的运行结果如图 4-15 所示，可以看到除了目标元素，其他所有元素都按照交叉轴的中间进行对齐，而目标元素因为 align-self: flex-start 的控制，按照交叉轴的起始处进行了对齐。

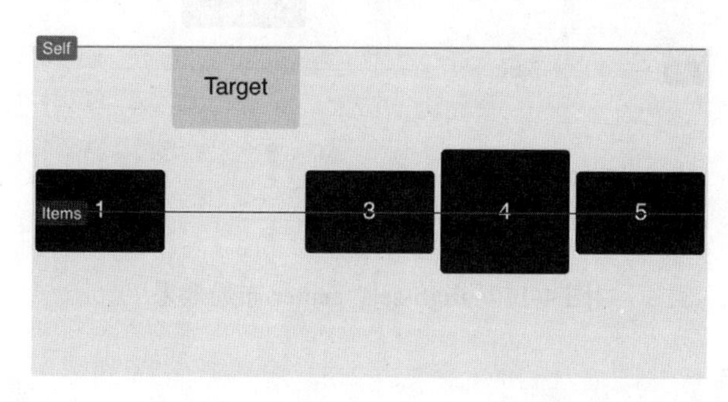

图 4-15　align-self: flex-start 布局效果

3. flex-end

这个属性定义了目标元素对齐于交叉轴的结束处。浏览器中的运行结果如图 4-16 所示，可以看到除了目标元素，其他所有元素都按照交叉轴的中间进行对齐，而目标元素因为 align-self: flex-end 的控制，按照交叉轴的结束处进行了对齐。

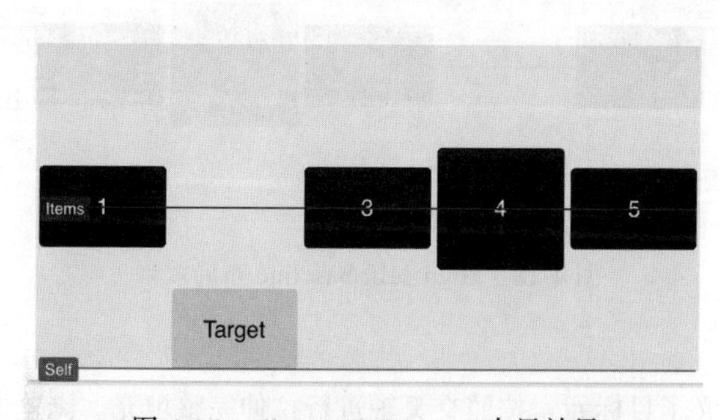

图 4-16　align-self: flex-end 布局效果

4. center

这个属性定义了目标元素对齐于交叉轴的中间。浏览器中的运行结果如图 4-17 所示，可以看到除了目标元素，其他所有元素都按照交叉轴的顶部进行对齐（由 align-items: flex-start 控制），而目标元素因为 align-self: center 的控制，按照交叉轴的中间进行了对齐。

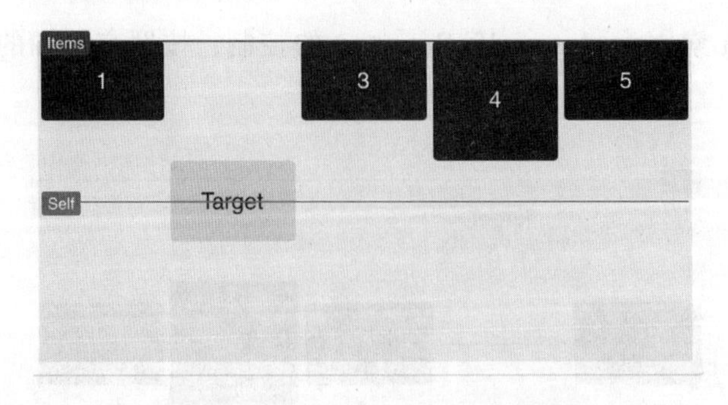

图 4-17 align-self: center 布局效果

5. baseline

这个属性定义了目标元素按照基线与交叉轴进行对齐。浏览器中的运行结果如图 4-18 所示，可以看到除了目标元素，其他所有元素都按照交叉轴的中间进行对齐（由 align-items: center 控制），而目标元素因为 align-self: baseline 的控制，与交叉轴按照元素的基线进行对齐。

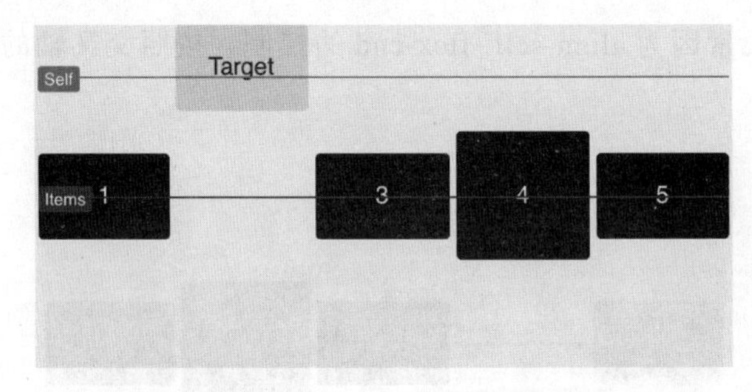

图 4-18 align-self: baseline 布局效果

6. stretch

这个属性定义了目标元素按照交叉轴进行拉伸完整填充。浏览器中的运行结果如图 4-19 所示，可以看到除了目标元素，其他所有元素都按照交叉轴的中间进行对齐（由 align-items: center 控制），而目标元素因为 align-self: stretch 的控制，进行了按照交叉轴进行了拉伸直到完整地填充。

4.3.4 flex-direction 属性

flex-direction 属性定义了元素在 flexbox 容器中的排序方式。用于控制元素是按照主轴还是交叉轴进行排序。

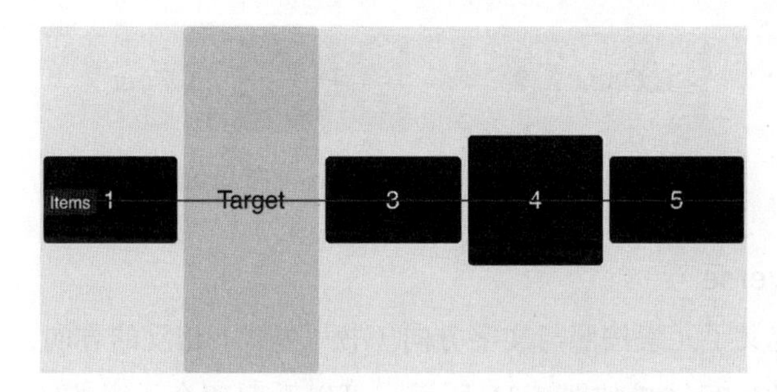

图 4-19　align-self: stretch 布局效果

```
1. <!--
2.   * 章节: 04-03-04
3.   * 用于演示 flex-direction 属性的使用
4.   * FilePath: /04-03/flex-direction.html
5.   * @Parry
6. -->
7. <style type="text/css">
8.   .flex-direction {
9.     display: flex;
10.    /*设置不同的 flex-direction 属性值，学习不同属性的不同作用*/
11.    flex-direction: column-reverse;
12.  }
13. </style>
14. <div class="flex-direction">
15.   <p>
16.     <strong>1.</strong> One</p>
17.   <p>
18.     <strong>2.</strong> Two</p>
19.   <p>
20.     <strong>3.</strong> Three</p>
21.   <p>
22.     <strong>4.</strong> Four</p>
23. </div>
```

此代码将建立四个元素，通过修改代码第 11 行 flex-direction 的属性值进行对应属性的学习。

1. row

属性的默认值，定义了元素按照与文字方向（书写模式）相同的方向，沿着主轴排列。浏览器中的运行结果如图 4-20 所示，可以看到四个元素按照主轴的方向依次排列。

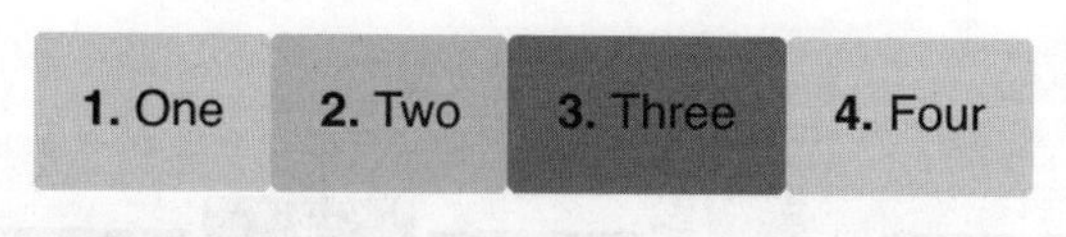

图 4-20 flex-direction: row 布局效果

2. row-reverse

这个属性定义了元素按照与文字方向（书写模式）相反的方向，沿着主轴排列。

浏览器中的运行结果如图 4-21 所示，可以看到四个元素按照主轴的相反方向依次排列。

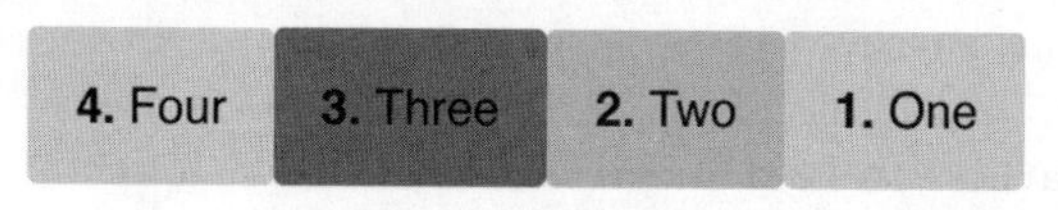

图 4-21 flex-direction: row-reverse 布局效果

3. column

这个属性定义了元素按照与文字方向（书写模式）相同的方向，沿着交叉轴排列。浏览器中的运行结果如图 4-22 所示，可以看到四个元素按照交叉轴的方向依次排列。

图 4-22 flex-direction: column 布局效果

4. column-reverse

这个属性定义了元素按照与文字方向（书写模式）相同的方向，沿着交叉轴相反方向的排列。

浏览器中的运行结果如图 4-23 所示，可以看到四个元素按照交叉轴相反方向依次排列。

图 4-23　flex-direction: column-reverse 布局效果

4.3.5　flex-basis 属性

flex-basis 属性定义了弹性盒模型 flexbox 的初始化大小。

auto 是属性的默认值，也可以设置为其他值。

此属性定义了元素可根据自身的内容自动调整大小，或者根据已定义的高度或宽度调整大小。

```
1. <!--
2.   * 章节: 04-03-05
3.   * 用于演示 flex-basis 属性的使用
4.   * FilePath: /04-03/flex-basis.html
5.   * @Parry
6. -->
7. <style type="text/css">
8.   .flex-basis {
9.     display: flex;
10.     /*设置不同的 flex-basis 属性值，学习不同属性的不同作用*/
11.     flex-basis: auto;
12.   }
13. </style>
14. <div class="flex-basis">
15.   <p>Flexbox item</p>
16. </div>
```

浏览器中的运行结果如图 4-24 所示，可以看到元素根据自身的大小自动调整了大小，以至于元素的内容完整地进行了显示。

图 4-24　flex-basis: auto 布局效果

当然，你也可以将 pixel 或 (r)em 设置为其他值，元素将换行其内容避开任何的元素溢出。如果我们将上面代码第 11 行的属性值 auto 修改为 80px，浏览器中的运行结果如图 4-25 所示，可以看到元素根据自身的大小定义成了 80px，所以文字的内容进行了换行显示。

图 4-25 flex-basis: 80px 布局效果

4.3.6 flex-wrap 属性

flex-wrap 属性定义了元素在 flexbox 容器中是显示一行还是多行，也就是定义了是否换行显示。

```
1. <!--
2.   * 章节: 04-03-06
3.   * 用于演示 flex-wrap 属性的使用
4.   * FilePath: /04-03/flex-wrap.html
5.   * @Parry
6. -->
7. <style type="text/css">
8.   .flex-wrap {
9.     display: flex;
10.     max-width: 360px;
11.     /*设置不同的 flex-wrap 属性值，学习不同属性的不同作用*/
12.     flex-wrap: wrap-reverse;
13.   }
14. </style>
15. <div class="flex-wrap">
16.   <p>
17.     <strong>1.</strong> One</p>
18.   <p>
19.     <strong>2.</strong> Two</p>
20.   <p>
21.     <strong>3.</strong> Three</p>
22.   <p>
23.     <strong>4.</strong> Four</p>
24.   <p>
```

```
25.     <strong>5.</strong> Five</p>
26.   <p>
27.     <strong>6.</strong> Six</p>
28. </div>
```

此测试代码将建立六个元素，通过设置 flexbox 容器的总长度为 360px 测试换行属性的表现。

1. nowrap

属性的默认值，定义了元素将始终保持单行，最终，如果需要将会进行元素溢出。浏览器中的运行结果如图 4-26 所示，元素始终保持单行，所有如果宽度不够那么元素中的文字进行换行显示。

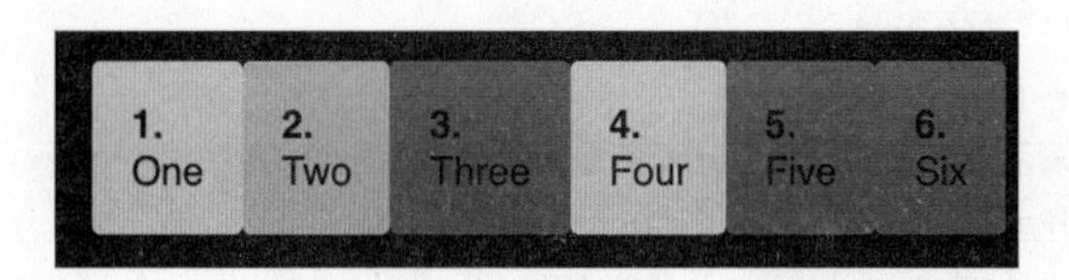

图 4-26　flex-wrap: nowrap 布局效果

2. wrap

这个属性定义了元素将根据实际的情况进行显示，可能会分布在多行。浏览器中的运行结果如图 4-27 所示，元素根据内容进行了完整显示，因为容器总长度 360px 不够，其他元素选择了换行显示。

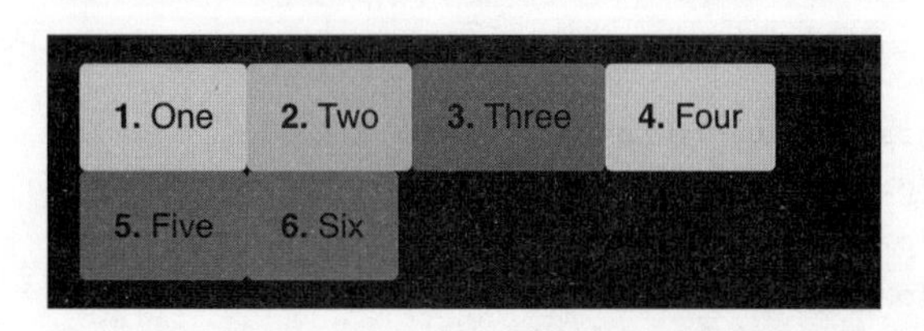

图 4-27　flex-wrap: wrap 布局效果

3. wrap-reverse

这个属性定义了元素将根据实际情况分布在多行。任何新增的行都将会被添加在前一行之前。浏览器中的运行结果如图 4-28 所示，元素根据内容进行了完整显示，因为容器总长度 360px 不够，其他元素选择了换行显示，但是新增加的一行添加在了前一行的前面。

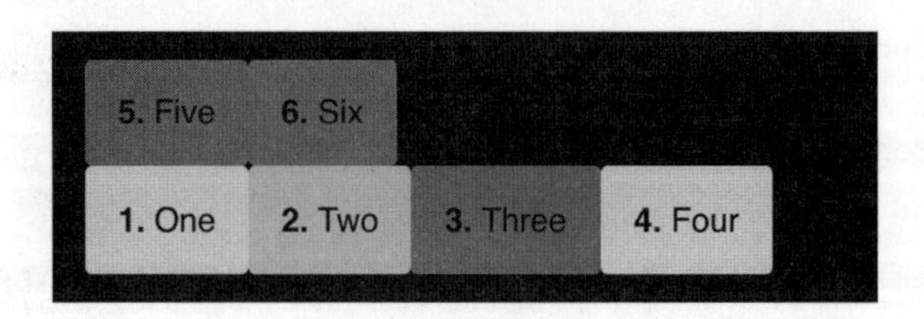

图 4-28 flex-wrap: wrap-reverse 布局效果

4.3.7 align-content 属性

align-content 属性定义了 flexbox 容器中每一行的对齐方式。此属性仅当预先设置了 flex-wrap: wrap 后有效，且 flexbox 的子元素有多行：

```
1. <!--
2.   * 章节: 04-03-07
3.   * 用于演示 align-content 属性的使用
4.   * FilePath: /04-03/align-content.html
5.   * @Parry
6. -->
7. <style type="text/css">
8.   .align-content {
9.     display: flex;
10.    flex-wrap: wrap;
11.    height: 300px;
12.    /*设置不同的 align-content 属性值，学习不同属性的不同作用*/
13.    align-content: space-around;
14.  }
15. </style>
16. <div class="align-content">
17.   <p>1</p>
18.   <p>2</p>
19.   <p>3</p>
20.   <p>4</p>
21.   <p>5</p>
22.   <div class="box box--red"></div>
23.   <div class="box box--green"></div>
24. </div>
```

此测试代码定义了五个元素，通过定义元素的不同高度，测试 align-content 不同属性值的不同表现。名称为 First line 和 Second line 两个线框分别用来表示不同行的显示范围。

1. stretch

属性的默认值，定义了每一行的元素拉伸并平分剩余空间。

浏览器中的运行结果如图 4-29 所示，容器高为 300px。除了第二个的方块高度为 100px，其他的均为 50px。

- 第一行高 100px；
- 第二行高 50px；
- 容器剩余高度 150px。

剩余空间被两行平分，每行增加 75px，最终：

- 第一行的高度变成了 175px；
- 第二行变成了 125px。

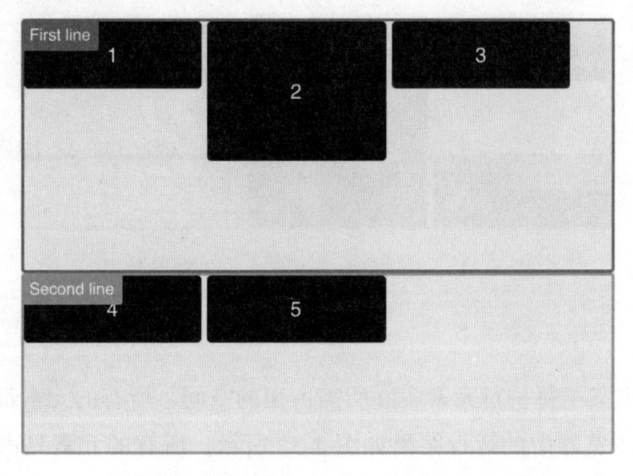

图 4-29　align-content: stretch 布局效果

2. flex-start

这个属性定义了每一行元素实际所需占用的空间，所有的元素都将靠纵向轴起始处对齐。浏览器中的运行结果如图 4-30 所示，所有的元素只占据了其实际需要的空间，所有行都按照交叉轴的起始处开始对齐排序。

3. flex-end

这个属性定义了每一行元素实际所需占用的空间，所有的元素都将靠纵向轴结束处对齐。浏览器中的运行结果如图 4-31 所示，所有的元素只占据了其实际需要的空间，所有行都按照交叉轴的结束处开始对齐排序。

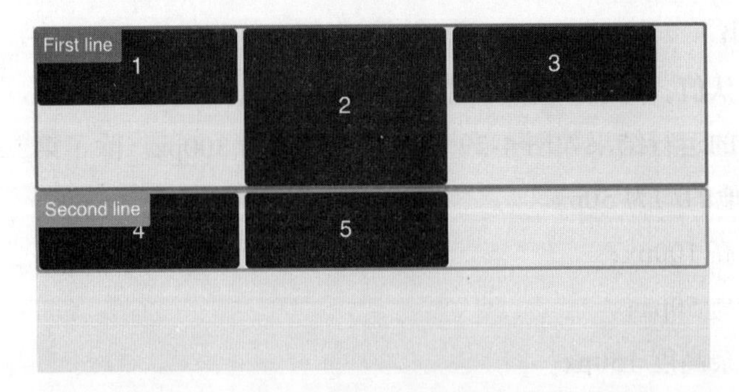

图 4-30 align-content: flex-start 布局效果

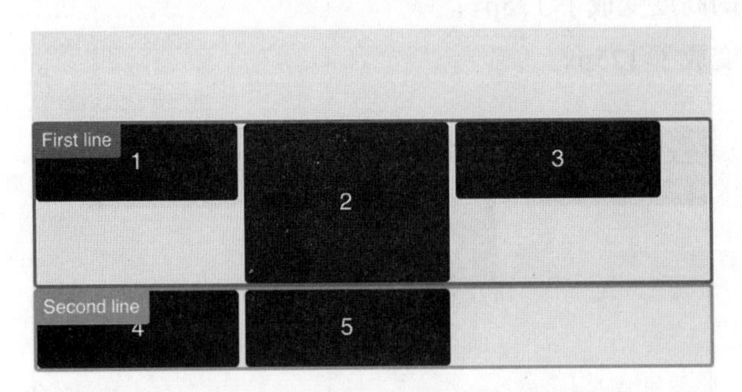

图 4-31 align-content: flex-end 布局效果

4. center

这个属性定义了每一行元素实际所需占用的空间，所有的元素都将靠纵向轴中间进行对齐。浏览器中的运行结果如图 4-32 所示，所有的元素只占据了其实际需要的空间，所有行都按照交叉轴的中间开始对齐排序。

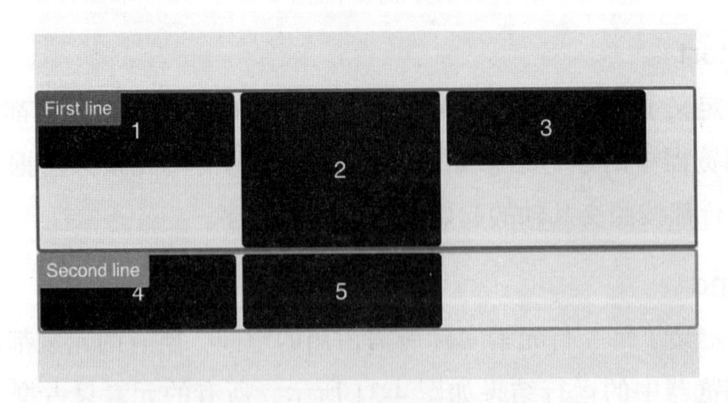

图 4-32 align-content: center 布局效果

5. space-between

这个属性定义了每一行元素实际所需占用的空间，剩余空间填充行之间的空间。浏览器中的运行结果如图 4-33 所示，所有的元素只占据了其实际需要的空间，剩余的空间填充了行之间的空间，所以两行元素分别对齐到了交叉轴的开始与结束处。

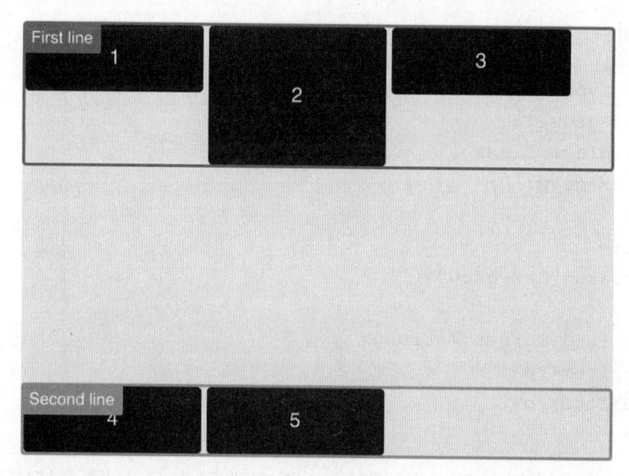

图 4-33 align-content: space-between 布局效果

6. space-around

这个属性定义了每一行元素实际所需占用的空间，剩余空间平均分配给行元素之间（上下之间都进行填充）。浏览器中的运行结果如图 4-34 所示，所有的元素只占据了其实际需要的空间，剩余的空间平均分配给了行元素之间及其上下空间之中。

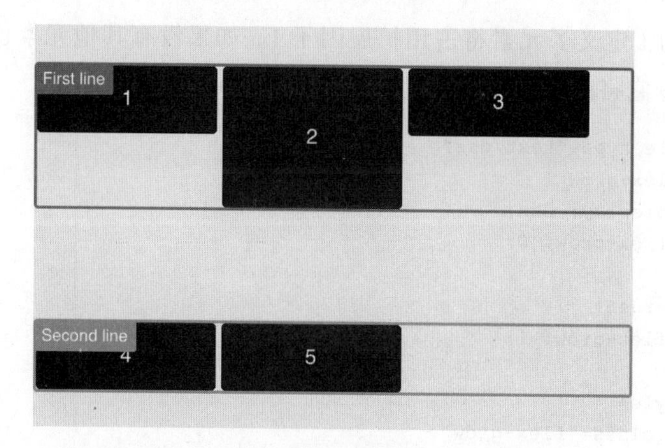

图 4-34 align-content: space-around 布局效果

4.3.8 flex-grow 属性

flex-grow 属性定义了当元素有其他可用空间的时候如何进行占用。

在示例代码中，定义了三个元素，通过设置不同元素的 flex-grow 属性测试不同的空间占用效果。0 是该属性的默认值，定义了元素不占用剩余空间，它仅仅占用自身所需空间：

```
1. <style type="text/css">
2.   .flex-grow {
3.     display: flex;
4.     flex-grow: 0;
5.   }
6. </style>
7. <div class="flex-grow">
8.   <p>
9.     <strong>Target</strong>
10.    <p>Item</p>
11.    <p>Item</p>
12. </div>
```

浏览器中的运行结果如图 4-35 所示，所有的元素只占据了其实际需要的空间，右侧剩余的空间都进行了保留。

图 4-35 flex-grow: 0 布局效果

属性值为 1 定义了元素将占用扩展因子 1。如果没有其他元素也设置了 flex-grow 值的话，它将占用剩下的所有空间：

```
1. <style type="text/css">
2.   .flex-grow {
3.     display: flex;
4.     flex-grow: 0;
5.   }
6.   .target{
7.     flex-grow: 1;
8.   }
9. </style>
10. <div class="flex-grow">
11.   <p class="target">
```

```
12.     <strong>Target</strong>
13.     <p>Item</p>
14.     <p>Item</p>
15. </div>
```

浏览器中的运行结果如图 4-36 所示，所有的元素因为 flex-grow: 0 的作用，先默认占据了其实际需要的空间，第一个元素因为 flex-grow: 1 的作用，占用了剩下的所有空间。

图 4-36　flex-grow: 1 布局效果

属性值为 2 定义了元素将占用扩展因子 2：

```
1. <style type="text/css">
2.  .flex-grow {
3.    display: flex;
4.    flex-grow: 0;
5.  }
6.
7.  .target1 {
8.    flex-grow: 1;
9.  }
10.
11.  .target2 {
12.    flex-grow: 2;
13.  }
14. </style>
15. <div class="flex-grow">
16.   <p class="target1">Item
17.     <br>
18.     <strong>1</strong>
19.     <p class="target2">Item
20.       <br>
21.       <strong>2</strong>
22.     </p>
23.     <p>Item
24.       <br>
25.       <strong>0</strong>
26.     </p>
27. </div>
```

浏览器中的运行结果如图 4-37 所示，因为 flex-grow 的值是相对的，它的具体表现还取决于此元素的同级元素。在这个例子中，剩余空间被分隔成了 3 个扩展因子：

- 三分之一分配给了 Item 1 元素；
- 三分之二分配给了 Item 2 元素；
- 没有其他空间分配给 Item 0 元素，它保留了自身原本占用的空间。

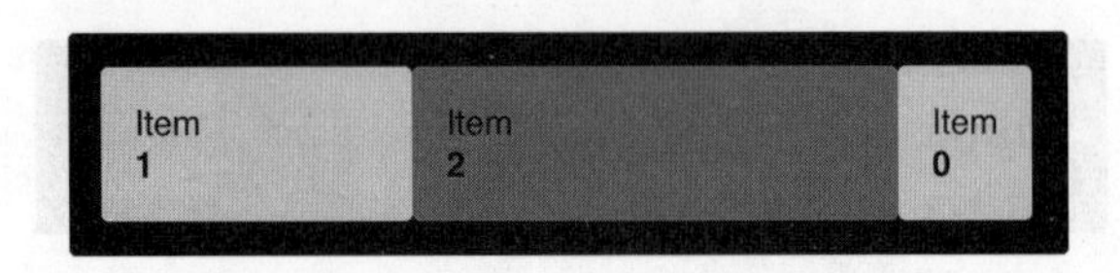

图 4-37 flex-grow: 2 布局效果

4.3.9 flex-shrink 属性

flex-shrink 属性定义了当没有足够空间的时候，元素如何压缩自身空间，此属性与之前介绍的属性 flex-grow 的功能相反。

下面的示例代码通过定义不同长度的三个文字块，测试在容器总长为 300px，不同的 flex-shrink 值下的不同布局效果。

属性的默认值为 1，定义了当主轴没有足够空间的时候，元素将按照压缩因子 1 来进行压缩，这也将导致换行（折叠）显示其自身的内容：

```
1. <style type="text/css">
2.   .flex-shrink {
3.     display: flex;
4.     width: 300px;
5.     flex-shrink: 1;
6.   }
7. </style>
8. <div class="flex-shrink">
9.   <p>
10.     <strong>This is a target target target target</strong>
11.     <p>React JS</p>
12.     <p>React Native</p>
13. </div>
```

浏览器中的运行结果如图 4-38 所示，所有的元素都进行了压缩，元素中的文字因为压缩而进行了换行显示。

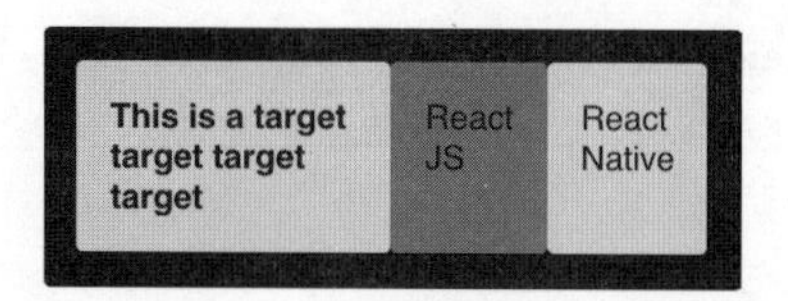

图 4-38　flex-shrink: 1 布局效果

属性值为 0 定义了元素不压缩，占用它所需要的宽度且不换行（折叠）自身的内容。同级元素将压缩给出目标元素足够的空间。因为目标元素不换行（折叠）自身的内容，所以可能会导致 flexbox 容器的内容产生元素移除：

```
1. <style type="text/css">
2.   .flex-shrink {
3.     display: flex;
4.     width: 300px;
5.     flex-shrink: 1;
6.   }
7.
8.   .target {
9.     flex-shrink: 0;
10.   }
11. </style>
12. <div class="flex-shrink">
13.   <p class="target">
14.     <strong>This is a target target target target</strong>
15.     <p>React JS</p>
16.     <p>React Native</p>
17. </div>
```

浏览器中的运行结果如图 4-39 所示，第一个元素因为设置了 flex-shrink: 0，所以元素不进行压缩，占用的长度为其自身的长度，后两个元素因为设置了 flex-shrink: 1 而进行了压缩，最终导致最后一个元素超出了容器的外部。

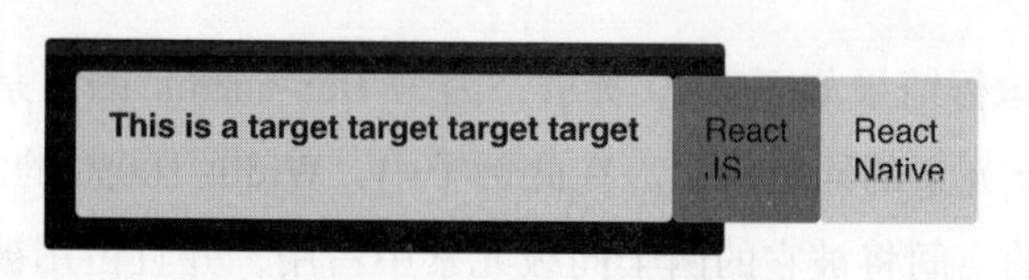

图 4-39　flex-shrink: 0 布局效果

属性值为 2 定义了元素的压缩因子为 2：

```
1. <style type="text/css">
2.   .flex-shrink {
```

```
 3.     display: flex;
 4.     width: 300px;
 5.     flex-shrink: 2;
 6.   }
 7.
 8.   .target1 {
 9.     flex-grow: 1;
10.     width: 100%;
11.   }
12.
13.   .target2 {
14.     flex-shrink: 3;
15.     word-break: break-all;
16.   }
17.
18.   .target3 {
19.     flex-shrink: 1;
20.     word-break: break-all;
21.   }
22. </style>
23. <div class="flex-shrink">
24.   <p class="target1">Width
25.     <br>
26.     <strong>100%</strong>
27.     <p class="target2">Shrink
28.       <br>
29.       <strong>3</strong>
30.     </p>
31.     <p class="target3">Shrink
32.       <br>
33.       <strong>1</strong>
34.     </p>
35. </div>
```

浏览器中的运行结果如图 4-40 所示，因为 flex-shrink 的值是相对的，它的具体表现还取决于此元素的同级元素。在此例子中，Width 100% 的元素占用了 100% 的宽度，此部分的空间将被它的两个同级元素中占用，并且占用被分成了 4 份，因为总的压缩因子为 4：

- 四分之三从 Shrink 3 元素中获取（Shrink 3 元素被压缩四分之三的空间）
- 四分之一从 Shrink 1 元素中获取（Shrink 1 元素被压缩四分之一的空间）

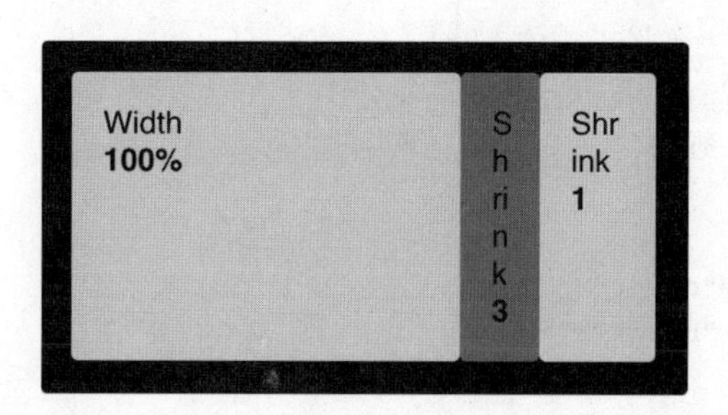

图 4-40　flex-shrink: 2 布局效果

4.3.10　order 属性

order 属性定义了元素在容器中的排序位置，默认值为 0。此属性可以使用数值定义元素的排序位置，可以使用正整数，也可以使用负整数。最终的排序会考虑所有元素的排序值。并且每一个元素都可以设置不同的值：

```
1. <!--
2.   * 章节: 04-03-10
3.   * 用于演示 order 属性的使用
4.   * FilePath: /04-03/order.html
5.   * @Parry
6. -->
7. <style type="text/css">
8.   .order {
9.     display: flex;
10.   }
11.
12.   .order p {
13.     flex-grow: 1;
14.     flex-shrink: 1;
15.   }
16.
17.   .block13 {
18.     order: 13;
19.   }
20.
21.   .block-7 {
22.     order: -7;
23.   }
24.
25.   .block9 {
26.     order: 9;
27.   }
```

```
28.
29.   .block5 {
30.     order: 5;
31.   }
32. </style>
33. <div class="order">
34.   <p class="block13">One
35.     <br>
36.     <em>order: 13</em>
37.   </p>
38.   <p class="block-7">Two
39.     <br>
40.     <em>order: -7</em>
41.   </p>
42.   <p class="block9">
43.     <strong>Three
44.       <br>
45.       <em>order: 9</em>
46.     </strong>
47.   </p>
48.   <p class="block5">Four
49.     <br>
50.     <em>order: 5</em>
51.   </p>
52. </div>
```

浏览器中的运行结果如图 4-41 所示，每一个元素的 order 值都参与了排序，最终按照递增的顺序排列所有的元素。

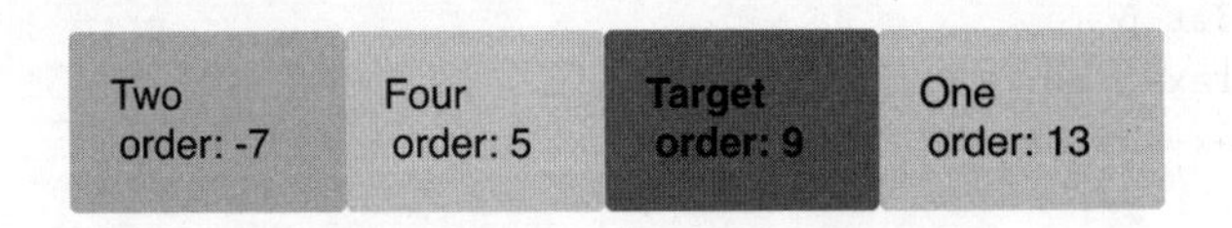

图 4-41 order 属性布局效果

4.3.11 flex-flow 属性

flex-flow 属性是 flex-direction 和 flex-wrap 的缩写形式，同时定义了主轴与换行的方式。

4.3.12 flex 属性

flex 属性是多个属性的缩写，分别为 flex-grow、flex-shrink、flex-basis 三个属

性。flex-shrink 与 flex-basis 两个属性的值也可以不写，即加载对应属性的默认值。

4.4 React Native 中的 Flex 属性

React Native 框架中引入了上面介绍的 Flex CSS 特性，因为在 React Native 框架中直接使用 JavaScript 来实现属性的定义，所以所有属性都按照 React Native 中定义的写法来写，只是属性名称部分有连接符的，在 React Native 中变成了驼峰拼写的形式，并且某些属性的默认值进行了变更，但是本质的原理与作用是不变的。

React Native 框架支持的 Flex CSS 属性介绍如下，详细功能请参考 4.3 节 12 个 Flex 属性的详细介绍与示例即可：

- flexDirection 支持的属性值：row | row-reverse | column（默认值）| column-reverse
- flexWrap 支持的属性值：nowrap（默认值）| wrap
- justifyContent 支持的属性值：flex-start（默认值）| flex-end | center | space-between | space-around
- alignItems 支持的属性值：flex-start | flex-end | center | baseline | stretch（默认值）
- 使用方式与 CSS Flex 的使用一致。
- alignSelf 支持的属性值：auto（默认值）| flex-start | flex-end | center | baseline | stretch

4.5 本章小结

在介绍了 React Native 框架下可以使用 JavaScript 编写逻辑代码后，这一章节我们又学习了可以使用 CSS Flex 来写 React Native App 的布局功能，你开始体会到我们真的可以完全使用前端的技术来开发跨平台的 App 了，你可能已经跃跃欲试准备动手开发了。在动手开发前，我们在下一章节做完最后一个准备工作就可以开始，我们先要将 iOS 与 Android 的开发环境以及一些调试工具配置起来。

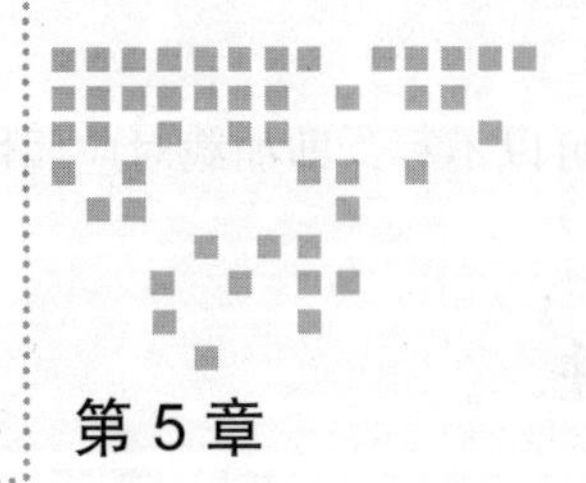

Chapter 5 第5章

React Native 开发调试技巧与工具

本章介绍在开发前需要做的一些准备工作，包括 iOS 和 Android 系统下的开发与调试环境的搭建，并对 React Native 中的一些调试属性做一些说明，介绍使用 Chrome 远程调试代码的技巧，以及 React Developer Tools 工具的安装与应用。

5.1 配置 iOS 开发环境

首先我们需要配置 iOS 平台的开发环境（只可以在 Mac 系统下进行 iOS 平台应用的开发），Apple 为开发者提供了非常易用、强大、环境整合的开发工具 Xcode，用于开发基于 iPhone、iPad、Apple Watch 以及 Mac 平台的应用程序。

Xcode 开发工具提供了开发、测试、打包以及整个项目发布上架的功能，这些操作都可以在 Xcode 中完成，是 Mac 平台下真正的一站式开发工具。

下面介绍并演示 iOS 开发环境的基本安装与项目运行调试的过程。

1）打开 App Store 搜索 Xcode，点击安装后等待下载完毕并自动完成安装，如图 5-1 所示。

2）使用 Xcode 打开项目，这里我们直接打开课程配套源码 02-02-02 文件夹，此项目为本书第 2 章中建立的初始化项目，找到文件夹中的 /HelloReact/ios/HelloReact.xcodeproj 并打开，后缀为 xcodeproj 的文件为 Xcode 的项目文件，如图 5-2 所示。

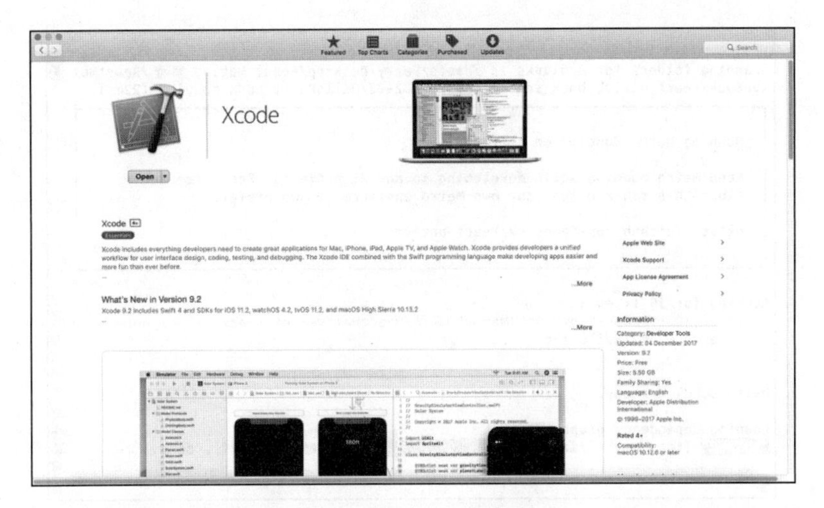

图 5-1　Xcode 的安装

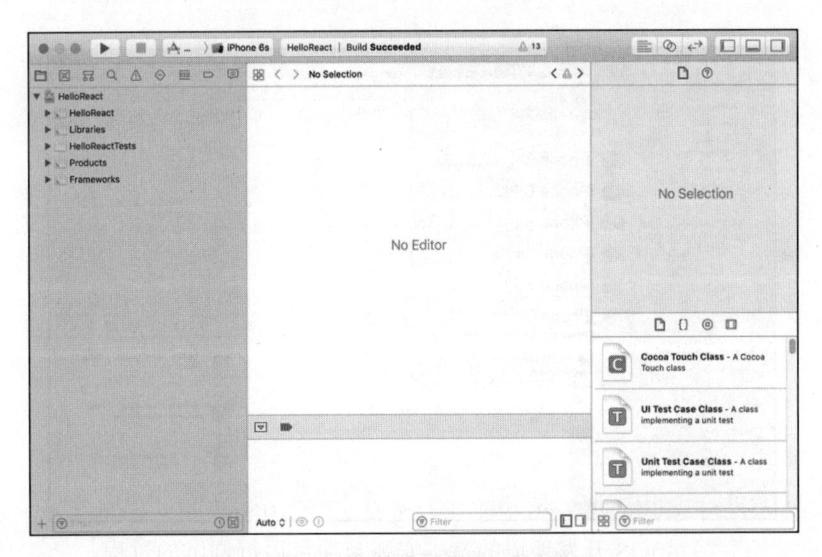

图 5-2　使用 Xcode 打开 iOS 项目

3）选择对应的模拟器后，点击运行按钮即可启动项目，首先 React Native 会启动一个 React Packager 用于将源码打包成 bundle js 文件，并用于后期调试时的 Live Reload 以及 Hot Reloading，如图 5-3 所示。

在 JavaScript 打包完成后，模拟器会自动启动并运行对应的 App，如图 5-4 所示。

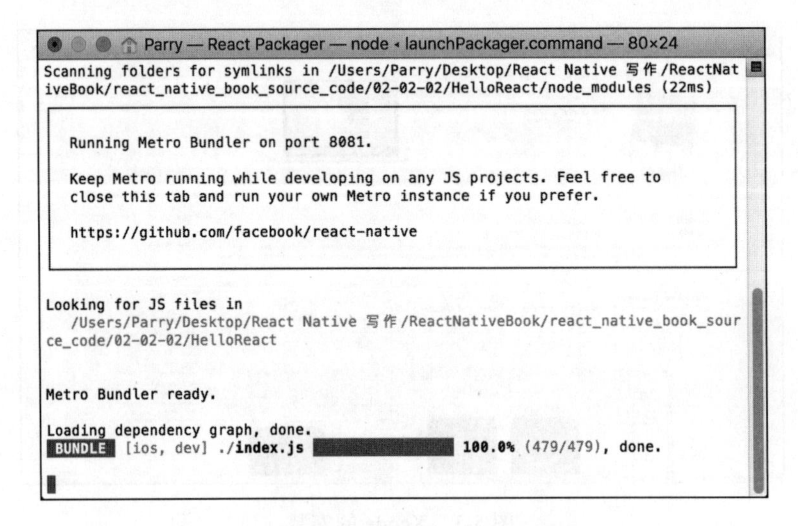

图 5-3 React Packager 控制台

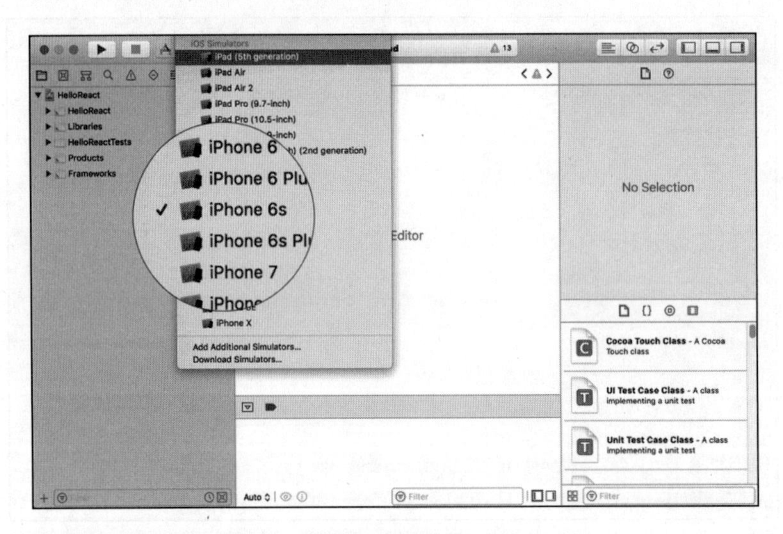

图 5-4 选择模拟器并运行项目

4）iOS App 启动后的效果如图 5-5 所示。

修改项目 App.js 源码中的第 6 行代码，将初始化项目中的 Welcome to React Native 修改成 Hello React Native，保存并在模拟器中使用快捷键 Command + R 进行刷新，React Packager 控制台会自动重新打包，iOS App 界面立即进行了自动刷新，如图 5-6 与图 5-7 所示。

图 5-5 iOS 项目启动效果

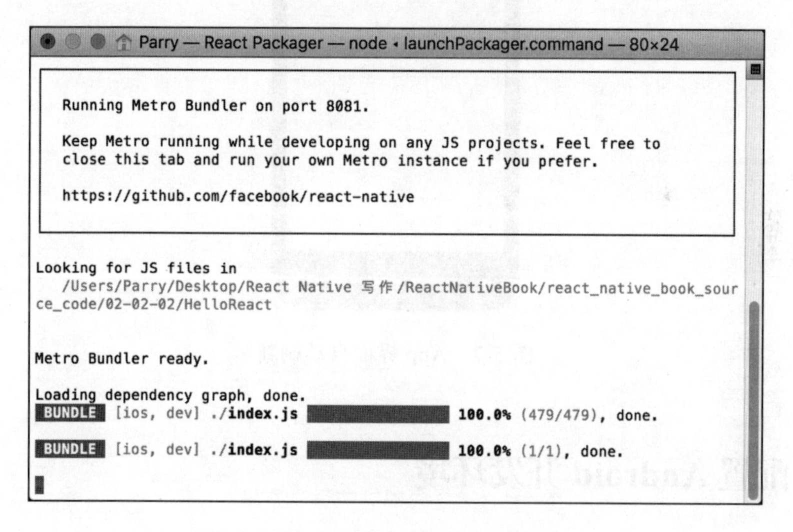

图 5-6 React Packager 自动重新打包

```
1. export default class App extends Component<{}> {
2.   render() {
3.     return (
4.       <View style={styles.container}>
5.         <Text style={styles.welcome}>
6.           Welcome to React Native!
```

```
 7.          </Text>
 8.          <Text style={styles.instructions}>
 9.           · To get started, edit App.js
10.          </Text>
11.          <Text style={styles.instructions}>
12.            {instructions}
13.          </Text>
14.        </View>
15.      );
16.    }
17. }
```

图 5-7 App 界面自动刷新

5.2 配置 Android 开发环境

Android Studio 是一个为 Android 平台开发应用程序的集成开发环境。2013 年 5 月 16 日在 Google I/O 上发布，可供开发者免费使用。Android Studio 基于 JetBrains IntelliJ IDEA，为 Android 开发特别定制，但在 Windows、mac OS 和 Linux 平台上也可运行。

Android Studio 的功能非常丰富，其主要特点如下：

- 可视化布局：WYSIWYG 编辑器、实时编码、实时程序界面预览；

- 开发者控制台：优化提示、协助翻译、来源跟踪、宣传和营销曲线图；
- Beta 版本测试，并阶段性展示；
- 基于 Gradle 的构建支持；
- Android 特定代码重构和快速修复；
- Lint 提示工具更好地对程序性能、可用性、版本兼容和其他问题进行控制捕捉；
- 支持 ProGuard 和应用签名功能；
- 基于模板的向导来生成常用的 Android 应用设计和组件；
- 自带布局编辑器，可让开发者拖放 UI 组件，并预览在不同尺寸设备上的 UI 显示效果；
- 支持构建 Android Wear 应用；
- 内置 Google Cloud Platform 支持，支持 Google Cloud Messaging 和 App Engine 的集成。

下面介绍并演示 Android Studio 开发环境的基本安装与测试运行项目的过程。

1）官网下载并安装 Android Studio 开发工具，并下载配置好对应的 Java SDK。官网地址为：https://developer.android.com/studio/index.html。

2）下载并完成安装后，打开 Android Studio 找到右侧的 Import project，导入 02-02-02 项目文件夹中的 /HelloReact/android/ 文件夹，如图 5-8 所示。

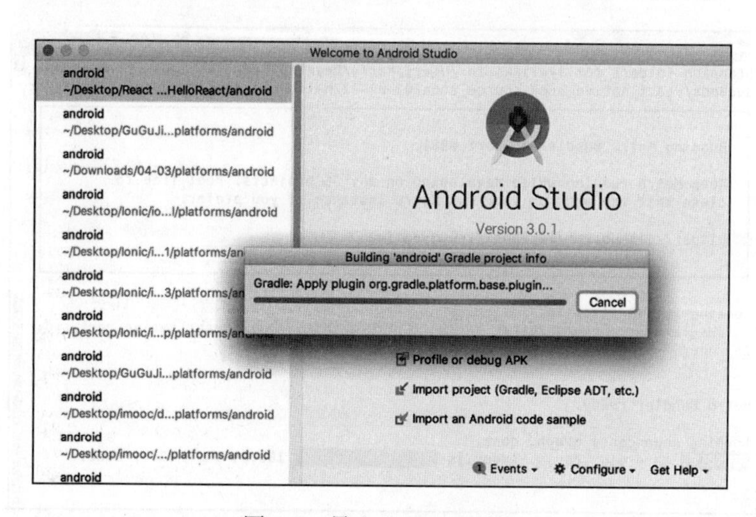

图 5-8　导入 Android 项目

3）在导入 Android 项目后，Android Studio 会自动加载对应版本的 Gradle 进行项目的构建，此过程根据你的网络状况，可能耗时较长。项目自动构建完成后的结果如图 5-9 所示。

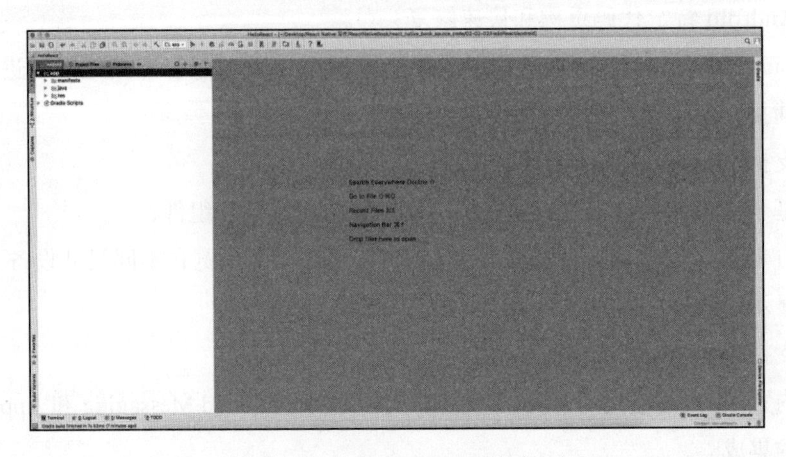

图 5-9 Android Studio 项目打开

4）在项目完成 Gradle 构建后，启动 Android Studio 自带的 Android 模拟器，并点击启动按钮，开始项目的编译并自动完成项目在模拟器中的调试运行。同样，此过程 React Native 会自动启动 React Packager 进行源码的打包并供后期调试时的 Live Reload 以及 Hot Reloading 使用。执行过程分别如图 5-10 与图 5-11 所示。

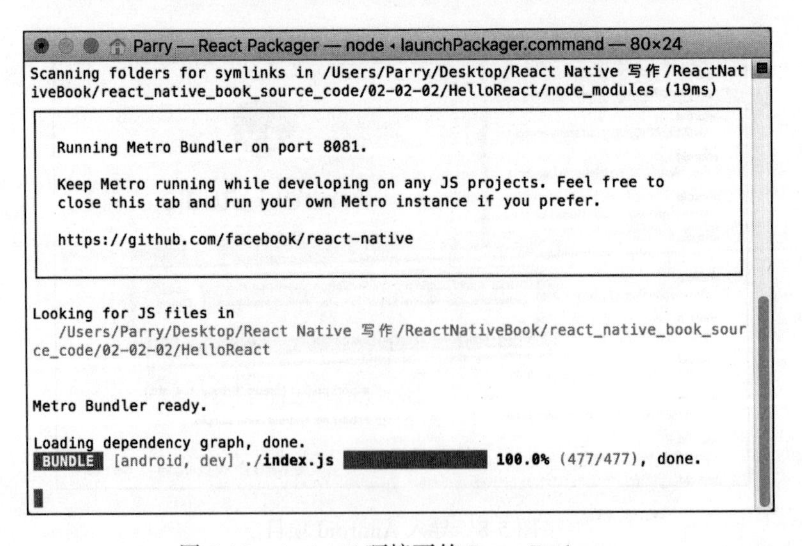

图 5-10 Android 环境下的 React Packager

5.3　常用调试属性的说明

任何软件开发都离不开调试的过程，越复杂的功能越会涉及到很多的调试过程，调试程序是软件开发者的基本功，同时也是提高开发效率值得提升的一个技能。

React Native 的开发过程中，不仅仅涉及 JavaScript 的调试，还会涉及样式、原生组件功能的调试、iOS 平台、Android 平台的调试，所以掌握好 React Native 平台的一些调试工具的使用，对于 React Native 的开发会有很大的帮助。

图 5-11　Android 模拟器执行效果

下面将介绍在 React Native 开发过程中用到的一些调试工具的使用与技巧。

开发者菜单是 React Native 提供的一套供开发者在开发时调试应用程序使用的工具。注意此菜单在应用程序的生产环境（Release/ Production）下是不可以使用的，也就是说是不能唤起的。

图 5-12 为 iOS 平台和 Android 平台的工具截图，在 iOS 平台模拟器中打开的方式为快捷键 Command + D，而在 Android 平台下为 Command + M（界面都会有操作提示）。而如果是在真机上调试的话，可以通过摇动手机唤起设备的开发者菜单。

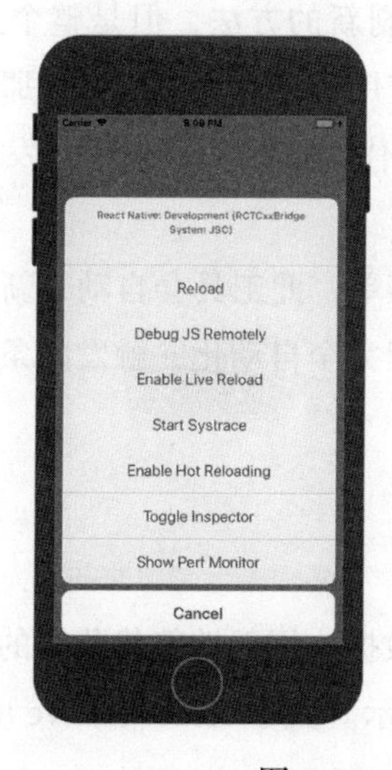

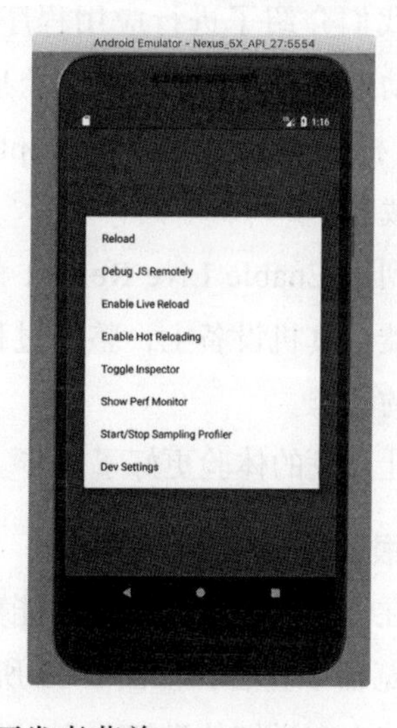

图 5-12　开发者菜单

此开发者菜单提供了如下几大功能。

1. 重新加载刷新应用

当我们修改了 React Native 的代码后，需要在模拟器或者真机上看一下修改后的页面或者逻辑有没有问题，那么这时就需要刷新并重新加载一次应用。

在使用原生语言进行移动应用的开发过程中，修改后需要重新执行编译、运行、调试查看等一系列动作才可以看到效果，而且在调试的状态下是不可以修改代码的。

而在 React Native 的开发过程中直接可以通过开发者菜单上的刷新（Reload）功能自动完成代码的打包编译、运行、页面与逻辑代码的刷新等一系列动作，在页面刷新后直接进行调试查看即可，非常高效、方便。

注意这里的刷新只能针对在你只修改了 JavaScript 代码的基础上进行此刷新方法，如果使用了混合开发并修改了原生的代码，或修改了一些图片资源如 Images.xcassets（iOS）、res/drawable（Android）中的文件的话，那么项目就需要重新编译后才可以看到修改后的效果。

所以一般的 React Native 开发场景都是两台显示器，一台写代码一台看模拟器效果，修改代码后模拟器刷新看效果，开发效率与开发体验都非常好。

注意，Debug JS Remotely 此功能涉及知识点较多，在“5.4 在 Chrome 中远程调试代码”中有详细地讲解，请翻到 5.4 小节查看即可。

2. 启动实时重新加载刷新

在上小节，我们介绍了进行应用程序刷新的方法，但是整个过程还是不够简便，需要我们手动地点击刷新按钮，整个应用程序才会去刷新。那么有没有办法让 React Native 开发框架在监控到 JavaScript 代码修改后，整个开发调试的应用程序自动进行刷新加载呢?

这里就使用到了 Enable Live Reload 菜单，此工具会自动重新编译代码并更新到你调试的模拟器或真机设备上，整个过程完全自动化，触发的条件就是你修改了代码后进行保存的动作。

此工具选项让开发的体验更好了一步。

3. 启用调试跟踪

此工具用于在调试时收集相应的性能数据，用于性能优化时的问题追踪，收集的数据可以在浏览器中查看，如图 5-13 所示。关于 React Native 应用的性能调优，在本书的后续章节中有详细的讲解。

图 5-13　React Native 的性能追踪

4. 启用热加载

我们在之前的 Enable Live Reload 小节中，已经将开发与调试应用程序的体验提升了一大步，但是我们发现当重新修改了 JavaScript 代码并进行了自动的重新加载后，之前调试时保持的页面状态以及一些 React 中的 state 都丢失了，页面又重新从应用程序的首页开始执行，并再一次一步一步点击操作到之前的页面状态，调试的效率与体验还是很差。

而 Hot Reloading 可以让应用在修改了 JavaScript 代码后，只更新和上次的代码相比更新或新增的部分，并传输到调试的模拟器或真机上，并进行热更新，不刷新页面并能保持住之前调试时设置的一些 state，这样就再一次大大提升了调试的体验与效率。

同样，这样的功能在你进行页面布局调试的时候也非常方便，就和在浏览器中进行调试网页布局一样，修改一部分代码，保存，应用进行了实时的更新，注意不是刷新，你可以实时预览你的应用布局，非常高效。

5. 显示审查元素工具

如果你使用过浏览器中网页开发的审查元素，就能体会到如果在移动开发时可以进行元素审查调试的优势。

审查元素的工具可以让你直观地查看到页面中元素布局、定位、层级关系、属性等等特性，在你精准布局页面的时候非常有用，你可以通过此工具获得和网页开发一样的调试体验，无缝过渡非常方便，调试界面如图 5-14 所示。

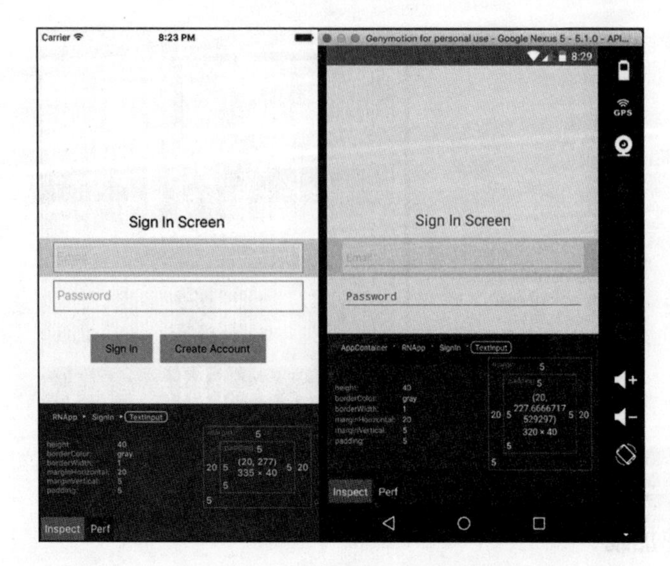

图 5-14 开发者菜单的审查元素

6. 显示性能监控工具

此工具可以进行快速地性能监控，如图 5-15 所示。工具打开时，可以在设备屏幕上直观地看到当前设备在执行当前页面以及逻辑代码时的性能情况，在遇到开发的应用在某些机型上性能表现比较差的时候，可以通过此工具快速地进行问题的定位。

关于 React Native 性能的调优方法，同样，在本书的后续章节有详细的讲解。

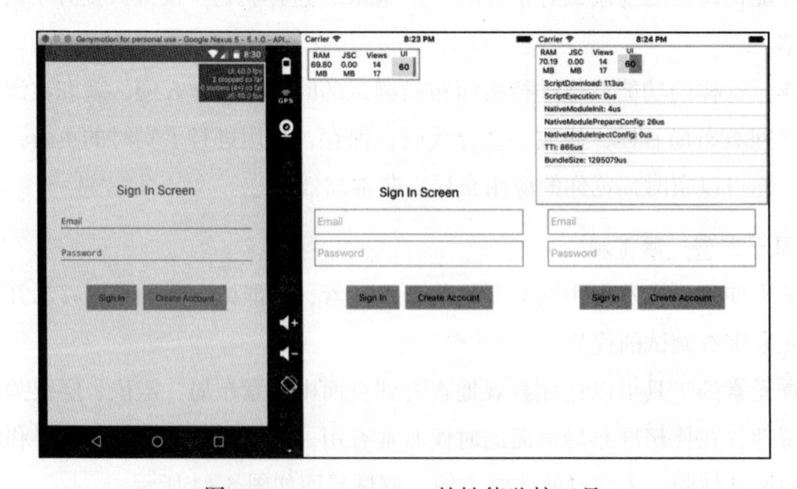

图 5-15 React Native 的性能监控工具

5.4 Chrome 中远程调试代码

Chrome 的开发者工具，作为每一个前端网页开发人员，简直就是必备的神器。React Native 框架再一次将此工具带到了 React Native 的开发与调试过程中来。我们先看一下 Chrome 开发者工具具有的功能，工具的初始界面如图 5-16 所示。

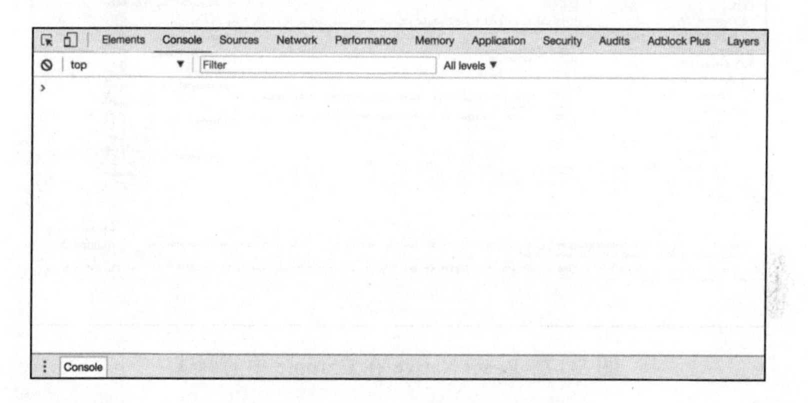

图 5-16 Chrome 开发者工具

其中，菜单工具的说明如下：

- Element：查看、编辑页面中的 HTML 和 CSS 元素；
- Console：显示脚本中所输出的调试信息，或运行测试脚本等；
- Source：查看、调试当前页面所加载的脚本资源；
- Network：查看网络请求的详细信息，如请求头、响应头及返回内容等；
- Performance：查看脚本的执行时间、页面元素渲染时间等信息；
- Memory：查看 CPU 执行时间与内存占用等性能相关信息；
- Audits：页面的性能审计，用于优化页面加载时使用。

在 React Native 开发调试时，打开模拟器或真机设备上的开发者菜单，选择“Debug JS Remotely”后，本地的 Chrome 浏览器会自动打开一个 tab，URL 地址为 http://localhost:8081/debugger-ui，如图 5-17 所示。

此时，你就可以完全像开发调试网页一样，进行 React Native 应用程序开发资源的调试，在使用过程中，主要使用到的调试工具面板为 Console 和 Sources 两个面板，调试界面如图 5-18 所示，你可以查看控制台输出、对 JavaScript 代码加断点并进行单步调试等。

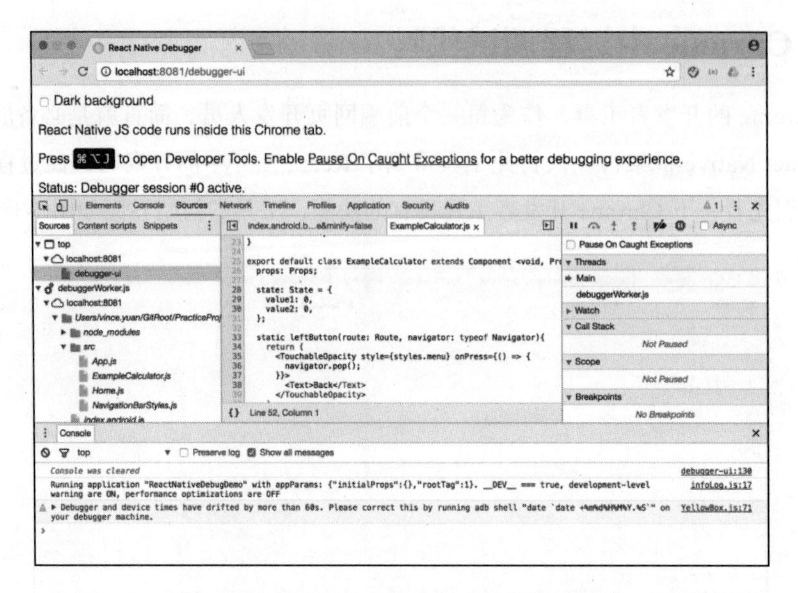

图 5-17　React Native 在 Chrome 中的调试

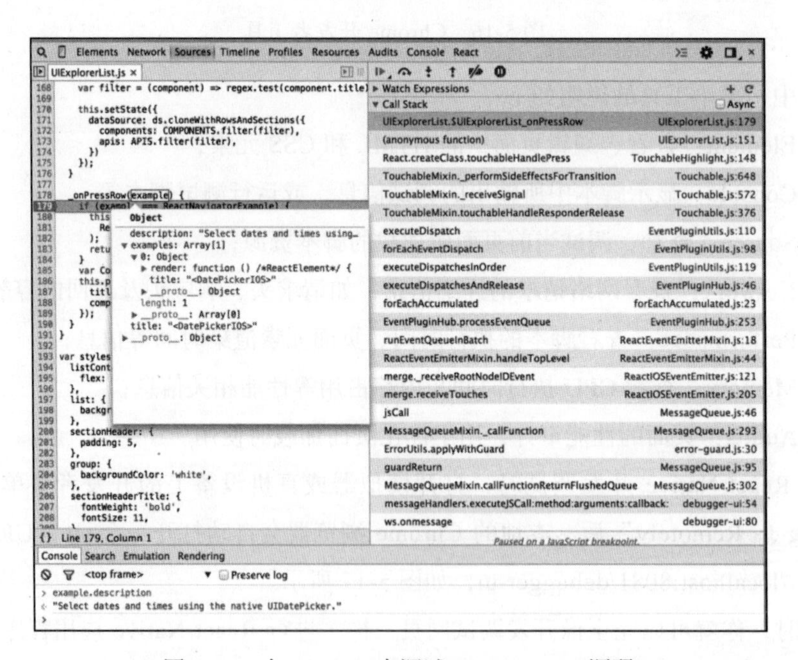

图 5-18　在 Chrome 中调试 React Native 源码

接下来我们通过调试一个真实的项目，演示 React Native 远程调试的流程以及方法。

我们首先使用 Xcode 打开之前建立的项目文件夹 02-02-02 中的 iOS 项目，并在 App.js 代码的第 24 行增加了一行测试代码，如下所示：

```
1. ......
2. export default class App extends Component<{}> {
3.   render() {
4.     var a = 1 / 0; //添加这行代码后，用于后面的调试测试
5.
6.     return (
7. ......
```

在 Xcode 中将项目运行起来，并使用快捷键 Command+D 打开调试菜单，选中“Debug JS Remotely”菜单，如图 5-19 所示。

接下来在 Chrome 浏览器中打开连接 http://localhost:8081/debugger-ui/ 界面如图 5-20 所示。

在 Chrome 的 Source 标签栏下，左侧的 debuggerWorker.js 中就可以看到项目的源码文件，打开后在右侧可以根据需要，在进行调试的地方添加断点，如下图，我们在第 24 行添加了一个断点，最右侧还可以添加对参数的监控（Watch），方便随时观察参数值的变化。

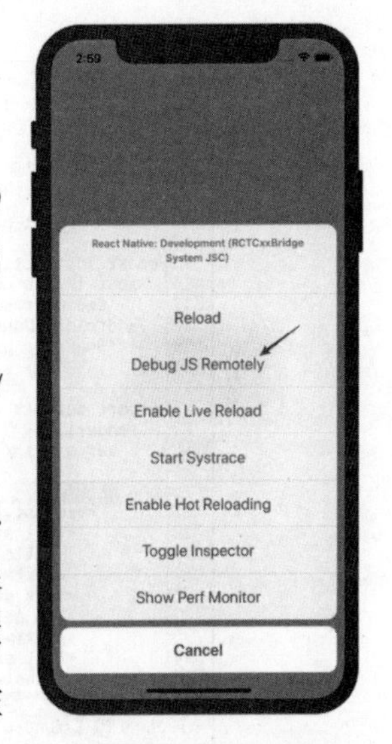

图 5-19 打开调试菜单

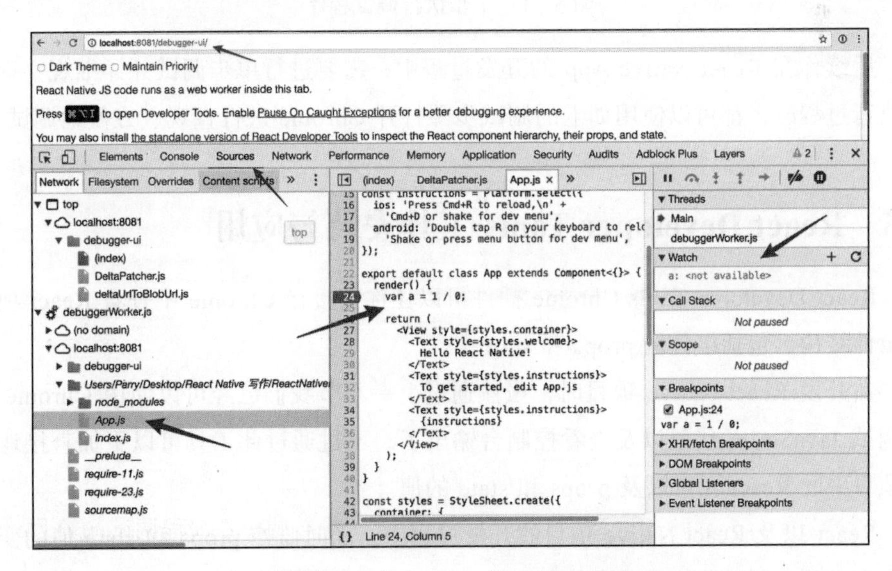

图 5-20 在 Chrome 浏览器中调试

在添加断点后，使用 Command + R 快捷键，再次刷新 App 进行程序的重新加载，以便执行到添加代码的地方。

刷新后，调试界面如图 5-21 所示，可以看到程序会暂停在断点的位置，通过单步执行，继续运行代码，在执行到第 26 行时，就可以看到了第 24 行定义的 a 值执行的结果，并在右侧的监控栏中可以直接看到 a 的当前值。

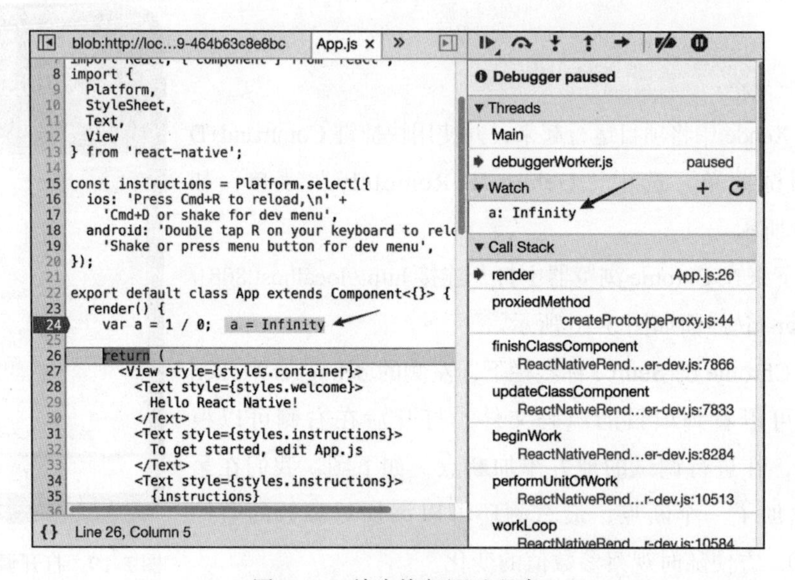

图 5-21 单步执行调试程序

后续你在 React Native App 的开发过程中，需要进行单步调试并详细观察程序的执行过程时，都可以使用如上的调试步骤打开 Chrome 进行直观、方便地调试。

5.5 React Developer Tools 工具安装与应用

React Developer Tools Chrome 插件可以让你直接在 Chrome 中查看 React 项目的组件结构、包括组件的 props 和 state。

在开发 React Native 项目时，虽然通过上一小节我们已经可以使用 Chrome 进行调试 JavaScript 代码以及查看控制台输出了，不过通过此工具可以更加直接地调试项目中的 React 元素以及 props 和 state 的值。

React 以及 React Native 项目的开发过程中，随时监控 props 和 state 值的变化非常有必要，所以此工具非常值得安装。插件运行的效果如图 5-22 所示。

工具可以通过 Chrome Web Store 直接安装，此开源工具的 GitHub 地址为：https://github.com/facebook/react-devtools。

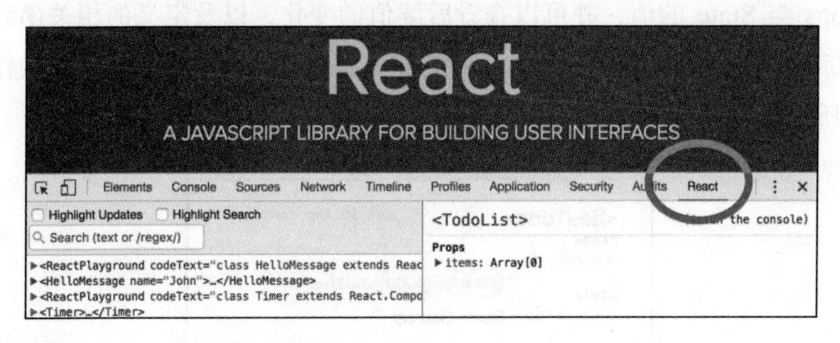

图 5-22　React Developer Tools 工具

React Developer Tools 插件同样也提供了 Firefox 浏览器插件，并且在控制台中可以通过选择符 $r 进行组件实例的选择。

1. 树形结构查看

在调试插件中，你可以直接看到 React 中属性的状态，包括对象和数组的内容。在 React props 变更的时候，会将变更值高亮显示。查看树形组件结构的界面如下所示。

```
▾ <Wrap more=["a",2,"c",…] str="thing" awesome=1>
  ▾ <div>
    ▾ <Todos>
      ▾ <div className="Todos">
          <h1 className="Todos_title">Things to do</h1>
        ▸ <NewTodo onAdd=fn()>…</NewTodo>
        ▾ <TodoItems todos=[{},{},{}] filter="All" onToggleComplete=fn()>
          ▾ <ul className="TodoItems">
            ▸ <TodoItem item={title: "Inspect all the things", completed: true, id: 10} onToggle=fn()>…
            ▸ <TodoItem item={title: "Profit!!", completed: false, id: 11} onToggle=fn()>…</TodoItem>
            ▸ <TodoItem item={title: "Profit!!", completed: false, id: 12} onToggle=fn()>…</TodoItem>
```

2. 源码的搜索

插件中还可以通过搜索面板或者快捷键“/”进行 React 代码的搜索，可以快速地搜索到组件的名称，当项目中的组件非常多的时候，搜索就变得非常有必要了。搜索面板如下所示。

```
▾ <Wrap more=["a",2,"c",…] str="thing" awesome=1>
  ▾ <div>
    ▾ <Todos>
      ▾ <div className="Todos">
          <h1 className="Todos_title">Things to do</h1>
        ▸ <NewTodo onAdd=fn()>…</NewTodo>
        ▾ <TodoItems todos=[{},{},{}] filter="All" onToggleComplete=fn()>
          ▾ <ul className="TodoItems">
            ▸ <TodoItem item={title: "Inspect all the things", completed: true, id: 10} onToggle=fn()>…</TodoItem>
            ▸ <TodoItem item={title: "Profit!!", completed: false, id: 11} onToggle=fn()>…</TodoItem>
            ▸ <TodoItem item={title: "Profit!!", completed: false, id: 12} onToggle=fn()>…</TodoItem>
            </ul>
          </TodoItems>
        ▸ <Filter onSort=fn() onFilter=fn() filter="All">…</Filter>
        </div>
      </Todos>
Search by Component Name
```

3. 边栏工具

React Developer Tools 调试工具的边栏可以直接查看到 React / React Native 项目中 Props 与 State 的值，并可以查看后续值的变化，以及定义的相关函数。右键还可以直接将参数存储为全局变量、直接显示源码、执行函数的功能。操作界面如图 5-23 所示。

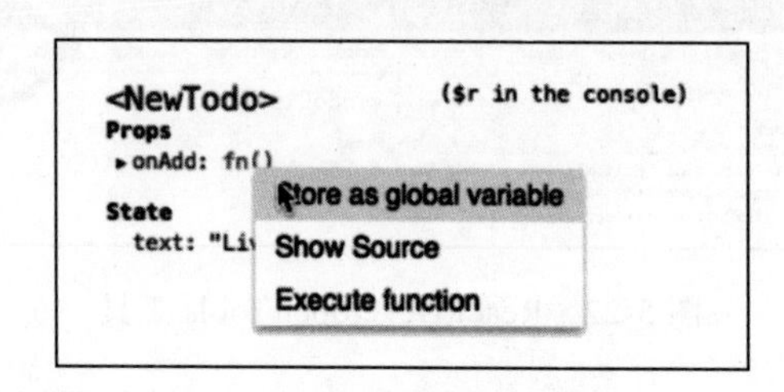

图 5-23 边栏工具

5.6 本章小结

我们在简要学习了 React 以及 React Native 框架后，又掌握了 React 与 React Native 的原理这门内功，这一章节我们又掌握了整个开发过程中必备的调试利器，具备了这些“功力”之后，下面的章节就开始完整地学习并使用 React Native 这个框架了。

软件开发的世界并没有多么复杂的、困难的框架与技术，只需要你认真地去学习、体会、理解并实践就一定能学会。

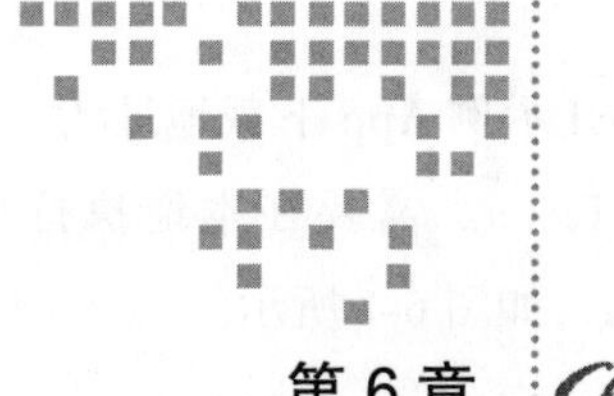

第 6 章 Chapter 6

React Native 组件详解

在本章中，我们开始正式学习 React Native 框架的相关知识，首先要学习的就是 React Native 框架中的基本组件，希望大家学会基本组件的使用并能达到熟练使用的水平，进而可以对其他 React Native 组件的使用举一反三。本章将介绍 React Native 组件的大致框架，以及最重要的几类组件，如视图、底部导航 Tab Bar、图片、文本、触摸处理、Web 视图、滚动视图等。

6.1 React Native 组件简介

React Native 提供了一系列的内置组件供开发者使用，而依托于开源社区强大的生态系统，更是有无穷无尽的开发组件可供使用。

React Native 完整地提供了从基本页面布局的组件到页面表单组件，再到一些列表组件、iOS 平台与 Android 平台特有的组件。可以说如果你只是纯粹开发基于 React Native 的应用程序，掌握好这些组件的使用就可以非常高效率地进行开发，这样就可以将精力完全用于应用程序的用户体验设计与优化，这应该是各种软件开发框架努力的方向，而不是让开发者浪费过多的时间去解决一些基本问题甚至让开发者自己去“造轮子”。从广义上讲，好的开发框架可以大大提高整个社会的协同工作效率。

你可以下载官方的 UI 示例 App，其中包含了所有 React Native 组件的演示，供开发者快速熟悉或学习组件的表现形式以及使用场景，还可以查阅对应示例的实现源码。

官方UI示例App下载地址为：https://github.com/facebook/react-native/tree/master/RNTester，需要在本地执行编译、安装的操作，此UI示例App之前叫作UIExplorer，如图6-1所示。

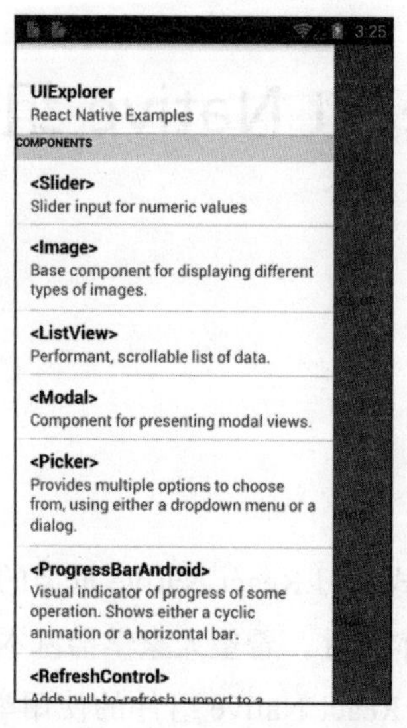

图6-1 官方UI示例App

当然，如果你觉得官方提供的组件不能满足你所开发项目的布局需求，还可以使用社区其他开源组件，如react-native-elements（https://github.com/react-native-training/react-native-elements）等，react-native-elements组件库布局如图6-2所示，外部组件库可以让你开发出来的项目细节更加细腻、美观。

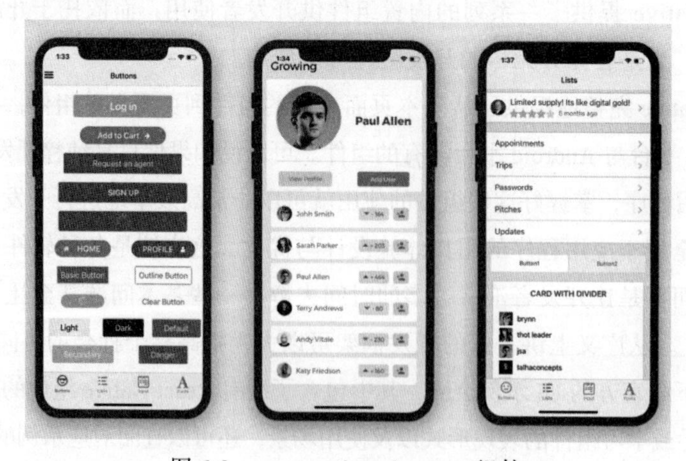

图6-2 react-native-elements组件

表 6-1 列出了 React Native 框架提供的基本组件，以及这些组件的简要介绍。更多其他的组件描述你可以在开发时随时查阅 React Native 框架的官方文档。

表 6-1　React Native 框架组件及描述

名　称	功能描述
ActivityIndicator	显示圆形的加载进度条
Button	按钮组件
DatePickerIOS	日期选择组件，iOS 平台可用
DrawerLayoutAndroid	抽屉导航切换组件，Android 平台可用
FlatList	简单列表组件
Image	图片显示组件
KeyboardAvoidingView	可以自动为键盘让出空间的视图组件
ListView	列表组件
MaskedViewIOS	遮罩视图组件，iOS 平台可用
Modal	弹窗组件
NavigatorIOS	页面切换导航组件，iOS 平台可用
Picker	滚动单项选择组件
PickerIOS	滚动单项选择组件，iOS 平台可以，具备更好的性能
ProgressBarAndroid	进度条组件，Android 平台可用
ProgressViewIOS	用于在 iOS 平台渲染 UIProgressView 使用
RefreshControl	下拉刷新组件
ScrollView	滚动视图
SectionList	具备分组标题的列表
SegmentedControlIOS	分组切换组件，iOS 平台可用
Slider	在一个范围内选择单一值组件
SnapshotViewIOS	截屏组件，iOS 平台可用
StatusBar	状态栏控制组件
Switch	切换开关组件
TabBarIOS	底部 Tab 导航组件，iOS 平台可用
TabBarIOS.Item	底部 Tab 导航组件单项，iOS 平台可用
Text	文本组件
TextInput	表单输入组件
ToolbarAndroid	工具栏组件，Android 平台可用
TouchableHighlight	触摸高亮组件
TouchableNativeFeedback	触摸后，原生平台反馈组件

（续）

名 称	功能描述
TouchableOpacity	触摸透明反馈组件
TouchableWithoutFeedback	触摸无反馈组件
View	视图组件
ViewPagerAndroid	页面切换组件，Android 平台可用
VirtualizedList	可以基于此组件定制你自己的类似于 FlatList 和 SectionList 组件
WebView	Web 页面加载视图组件

更多的开源项目及其使用方法，在后续的章节会有详细的介绍与讲解，此章节先开始学习 React Native 自带的组件库，万变不离其宗，我们先从最基础的开始掌握，例如视图组件。

6.2 视图组件

React Native 中用于布局的最基础组件是 View 组件，是所有组件布局的必备、底层元素。

6.2.1 View 组件介绍

网页布局中最基础的元素是 div，使用 div 可以组织起网页开发中的所有元素的定位与布局，其他的元素都布局在 div 的内部，页面使用 div 进行分块后，可以通过 CSS 对 div 进行任意的样式定义。一个简短的使用 div 进行布局的 HTML 代码示例如下：

```
1. <div style="color:#0000FF">
2.     <h3>这是一个在 div 元素中的标题。</h3>
3.     <p>这是一个在 div 元素中的文本。</p>
4. </div>
```

而在 React Native 中，用于布局的基础组件是 View 组件，其他的所有组件都可以布局在 View 组件中。前面章节介绍用于 React Native 开发元素布局的 Flex CSS 可以直接作用于 View 组件，每一个 View 组件都可以当成一个 Flex 的弹性盒模型容器，从而通过 View 与 Flex CSS 的结合实现了 React Native 整体页面元素的布局。

View 组件除了支持 Flex CSS 属性外，还支持 React Native 中的样式、一些触摸事件以及一些可访问性的属性设置。

View 组件与对应的移动平台的 View 组件类似，如 iOS 平台的 UIView，Android 平台的 android.view 以及 HTML 中的 div，同样 View 组件可以包含 0 个或者多个子组件。

6.2.2　View 组件实例

1. View 的基本布局使用

下面先通过一段简单的代码熟悉 View 组件的使用，React Native 框架的组件如果没有特别标注指定平台，则可以写一套代码，在 iOS 平台与 Android 平台通用。

所以下面章节的示例代码会交替在 iOS 平台与 Android 平台下运行并截图。代码可以在 iOS 平台与 Android 平台通用，只是在运行结果展示部分只会进行单一平台的截图。

如果你需要查看组件在各种不同设备上的表现效果，可以直接下载本书的配套源码并在本地编译运行即可。

> 完整代码在本书配套源码的 06-02 文件夹。

```
1. /**
2.  * 章节: 06-02
3.  * App.js 定义
4.  * FilePath: /06-02/ViewComponent/App.js
5.  * @Parry
6.  */
7.
8. import React, { Component } from 'react';
9. import {
10.   Platform,
11.   StyleSheet,
12.   Text,
13.   View
14. } from 'react-native';
15.
16. export default class App extends Component<{}> {
17.   render() {
18.     return (
19.       <View
20.         style={{
21.           flexDirection: 'row',
22.           height: 100,
23.           marginTop: 40,
```

```
24.           }}>
25.             <View style={{backgroundColor: 'blue', flex: 0.4}} />
26.             <View style={{backgroundColor: 'red', flex: 0.6}} />
27.           </View>
28.         );
29.       }
30. }
```

这是我们第一次完整地编写 React Native 框架的源码，下面对此段代码进行详细讲解：

- 第 8 行使用 ES6 中的 import 关键字将当前页面组件使用到的外部模块进行引入，只有引入的模块才可以使用。比如这一行就从 React 外部模块包中引入了需要使用到的 React 模块与 Component 模块，多个模块之间可以使用逗号隔开，一次定义在大括号中进行引入。
- 第 9-14 行代码同样使用 import 语句从 react-native 模块包中引入了会使用到的 Platform、StyleSheet、Text、View 组件。如果在开发的过程中你还需要引入其他的组件或模块，同样使用此方法进行相应的引入即可。
- 第 16 行，使用 export default 关键字将定义好的类进行导出，以便其他类进行导入使用或复用。
- 第 17 行，定义了组件的 render 函数，在此 render 函数中，逻辑比较简单，此段代码定义了三个 View 组件，外部使用一个最大的 View 组件进行所有元素的包裹，内部又定义了两个平级的 View 组件。在 React Native 的开发中可以通过直接在元素上定义内联样式的形式进行元素样式的定义。

运行结果如图 6-3 所示。

图 6-3　View 组件

第一个 View 组件定义了子容器进行 row 方向的布局样式，左边的 View 组件伸缩因子为 0.4，右边的 View 组件伸缩因子为 0.6。我们发现 React Native 开发布局和网页开发布局非常相似，非常的简单、方便。

样式的定义还可以采用外部统一定义的方式进行定义，即 React Native 中 JavaScript Style 的形式，为了提高项目的可维护性，一般都会采用此方法在一个统一的地方进行组件与元素的样式定义，这样，代码简洁许多，后期的维护也将变得好很多。并且这样定义，我们还可以将一些可以复用的样式通过 props 的形式传递给子组件。

特别需要注意的是样式的属性需要使用驼峰命名的格式进行定义。如 CSS 中的 background-color 就定义成了 backgroundColor，border-width 就定义成了 borderWidth，其他的属性也是遵从这样的转化格式进行定义。

所以上面的代码进行样式定义重构并且逐行添加了注释后如下所示。

```
1. /**
2.  * 章节: 06-02
3.  * App.js 样式定义重构
4.  * FilePath: /06-02/ViewComponent/app-2.js
5.  * @Parry
6.  */
7.
8. //引入 React 相关模块
9. import React, {Component} from 'react';
10. //引入 react-native 相关模块
11. import {Platform, StyleSheet, Text, View} from 'react-native';
12.
13. //定义类名称为 App 并进行导出操作，供其他外部组件调用或复用
14. export default class App extends Component < {} > {
15.   //render 函数定义，用于返回当前组件的页面渲染定义
16.   render() {
17.     return (
18.       <View style={styles.rootView}>
19.         <View style={styles.viewOne}/>
20.         <View style={styles.viewTwo}/>
21.       </View>
22.     );
23.   }
24. }
25.
26. //使用统一定义样式的形式进行元素样式的定义，让代码变得简洁、易维护
27. const styles = StyleSheet.create({
28.   rootView: {
29.     flexDirection: 'row', // 横向排列
30.     height: 100,
31.     marginTop: 40
32.   },
33.   viewOne: {
34.     backgroundColor: 'blue',
35.     flex: 0.4 //view 1 的伸缩因子，占用总长度的 40%
36.   },
```

```
37.  viewTwo: {
38.     backgroundColor: 'red',
39.     flex: 0.6 //view 2 的伸缩因子，占用总长度的 60%
40.  }
41. });
```

2. View的相关事件

View作为React Native的基础组件，自身也支持了一些事件的定义，各种事件属性可以让开发者在组件的不同时机添加相应的逻辑。React Native为View组件提供了20多个属性与事件，表6-2为View组件常用的一些属性与事件定义，具体的事件定义可以参见https://facebook.github.io/react-native/docs/view.html#props。

表6-2 View组件常用属性与事件

属性与事件	功能描述
nativeID	用于原生平台代码定位组件使用
onLayout	在View组件加载或布局变更时触发的事件
style	用于定义View组件的样式
onResponderMove	用于响应用户的手指移动时触发的事件

React Native组件对于所有的手势操作都有一整套相应的流程并会触发对应的事件函数，如果需要测试View组件的手势操作相关的生命周期流程，可以通过下面的代码进行测试：

```
1. <View
2.    onStartShouldSetResponderCapture={this.handleStartShouldSetResponderCapture}
3.    onMoveShouldSetResponderCapture={this.handleMoveShouldSetResponderCapture}
4.    onStartShouldSetResponder={this.handleStartShouldSetResponder}
5.    onMoveShouldSetResponder={this.handleMoveShouldSetResponder}
6.    onResponderGrant={this.handleResponderGrant}
7.    onResponderReject={this.handleResponderReject}
8.    onResponderMove={this.handleResponderMove}
9.    onResponderRelease={this.handleResponderRelease}
10.   onResponderTerminationRequest={this.handleResponderTerminationRequest}
11.   onResponderTerminate={this.handleResponderTerminate}>
12.   <Text>点击触发</Text>
13. </View>
```

下面的代码演示如何使用View组件具体的事件函数，这里就以onLayout事件函数为例。onLayout事件函数在View组件进行布局初始化或变更的时候执行，所以我们可以在View组件上添加该事件函数，在函数被执行时，获取到View组件的宽和高，同时在控制台输出。通过这个流程我们可以熟悉组件事件的使用方法，以后能举一反三地熟悉其他事件的使用方法：

```
1. /**
2.  * 章节: 06-02
3.  * App.js 定义演示 View 的事件使用
4.  * FilePath: /06-02/ViewComponent/app-3.js
5.  * @Parry
6.  */
7.
8. import React, { Component } from 'react';
9. import {
10.   Platform,
11.   StyleSheet,
12.   Text,
13.   View   //导入 View 视图组件
14. } from 'react-native';
15.
16. export default class App extends Component<{}> {
17.   render() {
18.     return (
19.       <View
20.         style={{  //定义 View 视图组件的样式
21.           flexDirection: 'row',
22.           height: 100,
23.           marginTop: 40,
24.         }}
25.         onLayout={this.onLayout}>
26.         <View style={{backgroundColor: 'blue', flex: 0.4}} />
27.         <View style={{backgroundColor: 'red', flex: 0.6}} />
28.       </View>
29.     );
30.   }
31.
32. //定义View视图组件的onLayout事件函数，用于响应组件的初始化以及变更时的事件响应
33.   onLayout = event => {
34.     let {width, height} = event.nativeEvent.layout
35.     console.log("view width: "+ width);  //输出 View 视图组件当前的宽
36.     console.log("view height: "+ height); //输出 View 视图组件当前的高
37.   }
38. }
```

在 View 初始化的时候，输出了组件初始化的宽为 375，在 View 组件的样式加载上之后，输出了 View 组件的高为 100，如图 6-4 所示，我们发现在 React Native 中调用对应组件的事件也非常方便。

```
})
2018-01-26 15:10:12.934 [info][tid:com.facebook.react.JavaScript] Running application
"ViewComponent" with appParams: {"rootTag":11,"initialProps":{}}. __DEV__ === true, development-
level warning are ON, performance optimizations are OFF
2018-01-26 15:10:12.934242+0800 ViewComponent[54936:12241503] Running application "ViewComponent"
with appParams: {"rootTag":11,"initialProps":{}}. __DEV__ === true, development-level warning are
ON, performance optimizations are OFF
2018-01-26 15:10:12.959 [info][tid:com.facebook.react.JavaScript] view width: 375
2018-01-26 15:10:12.959011+0800 ViewComponent[54936:12241503] view width: 375
2018-01-26 15:10:12.960 [info][tid:com.facebook.react.JavaScript] view height: 100
2018-01-26 15:10:12.959756+0800 ViewComponent[54936:12241503] view height: 100
```

图 6-4 View onLayout 事件控制台输出

6.3 底部导航 TabBar 组件

React Native 应用程序开发布局中一个最常用的组件，99% 的 App 基础布局都会使用到 TabBar 组件。

6.3.1 TabBar 组件介绍

在 iOS 平台的 App 布局中，最常见的布局模式就是以底部四个到五个 tab 为基础布局，通过点击不同的 tab 进行不同的页面切换，你可以尝试打开自己的 iOS 设备随便点开一个 App 看看基本的布局模式，如新浪微博的布局模式如图 6-5 所示。

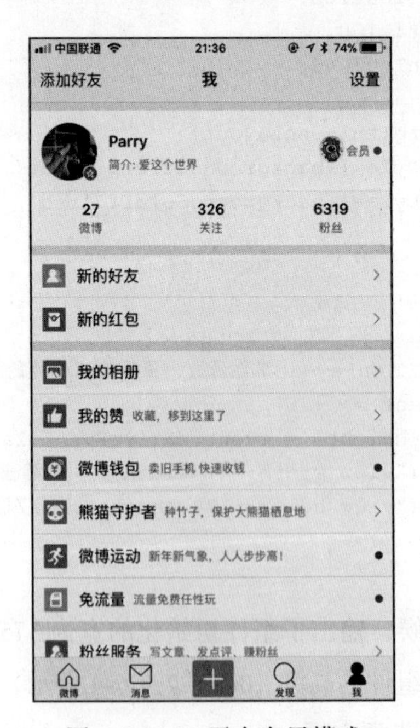

图 6-5 iOS 平台布局模式

而在 Android 平台的开发中，因为 iOS 平台长期以来的先导优势，即使 Android 平台有如图 6-6 所示对应的 Material Design 风格的 TabBar 设计模式，但是许多 App 为了用户相同的体验，还是在 Android 平台上采用了和 iOS 一致的设计模式，即采用 iOS TabBar 的模式进行布局，同样，你也可以打开 Android 设备上的 App 查看其基本的布局模式。

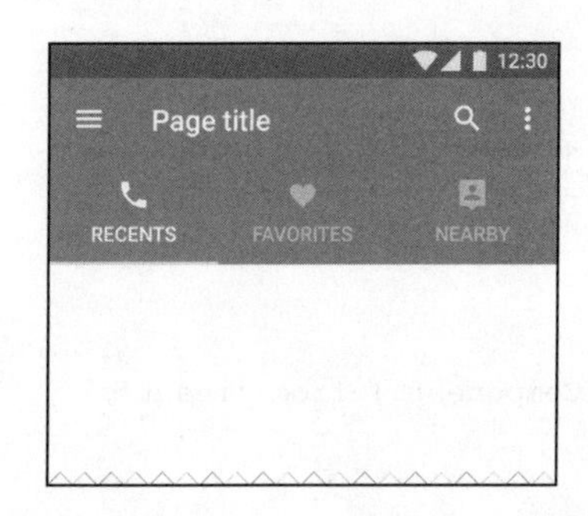

图 6-6 Android 平台下 Material Design 风格的 TabBar

在 React Native 框架中，React Native 提供了 iOS 平台下的 TabBar 控件 TabBarIOS，此控件只可以用于 iOS 平台，而 Android 平台的 TabBar 组件开发时在你确定了设计模式后，选用对应的开源组件去完成即可。

当然，也不是说所有的 App 都需要使用 TabBar 的形式进行布局，你需要根据自身项目的实际情况考虑，一般有专业的产品经理以及设计师来完成此类工作，个人独立开发者可以多多使用、思考并参考其他优秀 App 的布局结构设计，如图 6-7 所示的 Side Menu 的布局形式就是一个很好的方式。

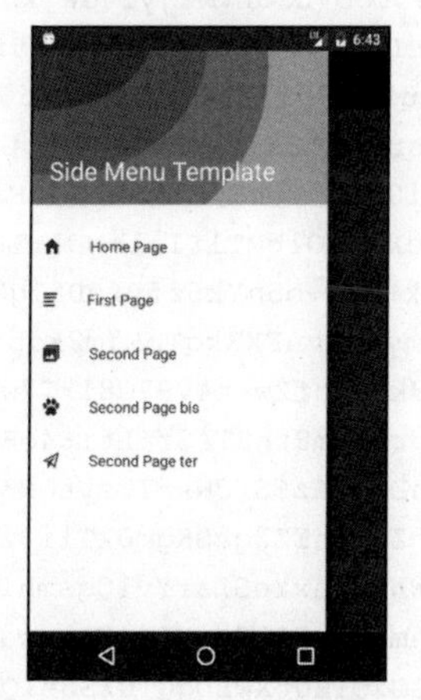

图 6-7 Android 下 Side Menu 布局

6.3.2 iOS 平台下 TabBarIOS 组件实例

在此示例代码中，我们在 App 的底部布局 tab 并修改成不同的 tab 图标和文字来熟悉 TabBarIOS 的基本使用方法。

> 完整代码在本书配套源码的 06-03 文件夹。

```
1. /**
2.  * 章节: 06-03
3.  * App.js 定义 演示 TabBarIOS 的基本使用
4.  * FilePath: /06-03/TabBarComponent/App.js
5.  * @Parry
6.  */
7.
8. import React, { Component } from 'react';
9. import {
10.   Platform,
11.   StyleSheet,
12.   Text,
13.   View,
14.   TabBarIOS  // 导入 TabBarIOS 组件
15. } from 'react-native';
16. // 定义 base64 格式的图片
17. var base64Icon = 'data:image/png;base64,iVBORw0KGgoAAAANSUhEUgAAAEsA
    AABLCAQAAACSR7JhAAADtUlEQVR4Ac3YA2Bj6QLH0XPT1Fzbtm29tW3btm3bfLZtv7
    e2ObZnms7d8Uw098tuetPzrxv8wiISrtVudrG2JXQZ4VOv+qUfmqCGGl1mqLhoA52o
    Zlb0mrjsnhKpgeUNEs91Z0pd1kvihA3ULGVHiQO2narKSHKkEMulm9VgUyE60s1aWo
    MQUbpZOWE+kaqs4eLEjdIlZTcFZB0ndc1+lhBllZrIuk5P2aib1NBpZaL+JaOGIt0l
    s47SKzLC7CqrlGF6RZ09HGoNy1lYl2aRSWL5GuzqWU1KafRdoRp0iOQEiDzgZPnG6D
    bldcomadViflnl/cL93tOoVbsOLVM2jylvdWjXolWX1hmfZbGR/wjypDjFLSZIRov09
    BgYmtUqPQPlQrPapecLgTIy0jMgPKtTeob2zWtrGH3xvjUkPCtNg/tm1rjwrMa+mdU
    kPd3hWbH0jArPGiU9ufCsNNWFZ40wpwn+62/66R2RUtoso1OB34tnLOcy7YB1fUdc
    9e0q3yru8PGM773vXsuZ5YIZX+5xmHwHGVvlrGPN6ZSiP1smOsMMde40wKv2VmwPP
    VXNut4sVpUreZiLBHi0qln/VQeI/LTMYXpsJtFiclUN+5HVZazim+Ky+7sAvxWnvjX
    rJFneVtLWLyPJu9K3cXLWeOlbMTlrIelbMDlrLenrjEQOtIF+fuI9xRp9ZBFp6+b6W
    T8RrxEpdK64BuvHgDk+vUy+b5hYk6zfyfs05lgRoNO1usU12WWRWL73/MMEy9pMi9q
    IrR4ZpV16RrvduxazmylFSvuFXRkqTnE7m2kdb5U8xGjLw/spRr1uTov4uOgQE+0N/
    DvFrG/Jt7i/FzwxbA9kDanhf2w+t4V97G8lrT7wc08aA2QNUkuTfW/KimT01wdlfK4y
    Ew030VfT0RtZbzjeMprNq8m8tnSTASrTLti64oBNdpmMQm0eEwvfPwRbUBywG5TzjPC
    sdwk3IeAXjQblLCoXnDVeoAz6SfJNk5TTzytCNZk/POtTSV40NwOFWzw86wNJRpubpX
    sn60NJFlHeqlYRbslqZm2jnEZ3qcSKgm0kTli3zZVS7y/iivZTweYXJ26Y+RTbV1zh3
    hYkgyFGSTKPfRVbRqWWVReaxYeSLarYv1QqsmhIs95S7G+eEWK0f3jYKTbV6bOwepjf
    htafsvUsqrQvrGC8YhmnO9cSCk3yuY984F1vesdHYhWJ5FvASlacshUsajFt2mUM9pq
    zvKGcyNJW0arTKN1GGGzQlH0tXwLDgQTurS8eIQAAAABJRU5ErkJggg==';
```

```
18.
19. export default class App extends Component<{}> {
20.
21.   state = {
22.     selectedTab: 'redTab',  // 设置当前选定的 tab
23.   };
24.   // 设置页面渲染函数
25.   _renderContent = (color: string, pageText: string) => {
26.     return (
27.       <View style={[styles.tabContent, {backgroundColor: color}]}>
28.         <Text style={styles.tabText}>{pageText}</Text>
29.       </View>
30.     );
31.   };
32.
33.   render() {
34.     return (
35.       <TabBarIOS>
36.         <TabBarIOS.Item
37.           title="Blue Tab"
38.           icon={{uri: base64Icon, scale: 3}}
39.           selected={this.state.selectedTab === 'blueTab'}// 判断当前选定的tab
40.           onPress={() => {  // tab 点击事件
41.             this.setState({
42.               selectedTab: 'blueTab',
43.             });
44.           }}>
45.           {this._renderContent('#414A8C', 'Blue Tab - 1')}
46.         </TabBarIOS.Item>
47.         <TabBarIOS.Item
48.           systemIcon="history"
49.           selected={this.state.selectedTab === 'redTab'}
50.           onPress={() => {
51.             this.setState({
52.               selectedTab: 'redTab'
53.             });
54.           }}>
55.           {this._renderContent('#783E33', 'Red Tab - 2')}
56.         </TabBarIOS.Item>
57.       </TabBarIOS>
58.     );
59.   }
```

```
60. }
61.
62. var styles = StyleSheet.create({
63.   tabContent: {
64.     flex: 1,
65.     alignItems: 'center',
66.   },
67.   tabText: {
68.     color: 'white',
69.     margin: 50,
70.   },
71. });
```

代码在 iOS 平台的运行效果如图 6-8 所示。

当点击第一个 tab 时页面加载第一个 tab 生成的 View 页面组件，页面显示“Blue Tab-1”。

当点击第二个 tab 时页面加载第二个 tab 生成的 View 页面组件，页面显示“Red Tab-2”。

代码中涉及如下几个知识点：

- 代码第 14 行从 react-native 中导入了页面使用到的 TabBarIOS；
- 代码第 17 行定义了一个 base64 格式的图标，供下面的代码在 TabBarIOS 中使用 base64 格式的图标。base64 是一种用 64 个字符来表示任意二进制数据的方法，当然这里表示的是一个图标的图片数据；
- 代码第 22 行定义了一个组件内部的 state，selectedTab，默认值为 'redTab'；
- 代码第 25-31 行定义了一个函数，用于在 tab 进行切换时，使用此函数生成对应的页面元素，两个参数分别为 color 和 pageText。注意代码第 27 行接受传递过来的参数并使用到了内联样式中的编码方法，这样整个 View 组件的背景颜色就可以通过外部传递过来的参数进行控制了，这里已经有一个很简单的封装的概念了；
- 代码第 36-46 行定义了第一个 TabBarIOS.Item 元素，TabBarIOS.Item 是 TabBarIOS 组件的子元素，代表了每一个 tab 的定义。通过 title 和 icon 属性定义了 tab 的标题文字和图标，selected 属性定义了当前的 TabBarIOS.Item 是否为选中状态，这里的判断条件为 state 中 selectedTab 的值是否与 tab 定义的名称相等，如果相等那么当前的 TabBarIOS.Item 就为选中状态；

- 代码第 40-43 行定义了 TabBarIOS.Item 中的点击事件的使用方法，当用户点击了对应的 TabBarIOS.Item 时可以执行对应的方法，当用户点击的时候，通过代码就修改了 state 中的 selectedTab 值，在前面我们讲解 React 原理的时候讲过，当组件中 state 值变化后，会引起页面的变化，就会执行 第 39 行的代码逻辑，即条件满足了选定当前的 TabBarIOS.Item 后，App 切换到选中的 TabBarIOS.Item 对应的页面中。
- 代码第 45 行定义了每一个对应的 TabBarIOS.Item 选中后，页面中的元素如何渲染，通俗地讲就是选中 tab 页面怎么加载的逻辑定义。这里通过给上面定义好的 _renderContent 函数传递对应的参数，让 _renderContent 返回对应的页面元素渲染到页面上；
- _renderContent 函数接受两个参数，返回了一个由 View 组件包裹，并包含一个 Text 组件的简单页面，Text 的文字有参数传递过来；
- 第二个 TabBarIOS.Item 也是同样的逻辑定义，如果你有很多个 tab 需要定义，按照对应的格式定义即可，你还可以通过其他属性修改 tab 未选中时的颜色、背景色、选中时的颜色，使用图片作为图标或添加其他事件函数等。

图 6-8　TabBarIOS 的运行效果

TabBarIOS 主要包含 TabBarIOS 自身的属性事件以及 TabBarIOS.Item 的属性和事件的定义。

React Native 中的组件会继承 View 具备的属性，除了继承来的通用属性，TabBar-IOS 还具有以下属性：

- barStyle：通过 barStyle 可以设置 TabBar 的样式，除了默认的样式还可以设成成黑色的风格（black），也就是将下面的属性 barTintColor 设置成黑色；
- barTintColor：设置 TabBar 的背景颜色，如设置成黑色或与你的 App 主色调一致的颜色；
- itemPositioning：属性具有三个枚举值 'fill' | 'center' | 'auto'，用于定义 TabBarIOS.Item 的布局模式，分别为 填充、居中、自动。如默认的属性值为“自动”，在 iPad 模式下，TabBarIOS.Item 就会居中显示，因为 iPad 的分辨率足够大，不足以占满所有 iPad 横向空间的 TabBar 都会居中显示；
- style：通过独立定义的 Style 对 TabBar 的样式进行控制；
- tintColor：定义当前选定的 TabBarIOS.Item 的图标颜色；
- translucent：定义 TabBarIOS 是否是半透明的；
- unselectedItemTintColor：定义 TabBarIOS.Item 未选中时的图标颜色，注意此属性只在 iOS 10+ 的系统中可用；
- unselectedTintColor：定义 TabBarIOS.Item 未选中时的文本颜色。

通过上面的属性定义我们可以看到，开发时我们可以通过简单的属性设置就可以轻松定义出非常具有特点的 TabBar 表现样式。

接下来我们再看一下 TabBarIOS.Item 除了从 View 组件继承来的通用属性，还具有自身的一些属性：

- selected：控制当前 tab 是否为选中状态以及当前 tab 下的所有子元素是否可见；
- badge：TabBarIOS.Item 右上角的角标，可以是一个字符串或数字，一般为一个提醒个数的数字；
- icon：设置 tab 的图标，一般都需要设置，这样底部不至于显得太单薄；
- onPress：在 tab 被点击的时候调用的事件函数，在此函数中，你需要同时设置当前 TabBarIOS.Item 的 selected 为 True；
- renderAsOriginal：此属性默认为 False，如果需要在子组件中设置父组件 TabBarIOS 的 tintColor 与 unselectedTintColor 属性，那么就需要设置成 True；

- badgeColor：设置角标的颜色，此属性在 iOS 10+ 的版本上可用；
- selectedIcon：自定义在当前 tab 被选中时，tab 上的图标，React Native 框架默认的处理是将图标的颜色变成蓝色；
- style：通过单独定义的 Style 来控制 TabBarIOS.Item 的样式；
- systemIcon：React Native 框架内置的一些默认系统图标的枚举类型，包含如下枚举值，'bookmarks' | 'contacts' | 'downloads' | 'favorites' | 'featured' | 'history' | 'more' | 'most-recent' | 'most-viewed' | 'recents' | 'search' | 'top-rated'，如果使用了此图标，那么 title 与 selectedIcon 属性的设置将被覆盖；
- title：此属性用于设置 tab 的文字标题，如果设置了 systemIcon，那么此属性将不起作用；
- isTVSelectable：此属性专为 Apple TV 平台的应用程序使用，当设置为 True 时，人们在使用 Apple TV 的遥控器的时候，可以移动到此 tab 上进行操作。

6.3.3 Android 平台下 TabBar 组件实例

我们在介绍 TabBar 的部分已经详细介绍过 React Native 框架下 Android 平台下的 TabBar 组件的处理方式。React Native 没有提供官方的 TabBar 组件，不过我们的开发是基于整个 React Native 的生态系统，还有很多其他开源的组件可以实现各种各样的需求。

关于如何快速找到一些高质量的组件以及可共享的资源，本书有专门的后续章节来介绍，这里先直接开始实战 Android 平台下的 TabBar 的实现。

我们使用的一个开源组件为 react-native-tab-navigator。

GitHub 地址：https://github.com/happypancake/react-native-tab-navigator。

npm 库地址：https://www.npmjs.com/package/react-native-tab-navigator。

为了方便大家后期查阅源码我们将项目与之前的 iOS 项目分开单独建立，当然你也可以将项目两个平台的源码放在一个 App.js 文件中，通过 Platform 变量判断对应的平台后再加载其逻辑代码。

先在文件夹 06-03 中初始化一个 Android 平台的项目。

命令为：react-native init TabBarComponentAndroid，如下所示。

```
06-03 — react-native init TabBarComponentAndroid — react-native — node • node ~/.nvm/versions/node/v6.11.3/bin/react-native init TabBar...
Parry@Parrys-MBP ▶ ~/Desktop/React Native 写作/ReactNativeBook/react_native_book_source_co
de/06-03 ▶ react-native init TabBarComponentAndroid
This will walk you through creating a new React Native project in /Users/Parry/Desktop/Reac
t Native 写作/ReactNativeBook/react_native_book_source_code/06-03/TabBarComponentAndroid
Using yarn v0.21.3
Installing react-native...
yarn add v0.21.3
info No lockfile found.
[1/4] 🔍  Resolving packages...
warning react-native > fbjs-scripts > gulp-util@3.0.8: gulp-util is deprecated - replace it
, following the guidelines at https://medium.com/gulpjs/gulp-util-ca3b1f9f9ac5
[2/4] 🚚  Fetching packages...
[3/4] 🔗  Linking dependencies...
warning "@babel/plugin-check-constants@7.0.0-beta.38" has incorrect peer dependency "@babel
/core@7.0.0-beta.38".
warning "react-native@0.54.3" has unmet peer dependency "react@^16.3.0-alpha.1".
[4/4] 📃  Building fresh packages...
success Saved lockfile.
warning Your current version of Yarn is out of date. The latest version is "1.5.1" while yo
u're on "0.21.3".
info To upgrade, run the following command:
$ curl -o- -L https://yarnpkg.com/install.sh | bash
success Saved 600 new dependencies.
├─ @babel/code-frame@7.0.0-beta.42
├─ @babel/core@7.0.0-beta.42
├─ @babel/generator@7.0.0-beta.42
```

在项目文件夹路径下执行 react-native-tab-navigator 组件的安装，命令为：npm install react-native-tab-navigator --save，--save 参数可以将对应包的相关版本信息存储到项目的 package.json 文件中去，以便后期还原或查阅，执行过程如下所示。

```
TabBarComponentAndroid — Parry@Parrys-MBP — ..ponentAndroid — -zsh — 91×26
de/06-03/TabBarComponentAndroid ▶ npm install react-native-tab-navigator --save
TabBarComponentAndroid@0.0.1 /Users/Parry/Desktop/React Native 写作/ReactNativeBook/react_n
ative_book_source_code/06-03/TabBarComponentAndroid
└─┬ react-native-tab-navigator@0.3.4
  └── immutable@3.8.2
```

安装好组件后，在需要使用的页面中，只需要使用下面的语法将组件引入到页面中即可：

```
import TabNavigator from 'react-native-tab-navigator';
```

react-native-tab-navigator 组件的整体使用与 TabBarIOS 很相似，而且 react-native-tab-navigator 最大的特点是可以同时适配 iOS 平台与 Android 平台，所以你使用 react-native-tab-navigator 布局的 App 可以实现一套代码直接部署到两个平台，而且布局的效果最终完全一样。App.js 的实现代码如下。

完整代码在本书配套源码的 06-03 文件夹。

```
1. /**
2.  * 章节：06-03
3.  * App.js 定义 演示 react-native-tab-navigator 的基本使用
4.  * FilePath: /06-03/TabBarComponentAndroid/App.js
```

```
5.  * @Parry
6.  */
7.
8. ......
9.
10.   render() {
11.     return (
12.       <TabNavigator>
13.         <TabNavigator.Item
14.           selected={this.state.selectedTab === 'home'}
15.           title="首页"
16.           renderIcon={() => <Image style={{width: 25, height: 25}}
                source={require('./flux.png')} />}
17.           renderSelectedIcon={() => <Image style={{width: 25, height:
                25}} source={require('./relay.png')} />}
18.           badgeText="1"
19.           onPress={() => this.setState({ selectedTab: 'home' })}>
20.           {this._renderContent('#414A8C', '首页 Tab - 1')}
21.         </TabNavigator.Item>
22.         <TabNavigator.Item
23.           selected={this.state.selectedTab === 'profile'}
24.           title="个人中心"
25.           renderIcon={() => <Image style={{width: 25, height: 25}}
                source={require('./flux.png')} />}
26.           renderSelectedIcon={() => <Image style={{width: 25, height:
                25}} source={require('./relay.png')} />}
27.           onPress={() => this.setState({ selectedTab: 'profile' })}>
28.             {this._renderContent('#783E33', '个人中心 Tab - 2')}
29.         </TabNavigator.Item>
30.       </TabNavigator>
31.     );
32.   }
33. }
34.
35. var styles = StyleSheet.create({
36.   tabContent: {
37.     flex: 1,
38.     alignItems: 'center',
39.   },
40.   tabText: {
41.     color: 'white',
42.     margin: 50,
43.   },
44. });
```

最终的代码运行效果如图 6-9 所示。

- 第 10 行前的代码和 TabBarIOS 的演示代码一样，所以这里省略，也体现了 React Native 下代码重用的可能性以及必要性，虽然我们分成了两个项目来写；
- 第 35 行展示了 TabNavigator.Item 的基本使用方法，看属性名就可以发现和 TabBarIOS 组件很相似，并且功能与使用方法也一样。renderIcon 与 renderSelectedIcon 通过箭头函数返回了 Image 对象作为 tab 的图标进行使用；
- 更多其他的属性定义以及使用可以参考 react-native-tab-navigator 组件的 GitHub 文档说明。

图 6-9 Android 下的 TabBar 布局

通过上面两个平台的 TabBar 布局的实现我们可以发现 React Native 的开发非常高效，并且即使是不同的平台分开开发，很多代码还是可以高度重用，这部分内容我们在后面的开发中还会有更多地体会。

6.4 iOS 与 Android 的页面跳转

在多个页面间跳转以及传递参数，是 React Native 开发中必须掌握的技能。此章节将分别介绍并实战在 iOS 平台与 Android 平台下的实现方法。

6.4.1 NavigatorIOS 组件介绍

和 TabBar 组件一样，React Native 框架为 iOS 平台的开发提供了一个专门的组件 NavigatorIOS，基于原生的 UINavigationController 封装而成，用于让使用 React Native 开发出来的 iOS 应用中的页面转换效果和原生的体验一致。如果你开发的 App 只是部署到 iOS 平台，那么在使用页面之间的转换组件时，使用 NavigatorIOS 即可，此组件的性能以及最小化配置都会让开发变得简单，使用也非常方便，下面我们继续通过实例代码来学习该组件的使用方法。

以下是 NavigatorIOS 组件常用的一些属性与函数定义，这里虽然有中文注释，不过如果需要查看最新的属性与函数定义，你可以直接去查阅 React Native 官方的最新文档。

initialRoute 为路由配置初始化的对象，属性值为一个 JSON 对象，其属性定义、属性值类型以及对应的详细解释如下：

```
1. {
2.   component: function, //当前加载的页面组件
3.   title: string, //当前加载的页面组件的标题
4.   titleImage: Image.propTypes.source, //标题图片
5.   passProps: object, //向加载的页面组件传递的参数
6.   backButtonIcon: Image.propTypes.source, //返回按钮自定义的图标
7.   backButtonTitle: string, //返回按钮自定义的文字标题
8.   leftButtonIcon: Image.propTypes.source, //头部左边按钮的图标
9.   leftButtonTitle: string, //头部左边按钮的文字标题
10.  leftButtonSystemIcon: Object.keys(SystemIcons), //头部左边按钮加载的系统图标
11.  onLeftButtonPress: function, //头部左边按钮点击的事件函数
12.  rightButtonIcon: Image.propTypes.source, //头部右边按钮的图标
13.  rightButtonTitle: string, //头部右边按钮的文字标题
14.  rightButtonSystemIcon: Object.keys(SystemIcons), //头部右边按钮加载的系统图标
15.  onRightButtonPress: function, //头部右边按钮点击的事件函数
16.  wrapperStyle: View.style, //整体导航模块的样式定义
17.  navigationBarHidden: bool, //是否隐藏头部的导航栏
18.  shadowHidden: bool, //导航栏是否显示阴影
19.  tintColor: string, //导航栏按钮的颜色
20.  barTintColor: string, //导航栏的颜色
21.  barStyle: enum('default', 'black'), //导航栏样式的枚举，可以设置成黑色导航栏
22.  titleTextColor: string, //导航栏文字标题的颜色
23.  translucent: bool //导航栏是否半透明
24. }
```

除了上面针对加载的组件以及跳转后的子组件页面定义了样式和属性，还有几个属性针对当前页面的样式和属性做了定义，参见表 6-3。

表 6-3 NavigatorIOS 属性介绍

NavigatorIOS 属性名称	属性功能
barStyle	定义当前导航栏的样式
barTintColor	定义当前导航栏的颜色
interactivePopGestureEnabled	定义当前导航栏是否开启滑动返回的手势
itemWrapperStyle	定义当前导航组件中包含的整体元素的样式定义
navigationBarHidden	定义当前导航栏是否隐藏导航栏
shadowHidden	定义当前导航栏的阴影是否隐藏
tintColor	定义当前导航栏按钮颜色
titleTextColor	定义当前导航栏文字标题颜色
translucent	定义当前导航栏是否为半透明

NavigatorIOS 显示子页面的方法有几种，参见表 6-4，在使用 NavigatorIOS 进行页面切换时经常用到，需要逐个详细了解。

表 6-4 NavigatorIOS 显示子页面方式

NavigatorIOS 显示子页面方式	说明
push(route)	跳转到一个新的页面中去
pop()	返回到上一个页面中
popN(n)	直接返回 N 个页面，如果 n=1，那么就是 pop() 的效果
replaceAtIndex(route, index)	按照索引替换导航堆栈中的路由组件
replace(route)	使用参数 route 替换当前的页面，并立即加载这个新的 route
replacePrevious(route)	使用参数 route 替换前一个路由或视图
popToTop()	回到导航堆栈的最顶端视图
popToRoute(route)	跳转到某一个制定的页面视图中去
replacePreviousAndPop(route)	使用参数 route 替换前一个视图并跳转过去
resetTo(route)	使用参数 route 替换最顶层的视图并跳转过去

6.4.2 NavigatorIOS 组件实例

我们将建立两个页面，一个主页面以及一个子页面，在主页面点击元素的时候，可以跳转到子页面，而在子页面可以通过返回按钮返回到主页面。这是 App 开发中最常见、常用的场景，在你自己开发 App 时肯定会使用到，实现的核心代码参考相应文件。

> 完整代码在本书配套源码的 06-04 文件夹。

在如下的 App.js 代码中定义了程序的入口，使用了 NavigatorIOS 进行主页面组件的加载。

```
1. /**
2.  * 章节: 06-04
3.  * App.js 定义 演示 NavigatorIOS 的基本使用方法
4.  * FilePath: /06-04/NavigatorIOSComponent/App.js
5.  * @Parry
6.  */
7.
8. import React, {Component} from 'react';
9. import {StyleSheet, NavigatorIOS} from 'react-native';
10. import MainComponent from './main';  //导入主页面
11. import DetailsComponent from "./details";  //导入子页面
12.
13. export default class App extends Component < {} > {
14.   render() {
15.  //定义页面返回的函数，使用 Navigator 进行加载主页面
16.      return (<NavigatorIOS
17.        style={styles.container}
18.        initialRoute={{
19.        title: '主页面',
20.        component: MainComponent,
21.        passProps: {
22.          id: 123456
23.        }
24.      }}
25.        tintColor="#008888"/>);
26.   }
27. }
28.
29. const styles = StyleSheet.create({
30.   container: {
31.     flex: 1
32.   }
33. });
```

主页面加载的主组件 MainComponent 的代码定义如下，当前页面组件为 NavigatorIOS 主页面组件，页面视图中定义了一个文本，并显示了传递过来的参数。在点击此文字的时候，通过 gotoDetailsPage 函数执行子页面的显示。

注意代码第 28 行的实现方法，通过上一小节中对路由函数定义的解释，我们可以发现在 NavigatorIOS 中进行页面路由的跳转非常方便，只需要在 App 用户体

验设计时规划好页面之间的跳转逻辑即可，保持清晰的页面路由逻辑是好的用户体验的基础：

```
1. /**
2.  * 章节: 06-04
3.  * 定义加载的主页面组件 MainComponent
4.  * FilePath: /06-04/NavigatorIOSComponent/main.js
5.  * @Parry
6.  */
7.
8. import React, {Component} from 'react';
9. import {StyleSheet, NavigatorIOS, View, Text} from 'react-native';
10. import DetailsComponent from "./details";  //导入主页面
11. export default class MainComponent extends Component < {} > {
12.
13.   render() {
14.     return (
15.       <View style={styles.container}>
16.         <Text
17.           style={styles.text}
18.           onPress={this
19.           .gotoDetailsPage
20.           .bind(this)}>
21.           点击打开详情页面 {this.props.id}
22.         </Text>
23.       </View>
24.     )
25.   }
26.   //在主页面中定义跳转到子页面的方法
27.   gotoDetailsPage() {
28.     this.props.navigator.push({  //使用 push 方法进行跳转
29.       title: '详情页面',
30.       component: DetailsComponent,  //跳转到子页面的定义
31.       passProps: {
32.         name: 'React'
33.       }
34.     });
35.   }
36. }
37.
38. const styles = StyleSheet.create({
39.   container: {
40.     flex: 1,
41.     justifyContent: 'center',
```

```
42.      alignItems: 'center',
43.      backgroundColor: '#F5FCFF'
44.    },
45.    text: {
46.      fontSize: 20,
47.      textAlign: 'center',
48.      margin: 10
49.    }
50. });
```

子页面，详情页面组件 DetailsComponent 的代码实现如下，子页面同时加载显示了主页面通过路由传递过来的参数，加载显示的实现在代码的第 17 行：

```
1. /**
2.  * 章节: 06-04
3.  * 定义加载的详情页面组件 DetailsComponent
4.  * FilePath: /06-04/NavigatorIOSComponent/details.js
5.  * @Parry
6.  */
7.
8. import React, {Component} from 'react';
9. import {StyleSheet, NavigatorIOS, View, Text} from 'react-native';
10.
11. export default class DetailsComponent extends Component < {} > {
12.   render() {
13. //子页面的定义，一个简单的页面描述
14.         return (
15.           <View style={styles.container}>
16.             <Text style={styles.text}>
17.               详情页面{this.props.name} //子页面接受主页面传递过来的参数，并显示
18.             </Text>
19.           </View>
20.         )
21.     }
22. }
23.
24. const styles = StyleSheet.create({
25.   container: {
26.     flex: 1,
27.     justifyContent: 'center',
28.     alignItems: 'center',
29.     backgroundColor: '#F5FCFF'
30.   },
31.   text: {
```

```
32.        fontSize: 20,
33.        textAlign: 'center',
34.        margin: 10
35.    }
36. });
```

程序编译后在 iOS 中的执行效果如图 6-10 所示。

图 6-10 NavigatorIOS 执行效果

6.4.3 react-native-navigation 组件介绍

和之前介绍的 TabBar 组件一样，React Native 框架没有为 Android 框架提供框架级的页面导航组件，但是 npm 中已经存在了很多用于 Android 下的页面导航组件，React Native 官方推荐使用的组件为 react-native-navigation。

react-native-navigation GitHub 地址：https://github.com/wix/react-native-navigation。

react-native-navigation npm 地址：https://www.npmjs.com/package/react-native-navigation。

react-native-navigation 组件具备的常用函数介绍如下。

1. registerComponent(screenID, generator, store = undefined, Provider = undefined)

每一屏的页面组件都需要在 react-native-navigation 组件中通过 registerComponent 函数进行注册，并需要确保具有唯一的名称。组件的定义就是传统的 React 组件定义即可。

定义的方式如下，example.FirstTabScreen 就是你需要提供的页面唯一名称：

```
Navigation.registerComponent('example.FirstTabScreen', () => FirstTabScreen);
```

2. startTabBasedApp(params)

设置或修改 App 的根页面加载的 tabs 定义，这是一个 App 入口代码中需要定义的内容。

基本的使用方法如下：

```
1. Navigation.startTabBasedApp({
2.   tabs: [
3.     {
4.       label: 'One', // tab 上的文字
5.       screen: 'example.FirstTabScreen', // Navigation.registerScreen中
                                             定义的唯一名称
6.       icon: require('../img/one.png'), // 未选择状态的图标定义，iOS平台可用
7.       selectedIcon: require('../img/one_selected.png'), // 选中状态的图标
                              定义 （iOS平台可用，在Android平台需要使用
8.   tabBarSelectedButtonColor 代替）
9.     iconInsets: { // 更改图标的偏移位置，iOS 平台可用
10.      top: 6,
11.      left: 0,
12.      bottom: -6,
13.      right: 0
14.    },
15.    title: 'Screen One', // 页面头部显示的标题
16.    titleImage: require('../img/titleImage.png'), // iOS 平台可用，替代
                                                   页头文字标题的图片
17.      navigatorStyle: {}, // 样式定义
18.      navigatorButtons: {} // 导航按钮样式定义
19.   },
20. ......
```

3. push(params)

进行页面切换的函数，用于跳转导航到一个新的页面。

4. pop(params = {})

从导航页面的堆栈中弹出一个页面。

5. popToRoot(params = {})

从导航页面的堆栈中弹出所有页面，直到退出到根页面组件。

6.4.4 react-native-navigation 组件实例

react-native-navigation 组件提供了 iOS 平台与 Android 平台下原生组件级别的导航体验，使用起来也非常方便，此组件的实战代码如下，其他详细的组件属性说明可以参考其 GitHub 文档说明。

通过 React Native CLI 初始化项目 ReactNativeNavigationAndroid 后，在项目文件夹下通过命令 npm install react-native-navigation --save 进行 react-native-navigation 组件的安装，如下所示。

```
Parry@Parrys-MBP ▶ ~/Desktop/React Native 写作/ReactNativeBook/react_native_book_source_code/06-04/ReactNativeNavigationAndroid ▶ npm install react-native-navigation --save
ReactNativeNavigationAndroid@0.0.1 /Users/Parry/Desktop/React Native 写作/ReactNativeBook/react_native_book_source_code/06-04/ReactNativeNavigationAndroid
└── react-native-navigation@1.1.426

npm WARN @babel/plugin-check-constants@7.0.0-beta.38 requires a peer of @babel/core@7.0.0-beta.38 but none was installed.
Parry@Parrys-MBP ▶ ~/Desktop/React Native 写作/ReactNativeBook/react_native_book_source_code/06-04/ReactNativeNavigationAndroid ▶ _
```

完整的代码较复杂，可直接参考源码文件夹里的完整实现。基本的使用方法在 App.js 中，实现方法如下，页面间的跳转和 NavigatorIOS 组件基本一致。

> 完整代码在本书配套源码的 06-04 文件夹。

```
1. /**
2.  * 章节: 06-04
3.  * App.js 定义 演示 React Native Navigation 的基本使用方法
4.  * FilePath: /06-04/ReactNativeNavigationAndroid/src/app.js
5.  * @Parry
6.  */
7.
8. import React from 'react';
9. import {StyleSheet, ScrollView} from 'react-native';
10. import Row from '../components/Row';
11.
12. ......
13.
14.   pushScreen = () => {
15.     this.props.navigator.push({
16.       screen: 'example.Types.Push',
17.       title: 主页面',
18.     });
```

```
19.   };
20.
21. ......
```

react-native-navigation 组件也可以用于定义 TabBar，并可以同时部署在 iOS 平台和 Android 平台下，所以你可以只编写一套代码而部署于两个平台，大大提升了开发的效率并降低了 App 开发与维护的成本。同样，你可以通过 Platform 变量判断平台后，添加更加定制化的代码，如下第 13 行代码的实现方法：

```
 1. const tabs = [{
 2.   label: 'Navigation',  // 设置 tab 的文字标签
 3.   screen: 'example.Types',  // 设置当前 tab 加载的页面定义
 4.   icon: require('../img/list.png'),  // 设置当前 tab 的图标
 5.   title: 'Navigation Types', // 设置当前 tab 页面的标题
 6. }, {
 7.   label: 'Actions',
 8.   screen: 'example.Actions',
 9.   icon: require('../img/swap.png'),
10.   title: 'Navigation Actions',
11. }];
12.
13. if (Platform.OS === 'android') {
14.   tabs.push({
15.     label: 'Transitions',
16.     screen: 'example.Transitions',
17.     icon: require('../img/transform.png'),
18.     title: 'Navigation Transitions',
19.   });
20. }
```

6.5　Image 组件

Image 组件用于显示、加载图片资源。

6.5.1　Image 组件介绍

如果想让你开发的 App 在 UI 上非常美观，那么图片就是必不可少的元素之一。React Native 框架提供了多种方式加载图片资源，如加载网络图片、静态资源、本地图片、或读取用户相册中的图片等。

同样 Image 组件可以通过 Style 的定义进行样式的精细控制。并且在 Android

平台下 Image 组件还可以支持 GIF 和 WebP 的图片格式。

WebP 是一种同时提供了有损压缩与无损压缩（可逆压缩）的图片文件格式，派生自视频编码格式 VP8，被认为是 WebM 多媒体格式的姊妹项目，是由 Google 在购买 On2 Technologies 后发展出来的，以 BSD 授权条款发布。

Image 组件支持的常用属性和方法函数如表 6-5 所示。

表 6-5 Image 组件支持的常用属性及说明

Image 组件属性	说 明
style	通过 style 属性可以定义 Image 组件的伸缩、颜色、边框样式、透明度、遮罩颜色等属性
blurRadius	定义 Image 组件半透明的边角样式
onLayout	在 Image 组件加载或修改的时候执行的事件函数
onLoad	在 Image 组件加载完成后执行的事件函数
onLoadEnd	无论 Image 组件加载是否成功在最后都会执行的事件函数
onLoadStart	在 Image 组件开始加载时执行的事件函数
resizeMode	定义 Image 组件的拉伸模式枚举类型
source	定义 Image 组件的图片资源路径，支持的图片格式为 png, jpg, jpeg, bmp, gif, webp（Android 平台），psd（iOS 平台）
onError	在 Image 组件加载错误的时候执行的事件函数
testID	用于 UI 自动化测试的元素唯一 ID
resizeMethod	定义了当 Image 的分辨率与图片视图的分辨率不一致时的处理枚举方法
accessibilityLabel	此属性用于进行屏幕读屏时候的文字标签
accessible	定义图片可以在特殊人群的特殊模式下可访问
capInsets	定义 Image 组件在拉伸时边角的尺寸
defaultSource	在 Image 组件还没有加载好之前的占位图片，此属性可以优化用户体验
onPartialLoad	在 Image 组件中的图片资源逐步加载的时候执行的事件函数
onProgress	当图片资源在下载过程中执行的事件函数
getSize	获取图片的尺寸大小
prefetch	预加载远程图片资源用以提升用户体验

6.5.2 Image 组件实例

Image 组件的使用相对简单，类似于 HTML 中的 img 标签的使用。下面的代码演示了图片组件加载三种不同资源的方式，分别为加载本地图片、网络图片以及前面提及过的 base64 图片资源，以及通过 Style 进行 Image 组件样式的控制方法。

测试图片 react-native.png 在项目文件夹的根目录中，路径中的 ./ 表示从根目录开始的相对位置。

需要注意的是，在 iOS 平台下，加载的资源（包括图片资源）必须是 HTTPS 协议资源，虽然也可以通过诸如 App Transport Security (ATS) 等方法加载 HTTP 资源，不过这里还是强烈建议大家直接去加载 HTTPS 的资源，这部分的知识会在 iOS 平台的审核上架章节有详细地讲解。

完整代码在本书配套源码的 06-05 文件夹。

```
1. /**
2.  * 章节: 06-05
3.  * App.js 定义 演示 Image 组件的基本使用方法
4.  * FilePath: /06-05/ImageComponent/App.js
5.  * @Parry
6.  */
7.
8. import React, { Component } from 'react';
9. import {
10.   StyleSheet,
11.   View,
12.   Image
13. } from 'react-native';
14.
15. export default class App extends Component<{}> {
16.   render() {
17.     return (
18.       <View style={styles.container}>
19.         // 加载本地图片
20.         <Image style={styles.imagern} source={require('./react-native.png')} />
21.         // 加载网络图片
22.       <Image style={{width: 160, height: 160}} source={{uri: 'https://
          oindk07nf.qnssl.com/react.png'}} />
23.       // 加载 base64 格式的图片
24.       <Image style={{width: 130, height: 130}} source={{uri: 'data:image/png;
          base64,iVBORw0KGgoAAAANSUhEUgAAADMAAAAzCAYAAAA6oTAqAAAAEXRFWHRTb
          2Z0d2FyZQBwbmdjcnVzaEB1SfMAAABQSURBVGje7dSxCQBACARB+2/ab8BEeQNhF
          i6WSYzYLYudDQYGBgYGBgYGBgYGBgYGBgZmcvDqYGBgmhivGQYGBgYGBgYGBgYGB
          gYGBgbmQw+P/eMrC5UTVAAAAABJRU5ErkJggg=='}} />
25.       </View>
26.     );
27.   }
```

```
28. }
29.
30. const styles = StyleSheet.create({
31.   container: {
32.     flex: 1,
33.     marginTop: 50
34.   },
35.   imagern: {
36.     width: 190,
37.     height: 110
38.   }
39. });
```

在 iOS 平台和 Android 平台的运行结果如图 6-11 所示。

图 6-11 Image 组件的运行效果

6.6 Text 组件

Text 组件是 React Native 中的基础组件，用于在 App 中显示文字。

6.6.1 Text 组件介绍

在 React Native 的开发中，不同于 HTML 开发的一个地方就是，React Native 中不可以直接将文字放置在 View 组件之下，虽然在 HTML 的开发中也强烈不推荐直接将文字直接放置于 div 下，而应该放置在 p 标签之类的文字元素之下，不过至少在 HTML 开发中，那样直接放置也是可以的，而在 React Native 下则是禁止的。

本节深入学习最常用、看起来很简单的 Text 组件，熟悉它的基本使用、属性、嵌套布局、不同嵌套布局的 UI 差异以及如何使用自定义组件提高开发的效率，并高效地维护 App UI 层表现的一致性。

Text 组件具备的属性与事件函数参见表 6-6。

表 6-6　Text 组件属性及说明

Text 组件属性	说　明
selectable	此属性栏 Text 组件可以被选择，并可以拷贝上面的文字
accessible	定义 Text 组件在特殊人群的特殊模式下可访问
ellipsizeMode	当设置了 Text 组件的 numberOfLines 属性后，此属性才起作用。定义了如何对超出的文字进行截断操作，可选的枚举属性值为 'head' | 'middle' | 'tail' | 'clip'。如原有字符串 abcdefghijklmn，三个属性值截断的结果分别为 ...klmn，ab...mn，abcd...，属性 clip 为直接截断，此属性只在 iOS 平台下可用
nativeID	定义此 ID 用于在原生代码中进行此组件的定位获取
numberOfLines	定义文字显示的行数，超出的按照 ellipsizeMode 定义的相关属性值进行相应的截断，截断的部分使用省略号代替
onLayout	在 Text 组件加载或修改时执行的事件函数
onLongPress	在 Text 组件被长按时触发的事件函数
onPress	在 Text 组件被点击时触发的事件函数
pressRetentionOffset	该属性设置当视图滚动禁用的情况下，定义手指距离组件的距离。当大于该距离该组件会失去响应。当少于该距离的时候，该组件会重新进行响应。确保你传入一个常量来减少内存分配
allowFontScaling	定义是否进行 Text 组件中字体的拉伸
style	定义 Text 组件的文字样式，基本类似于 HTML 中的文字样式属性
testID	用于 UI 自动化测试的元素唯一 ID
disabled	将 Text 组件的状态设置为不可用
selectionColor	Text 组件中文字高亮时的颜色
textBreakStrategy	文本的分段策略，只在 Android 平台可用
adjustsFontSizeToFit	设置是否自动调整文字的大小以便适应作用在上面的样式
minimumFontScale	文字自动缩放的最小级别
suppressHighlighting	当设置为 True 时，Text 组件即使按压上去也没有样式的变化，而默认情况下会有一个灰色的高亮层覆盖在 Text 组件上

文字讲解得再多也不如动手实战记忆深刻，接下来我们继续结合实战示例代码进行 Text 组件的学习与开发。

6.6.2 Text组件基本使用

以下代码展示了Text组件的基本使用方法以及通过Style进行组件样式的控制。

> 完整代码在本书配套源码的06-06文件夹。

```
1. /**
2.  * 章节: 06-06
3.  * App.js 定义 演示 Text 组件的基本使用方法
4.  * FilePath: /06-06/TextComponent/App-sample.js
5.  * @Parry
6.  */
7.
8. import React, {Component} from 'react';
9. import {Platform, StyleSheet, Text, View} from 'react-native';
10.
11. export default class App extends Component < {} > {
12.   render() {
13.     return (
14.         <View style={styles.container}>
15.           <Text style={{textAlign: 'left'}}>
16.             居左对齐
17.           </Text>
18.           <Text style={{textAlign: 'center'}}>
19.             居中对齐
20.           </Text>
21.           <Text style={{textAlign: 'right'}}>
22.             居右对齐
23.           </Text>
24.           <Text style={styles.textBlue}>
25.             自定义文字的样式
26.           </Text>
27.         </View>
28.     );
29.   }
30. }
31.
32. const styles = StyleSheet.create({
33.   container:{
34.     flex: 1,
35.     marginTop: 150,
36.   },
```

```
37.   textBlue: {
38.     backgroundColor: 'white',
39.     textDecorationLine: 'underline',
40.     color: 'blue',
41.     fontSize: 20,
42.     textShadowOffset: {width: 2, height: 2},
43.     textShadowRadius: 1,
44.     textShadowColor: '#00cccc'
45.   }
46. });
```

代码的第 14 行，在 Text 组件的外部使用 View 组件进行了包裹。在 Text 组件定义的样式 textAlign 使用了内联样式的定义方式，如代码第 15 行的定义。

项目在 iOS 平台与 Android 平台下运行的效果如图 6-12 所示。

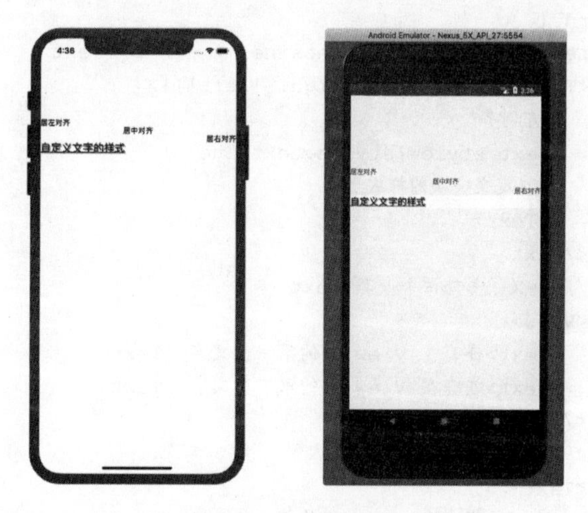

图 6-12　Text 组件基本使用运行效果

6.6.3　Text 组件嵌套

在 React Native 中，你还可以进行文字的嵌套处理，比如在一行文字中需要特别显示某些文字或者某些文字需要通过程序逻辑单独控制，那么就需要进行 Text 组件的嵌套。

另外，此段代码中演示了当 Text 组件嵌套在 Text 组件与 View 组件中的区别，当嵌套在 View 组件中时，Text 组件会完全按照 Text 组件的布局换行显示，而嵌套在 Text 组件中，只有在一行文字不够显示时，才会自动换行显示。

完整代码在本书配套源码的 06-06 文件夹。

```
1. /**
2.  * 章节: 06-06
3.  * App.js 定义 演示 Text 组件的嵌套使用方法
4.  * FilePath: /06-06/TextComponent/App-nested.js
5.  * @Parry
6.  */
7.
8. import React, {Component} from 'react';
9. import {Platform, StyleSheet, Text, View} from 'react-native';
10.
11. export default class App extends Component < {} > {
12.   render() {
13.     return (
14.       <View style={styles.container}>  // 嵌套Text
15.         <Text style={{textAlign: 'left'}}>
16.           居左对齐
17.           <Text style={styles.textBlue}>
18.             自定义文字的样式
19.           </Text>
20.         </Text>
21.         // 定义了另外两个嵌套 Text
22.         <View>
23.           <Text>嵌套在 View 中的第一行文字</Text>
24.           <Text>嵌套在 View 中的第二行文字</Text>
25.         </View>
26.
27.         <Text>
28.           <Text>嵌套在 View 中的第一行文字</Text>
29.           <Text>嵌套在 View 中的第二行文字</Text>
30.         </Text>
31.       </View>
32.     );
33.   }
34. }
35.
36. const styles = StyleSheet.create({
37.   container: {
38.     flex: 1,
39.     marginTop: 150
40.   },
41.   textBlue: {
```

```
42.     backgroundColor: 'white',
43.     textDecorationLine: 'underline',
44.     color: 'blue',
45.     fontSize: 20,
46.     textShadowOffset: {
47.       width: 2,
48.       height: 2
49.     },
50.     textShadowRadius: 1,
51.     textShadowColor: '#00cccc'
52.   }
53. });
```

在 iOS 与 Android 平台的运行结果如图 6-13 所示。

图 6-13　Text 组件嵌套的运行效果

6.6.4　Text 组件样式统一

在 HTML 的开发中，页面元素的样式可以通过继承的方式从顶层继承样式定义，如下代码，所有的元素都可以从此样式定义中获取样式的定义，除非有自定义的样式覆盖继承到的样式，这样的话就可以通过只修改根样式来更改继承到该样式的所有元素：

```
1. html{
2.     background: #f9f9f9;
3.     color: #393939;
4.     font: normal 16px/1.4em -apple-system,system-ui,BlinkMacSystemFont,"Segoe
```

```
   UI",Roboto,Oxygen,Ubuntu,Cantarell,"Fira Sans","Droid Sans","Helvetica
   Neue",Arial,sans-serif;
5.     height: 100px;
6.     text-align: left;
7. }
```

而在 React Native 的开发中，框架没有直接定义元素级别样式的能力，所有我们不能让所有的 Text 等组件直接通过继承的方式获取到统一的样式定义。而假设有一组 Text 组件都需要设置成同一个样式，在 React Native 中就需要统一地去定义所有元素的样式，并在样式的使用处统一修改，这样的代码不够优雅，而且后期维护的成本较高。而通过 React Native 中自定义组件的形式可以较优雅地解决这个需求，代码如下。

> 完整代码在本书配套源码的 06-06 文件夹。

```
1. /**
2.  * 章节: 06-06
3.  * App.js 定义 演示 Text 自定义组件的使用方法
4.  * FilePath: /06-06/TextComponent/App.js
5.  * @Parry
6.  */
7.
8. import React, {Component} from 'react';
9. import {Platform, StyleSheet, Text, View} from 'react-native';
10.
11. export default class App extends Component < {} > {
12.   render() {
13.     return (
14.       <View style={styles.container}>
15.         <TopLevelText>顶层元素文字</TopLevelText>
16.         <SecondLevelText>第二层元素文字</SecondLevelText>
17.         <ThirdLevelText>第三层元素文字</ThirdLevelText>
18.       </View>
19.     );
20.   }
21. }
22.
23. class TopLevelText extends Component {
24.   render() {
25.     return (
26.       <Text
```

```
27.          style={{
28.            fontSize: 20,
29.            color: '#FF0000'
30.          }}>{this.props.children}</Text>
31.      )
32.    }
33. }
34.
35. class SecondLevelText extends Component {
36.   render() {
37.     return (
38.       <TopLevelText>
39.         <Text style={{
40.           fontSize: 40
41.         }}>{this.props.children}</Text>
42.       </TopLevelText>
43.     )
44.   }
45. }
46.
47. class ThirdLevelText extends Component {
48.   render() {
49.     return (
50.       <SecondLevelText>
51.         <Text
52.           style={{
53.           backgroundColor: '#333333'
54.         }}>{this.props.children}</Text>
55.       </SecondLevelText>
56.     )
57.   }
58. }
59.
60. const styles = StyleSheet.create({
61.   container: {
62.     flex: 1,
63.     marginTop: 150
64.   }
65. });
```

在 iOS 平台与 Android 平台执行的效果如图 6-14 所示。顶层元素定义了整个 App 字体的基本样式，而自定义组件 SecondLevelText 从 TopLevelText 处继承了顶层元素的样式，并具备了自身定义的样式，而第三层自定义组件 ThirdLevelText 又从第二层自定义组件 SecondLevelText 处继承了样式。而在后期维护时，如果需要将整个 App 的文字颜色从定义的红色（#FF0000）修改成其他的颜色，只需要修改顶层的自定义组件 TopLevelText 即可，所有继承此组件的子组件的文字颜色都将会修改，代码非常优雅并容易维护。

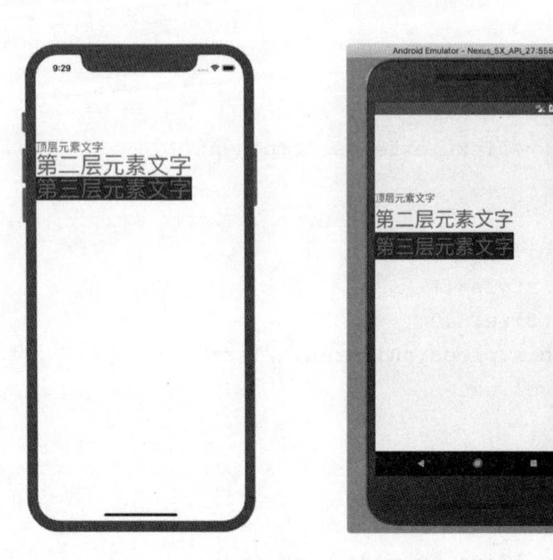

图 6-14　Text 自定义组件运行效果

6.7　TextInput 组件

在 App 的开发中必定会使用到接受用户输入文字的控件，TextInput 组件就是 React Native 开发中的文本输入表单。

6.7.1　TextInput 组件介绍

作为 React Native 框架中另一个最基础的组件，TextInput 组件提供了接受用户通过键盘输入字符的功能，并可以通过后期的配置实现如自动纠正、自动大写、提示文字以及显示不同的键盘类型如邮件、数字等功能。并且 TextInput 组件还可以实现多行文本输入 / 编辑以及相关的事件函数实现，接下来我们继续通过实例来进行学习。

TextInput 组件常用的属性与事件函数参见表 6-7。

表 6-7　TextInput 组件属性及说明

TextInput 组件属性	说　明
placeholderTextColor	设置 TextInput 组件提示文字的颜色
allowFontScaling	设置允许字体按照系统的设置进行变化

（续）

TextInput 组件属性	说　明
autoCorrect	设置是否打开文本的自动纠正功能
autoFocus	当设置为 True 时，在生命周期函数 componentDidMount 执行时自动设置焦点在此组件上，默认属性值为 False
blurOnSubmit	此属性定义在组件提交后是否失去焦点。此属性的单行输入框的默认值为 True，多行输入框的默认值为 False
caretHidden	设置 TextInput 组件的补字符号是否隐藏
defaultValue	设置 TextInput 组件的默认值
editable	如果设置为 False，那么 TextInput 组件将不可编辑，默认值为 True
keyboardType	获取当前打开的键盘类型，如默认键盘、数字键盘、邮件键盘、电话拨号键盘等
maxHeight	如果 TextInput 组件的尺寸是可以自动增加的，设置此属性为组件的最大高度
maxLength	如果 TextInput 组件的尺寸是可以自动增加的，设置此属性为组件的最大长度
multiline	设置 TextInput 组件是否为多行，默认为 False
onBlur	在 TextInput 组件失去焦点时触发的事件函数
onChange	在 TextInput 组件内容更改时触发的事件函数
onChangeText	在 TextInput 组件内容更改时触发的事件函数，并传递修改后的文本到此事件函数中
onContentSizeChange	在 TextInput 组件尺寸大小更改时触发的事件函数
onEndEditing	在文本输入结束时触发的事件函数
onFocus	在 TextInput 组件获取焦点时触发的事件函数
onLayout	在 TextInput 组件布局加载或变更时触发的事件函数
onScroll	在 TextInput 组件内容滚动时触发的事件函数
onSelectionChange	在 TextInput 组件内容被选中的时候触发的事件函数
onSubmitEditing	在 TextInput 组件点击了提交按钮时触发的事件函数
placeholder	设置 TextInput 组件的提示文本
autoCapitalize	设置 TextInput 组件开启自动大写功能
returnKeyType	设置 TextInput 组件提交按钮绑定到哪一个类型的按钮上
secureTextEntry	设置 TextInput 组件是否为密码组件，在用户输入内容后隐藏输入的内容
selectTextOnFocus	在 TextInput 组件获得焦点时自动选择其内容文本
selection	设置文本选中的开始与结束位置
selectionColor	设置光标的高亮颜色

（续）

TextInput 组件属性	说 明
style	通过 Style 定义 TextInput 组件的样式
value	设置 TextInput 组件中的属性值
autoGrow	设置 TextInput 组件是否自动增加大小
disableFullscreenUI	当在一些横屏模式下，是否禁用 TextInput 组件的全屏编辑模式，默认值为 False
inlineImageLeft	在 TextInput 组件的左边设置图片
inlineImagePadding	设置 TextInput 组件内部图片的内边距值
numberOfLines	设置 TextInput 组件的行数
returnKeyLabel	设置 TextInput 组件的提交键的标签，替代 returnKeyType
textBreakStrategy	设置 TextInput 组件的文本截断策略，同 Text 组件此属性的定义
underlineColorAndroid	设置 Android 下的 TextInput 组件下划线颜色
clearButtonMode	设置清空按钮的显示模式枚举值
clearTextOnFocus	如果此属性设置为 True，那么在 TextInput 组件获得焦点开始编辑时自动清空内容开始编辑
dataDetectorTypes	当设置 TextInput 组件的 multiline={true} 以及 editable={false} 时，可以定义内容的格式，可以直接通过点击文本调用相关应用，如电话、网址、地址、日历事件等
enablesReturnKeyAutomatically	当设置此属性为 True 时，当 TextInput 组件中没有内容时，自动禁用掉提交按钮，属性默认值为 False
keyboardAppearance	设置键盘的外观、如 'default' | 'light' | 'dark' 三种模式
onKeyPress	在键盘按键点击时触发的事件函数
selectionState	TextInput 组件的文本选中状态
spellCheck	是否启用 TextInput 组件的拼写检查
isFocused	获取当前 TextInput 组件是否是在焦点状态
clear	执行此函数清空 TextInput 组件中的所有内容

6.7.2 TextInput 组件实例

此段代码中，我们将结合前面学习的 View 组件、Image 组件、Text 组件以及 TextInput 组件，实现一个 App 开发中常见的页面场景：注册页面，为用户提供 App 的注册入口。

在此项目中我们对页面的样式也进行了完整地定义，当然这里贴出的代码只是用于学习组件开发的代码，完整的代码你可以直接下载项目文件夹来参考学习。

完整代码在本书配套源码的 06-07 文件夹。

因为代码较长，所以对于必要代码的解释都直接写在了代码注释中，便于阅读。

首先我们进行必要组件的导入，使用 import 命令导入组件即可：

```
1. /**
2.  * 章节: 06-07
3.  * 演示 View、Image、TextInput 组件的综合使用方法
4.  * FilePath: /06-07/TextInputComponent/signup/index.js
5.  * @Parry
6.  */
7.
8. import React, {Component} from 'react'
9. import {
10.   AppRegistry,
11.   StyleSheet,
12.   Text,
13.   View,
14.   Image,
15.   TextInput,
16.   TouchableOpacity,
17.   TouchableHighlight
18. } from 'react-native'
```

在代码头部，继续使用 require 命令引入项目使用到的本地图片文件。整体的页面布局通过 View 组件、Text 组件以及表单输入组件 TextInput 组件构成：

```
19. //导入一些使用到的图片资源，从本地加载。
20. const background = require("./signup_bg.png");
21. const backIcon = require("./back.png");
22. const personIcon = require("./signup_person.png");
23. const lockIcon = require("./signup_lock.png");
24. const emailIcon = require("./signup_email.png");
25. const birthdayIcon = require("./signup_birthday.png");
26.
27. export default class SignupView extends Component {
28.   render() {
29.     return (
30.       <View style={styles.container}>
31.         <Image
32.           source={background}
33.           style={[styles.container, styles.bg]} //加载多个样式的写法
```

```
34.             //图片的缩放方式
35.             resizeMode="cover">
36.             <View style={styles.headerContainer}>
37.
38.               <View style={styles.headerIconView}>
39.                 <TouchableOpacity style={styles.headerBackButtonView}>
40.                   <Image source={backIcon} style={styles.backButtonIcon}
                        resizeMode="contain"/>
41.                 </TouchableOpacity>
42.               </View>
43.
44.               <View style={styles.headerTitleView}>
45.                 <Text style={styles.titleViewText}>注册</Text>
46.               </View>
47.
48.             </View>
49.
50.             <View style={styles.inputsContainer}>
51.
52.               <View style={styles.inputContainer}>
53.                 <View style={styles.iconContainer}>
54.                   <Image source={personIcon} style={styles.inputIcon}
                        resizeMode="contain"/>
55.                 </View>
56.                 <TextInput
57.                   style={[styles.input, styles.whiteFont]}
58.                   placeholder="用户名" //占位提示文字
59.                   placeholderTextColor="#FFF" //占位提示文字的颜色
60.                   underlineColorAndroid='transparent'/>
61.               </View>
62.
63.               <View style={styles.inputContainer}>
64.                 <View style={styles.iconContainer}>
65.                   <Image source={emailIcon} style={styles.inputIcon}
                        resizeMode="contain"/>
66.                 </View>
67.                 <TextInput
68.                   style={[styles.input, styles.whiteFont]}
69.                   placeholder="邮箱"
70.                   placeholderTextColor="#FFF"/>
71.               </View>
72.
73.               <View style={styles.inputContainer}>
```

```
74.              <View style={styles.iconContainer}>
75.                <Image  source={lockIcon}  style={styles.inputIcon}
                     resizeMode="contain"/>
76.              </View>
77.              <TextInput
78.                secureTextEntry={true}
79.                style={[styles.input, styles.whiteFont]}
80.                placeholder="密码"
81.                placeholderTextColor="#FFF"/>
82.            </View>
83.
84.          </View>
85.
86.          <View style={styles.footerContainer}>
87.
88.            <TouchableHighlight onPress={this.login.bind(this)}>
89.              <View style={styles.signup}>
90.                <Text style={styles.whiteFont}>注 册</Text>
91.              </View>
92.            </TouchableHighlight>
93.
94.            <TouchableOpacity>
95.              <View style={styles.signin}>
96.                <Text  style={styles.greyFont}>已有账号? <Text  style=
                     {styles.whiteFont}>
97.                    登录</Text>
98.                </Text>
99.              </View>
100.           </TouchableOpacity>
101.         </View>
102.       </Image>
103.     </View>
104.   );
105. }
106.
107. login() {
108.   //这里可以添加你的登录逻辑
109.   console.log("开始模拟登陆...");
110. }
111. }
```

下面为此页面的样式定义部分，这里我们将样式都进行了抽取单独定义，在后期修改样式的时候将变得更加容易维护。

```
112. //如下特别贴出了详细的样式定义，供你学习完整页面样式控制的写法
113. let styles = StyleSheet.create({
114.   container: {
115.     flex: 1
116.   },
117.   bg: {
118.     paddingTop: 30,
119.     width: null,
120.     height: null
121.   },
122.   headerContainer: {
123.     flex: 1
124.   },
125.   inputsContainer: {
126.     flex: 3,
127.     marginTop: 50
128.   },
129.   footerContainer: {
130.     flex: 1
131.   },
132.   headerIconView: {
133.     marginLeft: 10,
134.     backgroundColor: 'transparent'
135.   },
136.   headerBackButtonView: {
137.     width: 25,
138.     height: 25
139.   },
140.   backButtonIcon: {
141.     width: 25,
142.     height: 25
143.   },
144.   headerTitleView: {
145.     backgroundColor: 'transparent',
146.     marginTop: 25,
147.     marginLeft: 25
148.   },
149.   titleViewText: {
150.     fontSize: 40,
151.     color: '#fff'
152.   },
153.   inputs: {
154.     paddingVertical: 20
155.   },
```

```
156.   inputContainer: {
157.     borderWidth: 1,
158.     borderBottomColor: '#CCC',
159.     borderColor: 'transparent',
160.     flexDirection: 'row',
161.     height: 75
162.   },
163.   iconContainer: {
164.     paddingHorizontal: 15,
165.     justifyContent: 'center',
166.     alignItems: 'center'
167.   },
168.   inputIcon: {
169.     width: 30,
170.     height: 30
171.   },
172.   input: {
173.     flex: 1,
174.     fontSize: 20
175.   },
176.   signup: {
177.     backgroundColor: '#FF3366',
178.     paddingVertical: 25,
179.     alignItems: 'center',
180.     justifyContent: 'center',
181.     marginBottom: 15
182.   },
183.   signin: {
184.     justifyContent: 'center',
185.     alignItems: 'center',
186.     backgroundColor: 'transparent'
187.   },
188.   greyFont: {
189.     color: '#D8D8D8'
190.   },
191.   whiteFont: {
192.     color: '#FFF'
193.   }
194. })
```

需要用户输入的表单使用 TextInput 组件进行了布局，并设置了对应的样式以及提示文本，以及为密码输入表单设置了安全选项。程序运行后的效果如图 6-15 所示。

图 6-15 TextInput 组件运行效果

6.8 触摸处理类组件

Touchable 类组件是 React Native 中用来处理用户（触摸）点击类行为的响应组件，包含的四种类型组件的描述如表 6-8 所示。

表 6-8 Touchable 类组件说明

组件名称	功能说明
TouchableHighlight	触摸高亮组件
TouchableNativeFeedback	触摸后，原生平台反馈组件
TouchableOpacity	触摸透明反馈组件
TouchableWithoutFeedback	触摸无反馈组件

6.8.1 TouchableHighlight 组件介绍

TouchableHighlight 可以定义为在组件被点击时使用自定义的背景颜色进行高亮显示，以便在某些使用场景下让用户更能明确地感应到对应的操作，此组件可以使用在 iOS 平台与 Android 平台下。

TouchableHighlight 组件中可以包裹很多的组件，如 View 组件、Image 组件、Text 组件等等。但是 TouchableHighlight 组件下只能包裹一个层级的子元素，如果有很多个元素组件需要包裹在 TouchableHighlight 组件下，那么就需要使用一个

View 组件将所有的元素包裹起来后，再放置在 TouchableHighlight 组件下即可。

TouchableHighlight 组件一般使用在需要用户进行点击操作的地方，元素还是布局的元素，只是使用此组件包裹后提供给用户可点击的功能。

TouchableHighlight 组件支持的属性与事件函数参见表 6-9。

表 6-9 TouchableHighlight 组件属性与事件说明

属性与事件	功 能 说 明
activeOpacity	定义当组件激活的时候，包裹 View 的透明度
onHideUnderlay	在高亮层隐藏后立即调用的事件函数
onShowUnderlay	在高亮层显示时立即调用的事件函数
style	通过 Style 定义 TouchableHighlight 组件的样式
underlayColor	定义高亮层的颜色
hasTVPreferredFocus	在 Apple TV 平台下是否可以通过遥控器定位到此组件上
tvParallaxProperties	定义在 Apple TV 平台下组件元素是否开启视差效果

6.8.2 TouchableHighlight 组件实例

在此实例中，我们继续完成 TextInput 章节的注册页面功能。在此页面中，需要用户点击的按钮类、文字类都可以使用 TouchableHighlight 组件进行包裹，给用户提供可以点击的功能，程序在后台处理相关的逻辑即可。

完整代码在本书配套源码的 06-08 文件夹。

```
1. /**
2.  * 章节：06-08
3.  * 演示 TouchableHighlight 组件的使用方法
4.  * FilePath: /06-08/TouchComponent/signup/index.js
5.  * @Parry
6.  */
7.
8. ......
9.
10. <View style={styles.footerContainer}>
11.
12.   <TouchableHighlight onPress={this.login.bind(this)}>
13.     <View style={styles.signup}>
14.     <Text style={styles.whiteFont}>注 册</Text>
15.     </View>
```

```
16.   </TouchableHighlight>
17.
18. ......
```

此段代码中的“注册”按钮是包裹在一个 View 组件中的 Text 组件文本，通过样式定义成了一个类似按钮的样式，不过这样的元素是不具备点击响应功能的。为了使得用户点击此按钮后程序可以处理注册的逻辑，在 View 外部包裹了一个 TouchableHighlight 组件，用于响应用户的点击操作，并且此类型的 Touch 组件会在用户点击的时候进行一下高亮提示。

此代码中，因为定义了 signup 样式，点击的时候可以看到按钮会有一个黑色的背景，刚好可以在图 6-16 的运行效果截图中看到，并在控制台中看到了模拟执行用户点击事件的控制台输出，大家也可以直接下载源码后在本地编译查看。

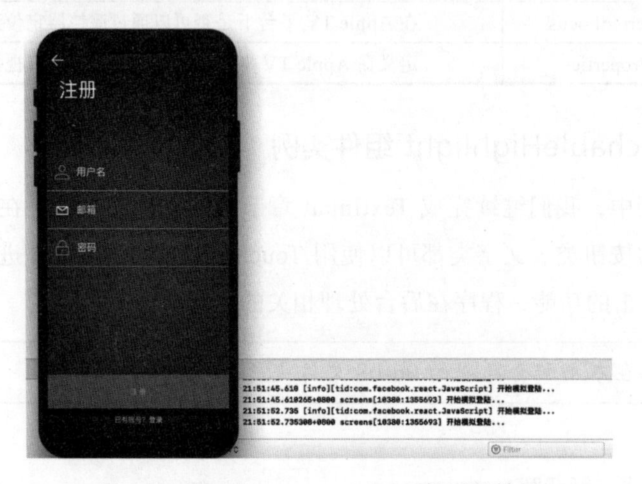

图 6-16 TouchableHighlight 组件运行效果

6.8.3 TouchableNativeFeedback 组件介绍

TouchableNativeFeedback 组件只可以在 Android 平台下使用，组件底层在 RCTView 的基础上进行了封装，提供了原生级别的组件渲染体验。如果你想在 Android 平台下给用户提供更加接近原生体验的触摸反馈体验，那么就可以使用此组件进行布局开发。

TouchableNativeFeedback 组件的属性与事件函数如下：

- background：定义组件背景渲染的类型；

- useForeground：如果设置为 True，那么就会给组件添加上自定义触摸反馈动画（波纹动画）的前景突出显示效果；
- SelectableBackground：设置 Android 平台下可选择元素的背景效果；
- SelectableBackgroundBorderless：设置 Android 平台下可无穷选择元素的背景效果；
- Ripple：设置 Android 平台下的自定义颜色的触摸反馈动画（波纹动画）；
- canUseNativeForeground：使用原生的前景突出显示效果。

6.8.4 TouchableNativeFeedback 组件实例

TouchableNativeFeedback 组件的使用与 TouchableHighlight 基本类似，这里就不再重复演示，基本的使用代码如下：

```
1. renderButton: function() {
2.   return (
3.     <TouchableNativeFeedback
4.       onPress={this._onPressButton}  //按钮点击处理函数定义
5.       background={TouchableNativeFeedback.SelectableBackground()}>
         //定义点击反馈
6.       <View style={{width: 150, height: 100, backgroundColor: 'red'}}>
7.         <Text style={{margin: 30}}>Button</Text>
8.       </View>
9.     </TouchableNativeFeedback>
10.   );
11. },
```

6.8.5 TouchableOpacity 组件介绍

TouchableOpacity 组件可以提供当触摸点击的时候，包裹的 View 会进行透明化的处理，所以包裹的组件不需要设置背景色。这样的组件样式可以使用在一些单纯的文字点击上，以便给用户显示一个简单链接，并提供一个简单的反馈效果。

TouchableOpacity 组件的属性以及事件函数定义如下：

- activeOpacity：定义当组件被点击的时候，包裹元素的透明度；
- hasTVPreferredFocus：在 Apple TV 平台下是否可以通过遥控器定位到此组件上；
- tvParallaxProperties：定义在 Apple TV 平台下组件元素是否开启视差效果。
- setOpacityTo：通过事件函数定义包裹的元素透明度到一个新的值。

6.8.6 TouchableOpacity 组件实例

我们继续开发之前章节中的注册页面，在简单的文字按钮“已有账号？登录”上使用 TouchableOpacity 组件进行包裹，来学习 TouchableOpacity 的使用。

> 完整代码在本书配套源码的 06-08 文件夹。

```
1. /**
2.  * 章节：06-08
3.  * 演示 TouchableOpacity 组件的使用方法
4.  * FilePath: /06-08/TouchComponent/signup/index.js
5.  * @Parry
6.  */
7.
8. ......
9.
10. <View style={styles.footerContainer}>
11.   <TouchableHighlight onPress={this.login.bind(this)}> //按钮点击处理函数定义
12.     <View style={styles.signup}>
13.     <Text style={styles.whiteFont}>注 册</Text>
14.     </View>
15.   </TouchableHighlight>
16.
17.   <TouchableOpacity>
18.     <View style={styles.signin}>
19.     <Text style={styles.greyFont}>已有账号？<Text style={styles.whiteFont}>
20.       登录</Text>
21.     </Text>
22.     </View>
23.   </TouchableOpacity>
24. </View>
25.
26. ......
```

运行的效果如图 6-17 所示，注意观察“已有账号？登录”按钮在点击后的视觉效果，会有一个变暗的视觉效果，给用户一个“你已经点击到了”的明确反馈。

6.8.7 TouchableWithoutFeedback 组件介绍

此组件一般不建议使用，因为 App 中的所有元素在与用户交互的时候都应该给用户一个明确的反馈，而不是不给用户任何反馈。

图 6-17　TouchableOpacity 组件的运行效果

TouchableWithoutFeedback 组件就定义了在用户进行触摸点击的时候，包裹的元素没有任何的反馈但是也会处理 App 定义的相关业务逻辑。

具体的使用可以参见官方文档：https://facebook.github.io/react-native/docs/touchablewithoutfeedback.html。

6.9　Web View 组件

WebView 组件可以实现直接将加载网页内容在 React Native 框架中显示。

6.9.1　WebView 组件介绍

在 App 中，有些页面组件有时是经常变动的，如一些用户协议、用户帮助手册、一些临时的用户通知页面或者直接加载一个别人提供的页面，这些页面可能经常变动或者需要具有即时修改的需求，虽然这部分需求也可以通过后面章节讲解的网络请求并绑定到组件上的方式进行显示，但是直接加载存在的一个网络页面也是一个好的方案，而且有些别人提供的页面只能直接使用类似浏览器加载的形式进行加载显示。

WebView 组件加载网页页面时，可以进行其他丰富的细节控制，其常用的属性和事件函数定义参见表 6-10。

表 6-10 WebView 组件属性与事件说明

属性与事件	功 能 说 明
source	定义 WebView 组件加载的静态 HTML 或者网页 URI
automaticallyAdjustContentInsets	默认值为 True，自动调整网页的内容显示
injectJavaScript	传递一段 JavaScript 代码到页面中立即执行
injectedJavaScript	设置 WebView 组件在网页加载之前注入的一段 JavaScript 代码
mediaPlaybackRequiresUserAction	定义加载的网页中的音视频文件是否需要用户点击后再进行播放，默认值为 True
nativeConfig	配置一个自定义的原生 WebView 来加载页面
onError	在页面加载失败时执行的事件函数
onLoad	在页面加载完成后执行的事件函数
onLoadEnd	无论页面是否加载成功，只要加载完成即调用的事件函数
onLoadStart	在页面开始加载时执行的事件函数
onMessage	在 WebView 内部的网页中调用 window.postMessage 方法时可以触发此属性对应的函数，从而实现网页和 React Native 之间的数据交换。设置此属性的同时会在 WebView 中注入一个 postMessage 的全局函数并覆盖可能已经存在的同名实现。网页端的 window.postMessage 只发送一个参数 data，此参数封装在 React Native 端的 event 对象中，即 event.nativeEvent.data。data 只能是一个字符串
onNavigationStateChange	在 WebView 加载开始或结束时执行的事件函数
renderError	当页面加载渲染出错时被执行的事件函数
renderLoading	当页面正在执行渲染加载时执行的事件函数
scalesPageToFit	设置是否要把网页缩放到适应视图的大小，以及是否允许用户改变缩放比例
initialScale	定义页面初始化的缩放级别，如 50%、80% 等
onShouldStartLoadWithRequest	允许为 WebView 发起的请求运行一个自定义的处理函数。返回 True 或 False 表示是否要继续执行响应的请求
startInLoadingState	强制 WebView 在第一次加载时先显示 loading 视图。默认值为 True
style	定义 Style 对 WebView 进行样式控制
decelerationRate	指定一个浮点数，用于设置在用户停止触摸之后，此视图应以多快的速度停止滚动。也可以指定预设的字符串值，如 "normal" 和 "fast"，分别对应 UIScrollViewDecelerationRateNormal 和 UIScrollViewDecelerationRateFast
domStorageEnabled	仅限 Android 平台，指定是否开启 DOM 本地存储
javaScriptEnabled	设置是否启用页面中的 JavaScript 代码
mixedContentMode	定义页面是否开启混合模式，即 WebView 中可以从任何其他源加载内容

（续）

属性与事件	功 能 说 明
thirdPartyCookiesEnabled	是否启用第三方 Cookies
userAgent	设置 WebView 请求网页时的 user-agent
allowsInlineMediaPlayback	指定 HTML 5 视频是在网页当前位置播放还是使用原生的全屏播放器播放，默认值为 False
bounces	定义当抵达页面边界时是否进行页面弹跳，默认值为 True
contentInset	定义内容的边距
dataDetectorTypes	探测网页中某些特殊数据类型，自动生成可点击的链接，默认情况下仅允许探测电话号码。你可以指定探测下述类型中的一种，或者使用数组来指定多个类型
scrollEnabled	定义加载的页面是否可以滚动
extraNativeComponentConfig	通过此函数可以读出原生组件的配置信息

6.9.2 WebView 组件实例

通过以下代码演示加载 Apple 官网的过程，并定义一些属性以及事件函数进行组件的进一步控制。

> 完整代码在本书配套源码的 06-09 文件夹。

```
1. /**
2.  * 章节: 06-09
3.  * 演示 WebView 组件的使用方法
4.  * FilePath: /06-09/WebViewComponent/App.js
5.  * @Parry
6.  */
7.
8. import React, {Component} from 'react';
9. import {Platform, StyleSheet, Text, View, WebView} from 'react-native';
10.
11. export default class App extends Component < {} > {
12.
13.   state = {
14.     url: 'https://www.apple.com/',
15.     scalesPageToFit: true
16.   };
17.
18.   render() {
19.     return (
```

```
20.       <View style={styles.container}>
21.         <WebView
22.           automaticallyAdjustContentInsets={false}
23.           style={styles.webView}
24.           source={{
25.           uri: this.state.url
26.         }}
27.           javaScriptEnabled={true}
28.           domStorageEnabled={true}
29.           decelerationRate="normal"
30.           onNavigationStateChange={this.onNavigationStateChange}
31.           onShouldStartLoadWithRequest={this.onShouldStartLoad
              WithRequest}
32.           startInLoadingState={true}
33.           scalesPageToFit={this.state.scalesPageToFit}/>
34.       </View>
35.     );
36.   }
37.
38.   onNavigationStateChange = (navState) => {
39.     this.setState({
40.       backButtonEnabled: navState.canGoBack,
41.       forwardButtonEnabled: navState.canGoForward,
42.       url: navState.url,
43.       status: navState.title,
44.       loading: navState.loading,
45.       scalesPageToFit: true
46.     });
47.   };
48.
49.   onShouldStartLoadWithRequest = (event) => {
50.     console.log("这里添加一些即将开始加载时的自定义逻辑...")
51.     return true;
52.   };
53. }
54.
55. const styles = StyleSheet.create({
56.   container: {
57.     flex: 1,
58.     marginTop: 45
59.   },
60.   webView: {
61.     height: 350
62.   }
63. });
```

代码说明如下：

- 第 14 与 15 行在 state 中定义了加载的 url 与页面缩放方式；
- 第 27 行定义了可以在 WebView 组件中加载 JavaScript 代码并执行；
- 第 38 行定义了在页面导航改变后添加的一些自定义逻辑；
- 第 49 行定义了在页面加载时可以执行的一些逻辑操作，类似于生命周期函数。

项目在 iOS 与 Android 平台下运行的效果如图 6-18 所示。

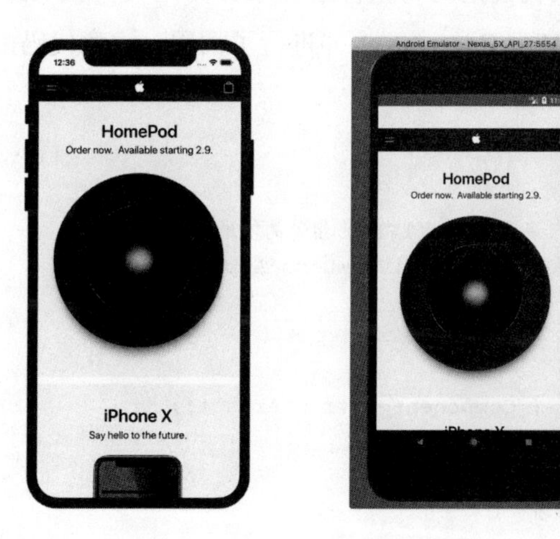

图 6-18 WebView 组件的运行效果

6.10 ScrollView 组件

ScrollView 组件可以生成滚动的 View 视图，用于较长列表元素的包裹。

6.10.1 ScrollView 组件介绍

ScrollView 在指定了固定的高度之后即可以工作，用于生成一个可滚动的视图，因为只有固定了高度，ScrollView 里面的元素才可以进行滚动操作。ScrollView 会一次将其中的所有子元素生渲染出来，那么在列表元素非常多的时候，渲染的效率肯定比较低下。而 React Native 框架中提供了另一个组件 FlatList 用于改进此组件的性能问题，FlatList 会进行延迟渲染，只有在当前屏幕显示中的元素才会进行渲染，屏幕外的元素会在滚动出现的时候才会进行加载显示。

6.10.2 ScrollView 组件实例

如下代码我们使用 ScrollView 进行一个列表的绑定，因为后续的章节才会讲解到网络数据的请求与 List 组件的绑定，所以这里列表数据源我们会通过代码直接构造模拟，主要是为了演示 ScrollView 元素列表的绑定。

> 完整代码在本书配套源码的 06-10 文件夹。

在 App.js 中，这次我们同时将组件进行了分离定义，在 App 入口代码中，直接引用了子组件 ScrollViewComponent 并进行了调用，注意代码第 8 行导入子组件与代码第 20 行使用组件的方法。

```
1. /**
2. * 章节：06-10
3. * App.js 定义，演示 ScrollView 组件的使用方法
4. * FilePath: /06-10/ScrollViewDemo/App.js
5. * @Parry
6. */
7.
8. import React, { Component } from 'react';
9. import {
10.   Platform,
11.   StyleSheet,
12.   Text,
13.   View
14. }  from 'react-native';
15. import ScrollViewComponent from './ScrollViewComponent.js'
16.
17. export default class App extends Component<{}> {
18.   render() {
19.     return (
20.       <ScrollViewComponent />
21.     );
22.   }
23. }
```

单独的子组件 ScrollViewComponent 的定义如下，代码中定义了 12 个开发语言的数组，在页面组件中通过代码的第 33 行将数组展开进行了绑定，SafeAreaView 的使用是为了防止页面内容被 iPhone X 的“刘海屏”遮挡：

```
1. /**
2. * 章节：06-10
```

```
3. * 定义了 ScrollViewComponent 组件
4. * FilePath: /06-10/ScrollViewDemo/ScrollViewComponent.js
5. * @Parry
6. */
7.
8. import React, { Component } from 'react';
9. import { Text, Image, SafeAreaView, View, StyleSheet, ScrollView } from
     'react-native';
10.
11. export default class ScrollViewComponent extends Component {
12.   state = {   //定义列表的数据源数组
13.     names: [
14.       {'name': 'React', 'id': 1},
15.       {'name': 'React Native', 'id': 2},
16.       {'name': 'PHP', 'id': 3},
17.       {'name': 'Java', 'id': 4},
18.       {'name': 'C#', 'id': 5},
19.       {'name': 'C', 'id': 6},
20.       {'name': 'C++', 'id': 7},
21.       {'name': 'Python', 'id': 8},
22.       {'name': 'Ruby', 'id': 9},
23.       {'name': 'JavaScript', 'id': 10},
24.       {'name': 'Perl', 'id': 11},
25.       {'name': 'JSP', 'id': 12}
26.     ]
27.   }
28.   render() {
29.     return (
30.       <SafeAreaView>
31.         <ScrollView>
32.           { // 循环数组进行列表的绑定
33.             this.state.names.map((item, index) => (
34.               <View key = {item.id} style = {styles.item}>
35.                 <Text>{item.name}</Text>
36.               </View>
37.             ))
38.           }
39.         </ScrollView>
40.       </SafeAreaView>
41.     )
42.   }
43. }
44.
```

```
45. const styles = StyleSheet.create ({
46.   item: {
47.     flexDirection: 'row',
48.     justifyContent: 'space-between',
49.     alignItems: 'center',
50.     padding: 30,
51.     margin: 2,
52.     borderColor: '#2a4944',
53.     borderWidth: 1,
54.     backgroundColor: '#d2f7f1'
55.   }
56. })
```

最终程序在 iPhone X 下的运行效果如图 6-19 所示，你可以通过鼠标或在真机上通过手势进行列表的滚动操作。ScrollView 组件在移动平台下处理一些超出屏幕长度的内容展示时非常有用。

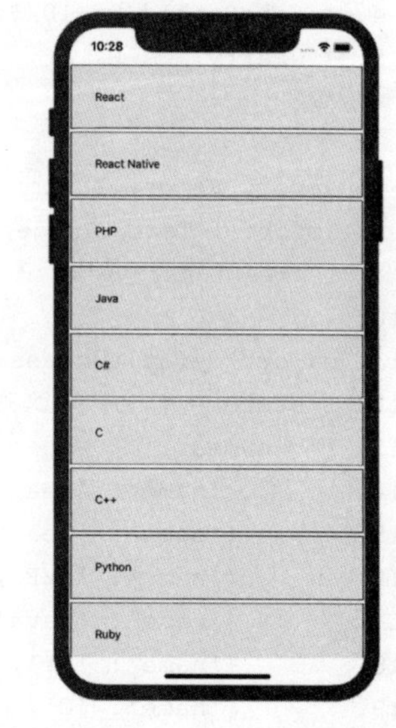

图 6-19 ScrollView 组件的运行效果

6.11 本章小结

这一章节我们学习了 React Native 框架中的各种“兵器”，整体的 App 开发就如同搭积木一样，只有在熟悉这些基本组件的使用方法后，在后期开发 App 时才能做到信手拈来。

而限于图书内容的限制，我们不可能将 React Native 中所有的组件都全部讲解一遍，这也就需要认真学习上面示例组件的使用方法以及学习策略后，自己可以快速地掌握 React Native 中的所有组件元素。独立学习的能力是成为一个优秀软件开发人员必备的技能。

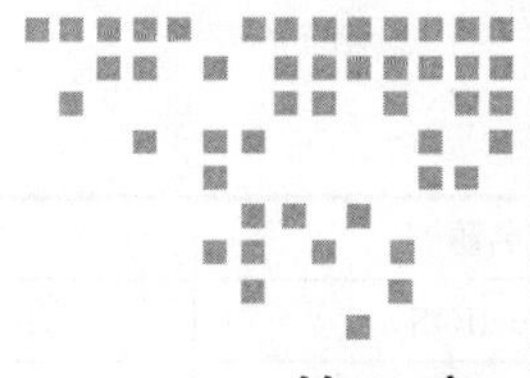

第 7 章 Chapter 7

React Native API 详解

本章对 React Native 框架中的 API 进行详细讲解，用 React Native 开发的 App 与设备底层硬件的通信需要借助 React Native API 进行。本章介绍提示框、App 状态、异步存储、相机与相册、地理信息、设备网络信息等 API，希望读者熟练掌握这些基础 API 进而举一反三。

7.1 React Native API 简介

React Native 框架不仅为开发人员提供了大量用于 App 开发布局的组件，还提供了用于供开发人员调用的更加接近原生组件与功能的模块，也就是 React Native API。

一个完整的 App 可能需要调用很多底层硬件的模块，而如是使用对应平台的原生语言开发，我们需要学习不同平台，如 iOS 与 Android 平台调用对应硬件功能的语法以及逻辑都需要单独地学习、开发以及调试。

表 7-1 为 React Native 框架提供的 API 以及对应的功能简介，关于 API 更加详细的描述可以直接参阅 React Native 的官方文档。

表 7-1 React Native 框架提供的 API 及描述

API 名称	功能描述
AccessibilityInfo	获取设备的屏幕阅读开启状态

（续）

API 名称	功 能 描 述
ActionSheetIOS	底部弹出菜单，iOS 平台可用
Alert	信息提示框
AlertIOS	信息提示框，iOS 平台可用，具备更好的性能
Animated	定义动画功能
AppRegistry	React Native App 的入口定义
AppState	获取 App 当前的运行状态
AsyncStorage	异步的本地存储
BackHandler	Android 平台下处理返回按钮的点击事件
CameraRoll	本地相册访问功能
Clipboard	访问剪切板功能。
DatePickerAndroid	Android 平台下的日期选择功能
Dimensions	获取尺寸信息
Easing	擦除动作（动画）
Geolocation	地理位置信息功能
ImageEditor	图片编辑功能
ImagePickerIOS	iOS 平台下的图片选择功能
ImageStore	本地的图片存储功能
InteractionManager	动画交互管理
Keyboard	键盘管理
LayoutAnimation	View 的布局动画功能
Linking	App 跳转链接
ListViewDataSource	ListView 数据源的处理功能
NetInfo	获取设备的网络状态信息
PanResponder	手势操作处理
PermissionsAndroid	处理 Android M 最新的权限问题
PixelRatio	获取设备的像素密度
PushNotificationIOS	iOS 平台的推送通知
Settings	App 的相关选项和参数设置功能
Shadow Props	设置一些阴影的属性
Share	分享功能
StatusBarIOS	iOS 平台设置状态栏
TimePickerAndroid	打开 Android 平台的时间选择器

（续）

API 名称	功 能 描 述
ToastAndroid	Android 平台的提示消息功能
Transforms	转换变形的功能
Vibration	震动功能
VibrationIOS	提供 iOS 平台更加细致设定的震动功能

而在 React Native 框架中，我们可以通过 JavaScript 代码来进行底层硬件的调用，非常方便。多说无益，我们还是按照本书的代码实战风格直接通过代码的编写来学习相关 API 的使用。

7.2　提示框

Alert 是 React Native 框架中用于提示用户的信息弹出框。

7.2.1　Alert 介绍

在 App 中，经常需要弹出一个信息框以便提醒用户或征得用户确认的使用场景，这时通过调用 Alert 的 API 就可以轻松实现此功能。并且此功能可以直接运行于 iOS 与 Android 平台，而如果在弹出提示框的同时需要用户输入一些信息，那么在 iOS 平台下就需要调用 AlertIOS API，类似于 Alert。

7.2.2　Alert 实例

我们接着之前的注册模块进行开发，在用户点击注册按钮时，进行一些必填字段的检查，如果必填的字段用户没有输入任何值，那么就通过 Alert 提醒用户。

因为书本篇幅的限制，有时截图只有 iOS 平台的截图，Android 平台的截图完全类似，大家可以下载书籍配套源码直接在本地的平台上运行测试。

> 完整代码在本书配套源码的 07-02 文件夹。

```
1. /**
2.  * 章节: 07-02
3.  * 演示 Alert 功能的使用方法
4.  * FilePath: /07-02/Alert/signup/index.js
```

```
5.  * @Parry
6.  */
7.
8. import React, {Component} from 'react'
9. import {
10.   AppRegistry,
11.   StyleSheet,
12.   Text,
13.   View,
14.   Image,
15.   TextInput,
16.   TouchableOpacity,
17.   TouchableHighlight,
18.   Alert
19. } from 'react-native'
20.
21. const background = require("./signup_bg.png");
22. const backIcon = require("./back.png");
23. const personIcon = require("./signup_person.png");
24. const lockIcon = require("./signup_lock.png");
25. const emailIcon = require("./signup_email.png");
26. const birthdayIcon = require("./signup_birthday.png");
27.
28. export default class SignupVriew extends Component {
29.   constructor(props) {
30.     super(props);
31.     this.state = {    // 初始化一些 state
32.       userName: '',
33.       email: '',
34.       password: ''
35.     };
36.   }
37.
38.   render() {
39.     return (
40.       <View style={styles.container}>
41.         <Image
42.           source={background}
43.           style={[styles.container, styles.bg]}
44.           resizeMode="cover">
45.           <View style={styles.headerContainer}>
46.
47.             <View style={styles.headerIconView}>  // 按钮中包含图片的写法
48.               <TouchableOpacity style={styles.headerBackButtonView}>
```

```
49.              <Image source={backIcon} style={styles.backButtonIcon}
                   resizeMode="contain"/>
50.            </TouchableOpacity>
51.          </View>
52.
53.          <View style={styles.headerTitleView}>
54.            <Text style={styles.titleViewText}>注册</Text>
55.          </View>
56.
57.        </View>
58.
59.        <View style={styles.inputsContainer}>
60.
61.          <View style={styles.inputContainer}>
62.            <View style={styles.iconContainer}>
63.              <Image  source={personIcon}  style={styles.inputIcon}
                   resizeMode="contain"/>
64.            </View>
65.            <TextInput
66.              style={[styles.input, styles.whiteFont]}
67.              placeholder="用户名"
68.              placeholderTextColor="#FFF"
69.              underlineColorAndroid='transparent'
70.              value={this.state.userName}
71.              onChangeText=
72.              {(userName)=>this.setState({userName})}/>
                 // 注意设置state值变化的事件
73.          </View>
74.
75.          <View style={styles.inputContainer}>
76.            <View style={styles.iconContainer}>
77.              <Image  source={emailIcon}  style={styles.inputIcon}
                   resizeMode="contain"/>
78.            </View>
79.            <TextInput
80.              style={[styles.input, styles.whiteFont]}
81.              placeholder="邮箱"
82.              placeholderTextColor="#FFF"
83.              value={this.state.email}
84.              onChangeText=
85.              {(email)=>this.setState({email})}/>
86.          </View>
87.
88.          <View style={styles.inputContainer}>
```

```
89.             <View style={styles.iconContainer}>
90.               <Image source={lockIcon} style={styles.inputIcon}
                    resizeMode="contain"/>
91.             </View>
92.             <TextInput
93.               secureTextEntry={true}
94.               style={[styles.input, styles.whiteFont]}
95.               placeholder="密码"
96.               placeholderTextColor="#FFF"
97.               value={this.state.password}
98.               onChangeText=
99.               {(password)=>this.setState({password})}/>
100.          </View>
101.
102.        </View>
103.
104.        <View style={styles.footerContainer}>
105.
106.          <TouchableHighlight
107.            onPress={this
108.              .register
109.              .bind(this)}>
110.            <View style={styles.signup}>
111.              <Text style={styles.whiteFont}>注 册</Text>
112.            </View>
113.          </TouchableHighlight>
114.
115.          <TouchableOpacity>
116.            <View style={styles.signin}>
117.              <Text style={styles.greyFont}>已有账号? <Text style={styles.
                    whiteFont}>
118.                  登录</Text>
119.              </Text>
120.            </View>
121.          </TouchableOpacity>
122.        </View>
123.      </Image>
124.    </View>
125.  );
126. }
127. // 注册按钮点击的事件
128. register() {
129.   if (this.state.userName == '' || this.state.email == '' || this.
       state.password == '') {
```

```
130.         Alert.alert('提醒', '请检查您填写的信息完整性', [
131.           {
132.             text: '确定',
133.             onPress: () => console.log('用户点击确定按钮之后的回调函数。')
134.           }
135.         ])
136.       }
137.     }
138. }
```

若用户的注册信息没有填写完整，代码第 129 行判断后，调用 Alert 弹出提示框提醒用户将用户注册信息填写完整后再提交注册。程序运行效果如图 7-1 所示。

当然在程序的第 129 行，也可以分开来判断哪些字段为空，并分别进行提示，如用户名为空就提醒用户名不能为空，程序的优化完善就是这些细节的堆叠，再快速上架 App 后可以进行快速地迭代开发进行细节的优化。

当然 Alert 组件还有很多的使用方法以及注意事项，如下代码所示。

如下代码对按钮的定义，在 iOS 平台下你可以定义任意多个按钮，而在 Android 平台下一个 Alert 你只可以定义三个按钮。

图 7-1 Alert 的运行效果

每一个按钮都可以自定义样式，需要注意的是在 Android 平台下，如果只定义一个按钮，那么此按钮表示确定的目的；如果是两个按钮，那么分别表示确定目的与取消目的；如果有三个按钮，那么一个表示中间态，另两个分别为确定目的与取消目的。

在 Android 平台默认情况下，你可以点击 Alert 框之外的区域取消掉 Alert 的显示，取消的事件函数可以通过 onDismiss 获取到。当然你也可以像如下代码定义的属性 cancelable 那样禁用掉 dismiss 的方法。

```
1. /**
2.  * 章节: 07-02
3.  * 演示 Alert 功能的其他使用方法
4.  * FilePath: /07-02/Alert/other.js
5.  * @Parry
6.  */
7.
8. Alert.alert(
```

```
 9.     '提醒的标题',
10.     '提醒的内容',
11.     [
12.       {text: '第一个按钮', onPress: () => console.log('点击后的回调函数')},
13.       {text: '取消', onPress: () => console.log('点击后的回调函数'), style:
           'cancel'},
14.       {text: '确定', onPress: () => console.log('点击后的回调函数')},
15.     ],
16.     { cancelable: false }
17. )
```

7.3 App 运行状态

通过 AppState 可以获取到当前 App 是在前台运行还是在后台运行。

7.3.1 AppState 介绍

在使用微信的时候，如果我们正在前台打开微信聊天，当有新消息来的时候，如果是当前聊天的人发来的新消息，那么新消息只是显示在当前的页面中，如果是其他人发来的消息，那么只是在返回的按钮上提示上个页面中收到了几个未读消息。而如果微信是在后台运行的时候，系统接收到新消息，都是进行新消息的全局提醒并在通知中心显示。

那么这里就涉及 App 在接收到新消息或其他相关操作的时候，需要读取 App 当前的运行状态，AppState 就是用于获取 App 运行状态的 React Native API。

AppState 共有三种状态：

- active：当前 App 正在前台运行；
- background：App 在后台运行，用户正在使用其他 App 或在首页；
- inactive：App 前后台切换的一个短暂状态。

7.3.2 AppState 实例

如下代码中，App 第一次加载时，在页面的 View 中显示了 AppState.currentState 的值，也就是 active，并在生命周期中添加了对 AppState 状态变更的事件的订阅，后续的 App 状态变更都将添加到 previousAppStates 的数组中去，并在 View 中的 Text 中显示出来。

完整代码在本书配套源码的 07-03 文件夹。

```
1. /**
2.  * 章节: 07-03
3.  * 演示 AppState 功能的使用方法
4.  * FilePath: /07-03/AppStateDemo/App.js
5.  * @Parry
6.  */
7.
8. import React, {Component} from 'react';
9. import {Text, View, AppState} from 'react-native';
10.
11. export default class App extends Component < {} > {
12.   state = {
13.     appState: AppState.currentState,
14.     previousAppStates: []
15.   };
16.
17.   componentDidMount() {  // 组件加载完毕
18.     AppState.addEventListener('change', this._handleAppStateChange);
19.   }
20.
21.   componentWillUnmount() {  // 组件即将卸载(卸载前)
22.     AppState.removeEventListener('change', this._handleAppStateChange);
23.   }
24.
25.   _handleAppStateChange = (appState) => { // App 状态变更的监控事件
26.     var previousAppStates = this
27.       .state
28.       .previousAppStates
29.       .slice();
30.     previousAppStates.push(this.state.appState);
31.     this.setState({appState, previousAppStates});
32.   };
33.
34.   render() {
35.     return (
36.       <View>
37.         <Text>{JSON.stringify(this.state.previousAppStates)}</Text>
38.       </View>
39.     );
40.   }
41. }
```

运行的效果如图 7-2 所示，左侧为第一次加载的效果，之后将 App 最小化到后台，然后重新调起 App 后页面的状态文字变更如右侧截图所示。iOS 平台的运行效果与截图中的 Android 平台类似。

图 7-2 AppState 状态变更的运行效果

7.4 异步存储

AsyncStorage 是 React Native 框架中一个用于全局存储键值对（Key - Value）的功能模块。

7.4.1 AsyncStorage 介绍

React Native 框架为开发者提供了一个异步的、未加密、持久的、全局的键值对（Key - Value）存储模块，如同 HTML 5 中的 LocalStorage，可以将一些全局的简单数据存储于其中，以便进行全局调用与修改更新。

iOS 平台中会使用原生代码将 AsyncStorage 中的小数据存储于序列化的字典数据结构中，而将大数据存储于单独的文件中。

Android 平台会将 AsyncStorage 存储于 RocksDB 或 SQLite 中，取决于哪一个模块是可用的。

AsyncStorage 支持的常用事件函数如下：

- static getItem(key: string, [callback]: ?(error: ?Error, result: ?string) => void)

读取 key 字段并将结果作为第二个参数传递给 callback 回调函数，如果在此过程中有错误发生，则会传递一个 Error 对象作为第一个参数。此函数返回一个 Promise 对象。

- static setItem(key: string, value: string, [callback]: ?(error: ?Error) => void)

将 key 字段的值设置成 value，并调用 callback 回调函数。如果在此过程中有错误发生，则会传递一个 Error 对象作为第一个参数。此函数返回一个 Promise 对象。

- static removeItem(key: string, [callback]: ?(error: ?Error) => void)

删除一个字段为 key 的键值对。此函数返回一个 Promise 对象。

- static mergeItem(key: string, value: string, [callback]: ?(error: ?Error) => void)

假设已有的值和新的值都是字符串化的 JSON，则将两个值合并。此函数返回一个 Promise 对象。此方法还没有被所有的原生实现支持，使用时需要注意。

- static clear([callback]: ?(error: ?Error) => void)

删除全部的 AsyncStorage 数据，不论来自什么库或调用者。通常不应该调用这个函数，而应该使用 removeItem 或者 multiRemove 来进行特定的删除。此函数返回一个 Promise 对象。

- static getAllKeys([callback]: ?(error: ?Error, keys: ?Array<string>) => void)

获取所有本应用可以访问到的数据，不论来自什么库或调用者。此函数返回一个 Promise 对象。

- static flushGetRequests(): [object Object]

清除所有进行中的查询操作。

- static multiGet(keys: Array<string>, [callback]: ?(errors: ?Array<Error>, result: ?Array<Array<string>>) => void)

获取 keys 所包含的所有字段的值，调用 callback 回调函数时返回一个 key - value 数组形式的数组。此函数返回一个 Promise 对象。

- static multiSet(keyValuePairs: Array<Array<string>>, [callback]: ?(errors: ?Array<Error>) => void)

multiset 和 multiMerge 都接受一个与 multiGet 输出值一致的 key – value 数组形式的数组。此函数返回一个 Promise 对象。

- static multiRemove(keys: Array<string>, [callback]: ?(errors: ?Array<Error>) => void)

删除所有键在 keys 数组中的数据。此函数返回一个 Promise 对象。

- static multiMerge(keyValuePairs: Array<Array<string>>, [callback]: ?(errors: ?Array<Error>) => void)

将多个输入的值和已有的值合并，要求都是字符串化的 JSON。返回一个 Promise 对象。此方法还没有被所有的原生实现支持，使用时需要注意。

7.4.2 AsyncStorage 实例

如下代码继续之前的注册模块开发，我们需要实现在用户注册的时候，将最后一次点击注册按钮时用户输入的邮箱地址，记录在 AsyncStorage 中，用于当用户放弃注册或退出 App 后，再次进入注册页面时，从 AsyncStorage 中读取出之前存储的最后一次输入的邮箱地址并自动填写在页面组件上，以便提高用户体验。当然你也可以记录其他信息，如用户名等。

有时在我们使用的一些 App 中，当打开登录页面时，我们可能忘记了上次使用的是微信、微博还是 QQ 账号登录的，这时有的 App 会提醒你"上次是使用 QQ 登录的哦"，这样的用户体验就会非常贴心，这也是 AsyncStorage 的一个使用场景，其他的使用场景我们在后面的章节还会用到。

> 完整代码在本书配套源码的 07-04 文件夹。

首先需要使用 import 导入必要的组件。

```
 1. /**
 2.  * 章节: 07-04
 3.  * 演示 AsyncStorage 功能的使用方法
 4.  * FilePath: /07-04/AsyncStorageDemo/signup/index.js
 5.  * @Parry
 6.  */
 7.
 8. import React, {Component} from 'react'
 9. import {
10.   AppRegistry,
11.   StyleSheet,
12.   Text,
13.   View,
14.   Image,
15.   TextInput,
16.   TouchableOpacity,
17.   TouchableHighlight,
```

```
18.   Alert,
19.   AsyncStorage
20. } from 'react-native'
```

定义本地存储值的唯一 key 别名，便于编码。并在页面加载时，从存储中读取之前存入的值，注意没有存入值的处理：

```
21. ......
22.
23. var STORAGE_KEY_EMAIL = '@AsyncStorageKey:signupEmail';
24.
25. export default class SignupVriew extends Component {
26.   constructor(props) {
27.     super(props);
28.     this.state = {
29.       userName: '',
30.       email: '',
31.       password: ''
32.     };
33.   }
34.
35.   componentDidMount() {
36.     this
37.       ._loadInitialState()
38.       .done();
39.   }
40.
41.   _loadInitialState = async() => {
42.     try {
43.       var value = await AsyncStorage.getItem(STORAGE_KEY_EMAIL);
44.       this.setState({email: value});
45.     } catch (error) {
46.       console.error('AsyncStorage error: ' + error.message);
47.     }
48.   };
```

在页面组件加载完毕后，如果用户之前注册过，那么就可以直接帮用户填好之前输入的邮箱：

```
49.   render() {
50.     return (
51.       <View style={styles.container}>
52.         <Image
53.           source={background}
```

```
54.         style={[styles.container, styles.bg]}
55.         resizeMode="cover">
56.         <View style={styles.headerContainer}>
57.
58.           <View style={styles.headerIconView}>
59.             <TouchableOpacity style={styles.headerBackButtonView}>
60.               <Image source={backIcon} style={styles.backButtonIcon}
                    resizeMode="contain"/>
61.             </TouchableOpacity>
62.           </View>
63.
64.           <View style={styles.headerTitleView}>
65.             <Text style={styles.titleViewText}>注册</Text>
66.           </View>
67.
68.         </View>
69.
70.         <View style={styles.inputsContainer}>
71.
72.           <View style={styles.inputContainer}>
73.             <View style={styles.iconContainer}>
74.               <Image  source={personIcon}  style={styles.inputIcon}
                    resizeMode="contain"/>
75.             </View>
76.             <TextInput
77.               style={[styles.input, styles.whiteFont]}
78.               placeholder="用户名"
79.               placeholderTextColor="#FFF"
80.               underlineColorAndroid='transparent'
81.               value={this.state.userName}
82.               onChangeText=
83.               {(userName)=>this.setState({userName})}/>
84.           </View>
85.
86.           <View style={styles.inputContainer}>
87.             <View style={styles.iconContainer}>
88.               <Image  source={emailIcon}  style={styles.inputIcon}
                    resizeMode="contain"/>
89.             </View>
90.             <TextInput
91.               style={[styles.input, styles.whiteFont]}
92.               placeholder="邮箱"
93.               placeholderTextColor="#FFF"
```

```
94.                   value={this.state.email}
95.                   onChangeText=
96.                   {(email)=>this.setState({email})}/>
97.               </View>
98.
99.               <View style={styles.inputContainer}>
100.                <View style={styles.iconContainer}>
101.                  <Image source={lockIcon} style={styles.inputIcon}
                        resizeMode="contain"/>
102.                </View>
103.                <TextInput
104.                  secureTextEntry={true}
105.                  style={[styles.input, styles.whiteFont]}
106.                  placeholder="密码"
107.                  placeholderTextColor="#FFF"
108.                  value={this.state.password}
109.                  onChangeText=
110.                  {(password)=>this.setState({password})}/>
111.              </View>
112.
113.            </View>
114.
115.            <View style={styles.footerContainer}>
116.
117.              <TouchableHighlight
118.                onPress={this
119.                .register
120.                .bind(this)}>
121.                <View style={styles.signup}>
122.                  <Text style={styles.whiteFont}>注 册</Text>
123.                </View>
124.              </TouchableHighlight>
125.
126.              <TouchableOpacity>
127.                <View style={styles.signin}>
128.                  <Text style={styles.greyFont}>已有账号? <Text style={styles.
                        whiteFont}>
129.                          登录</Text>
130.                  </Text>
131.                </View>
132.              </TouchableOpacity>
133.            </View>
134.          </Image>
135.        </View>
```

```
136.     );
137.   }
138.
139.   register() {
140.     if (this.state.userName == '' || this.state.email == '' || this.
         state.password == '') {
141.       Alert.alert('提醒', '请检查您填写的信息完整性', [
142.         {
143.           text: '确定',
144.           onPress: () => console.log('用户点击确定按钮之后的回调函数。')
145.         }
146.       ])
147.     } else {
148.       //存储用户输入的邮箱
149.       this._onValueChange(this.state.email);
150.     }
151.   }
152.
153.   _onValueChange = async(email) => {
154.     this.setState({email});
155.     try {
156.       await AsyncStorage.setItem(STORAGE_KEY_EMAIL, email);
157.     } catch (error) {
158.       console.error('AsyncStorage error: ' + error.message);
159.     }
160.   };
161. }
```

- 代码的第 36 行在生命周期函数 componentDidMount 中调用了 _loadInitialState 函数进行了存储数据的读取加载；
- 代码的第 44 行在代码读取到了存储在 AsyncStorage 中键值为 STORAGE_KEY_EMAIL 的值后，进行 state 中 email 的赋值。修改了 state 值后，页面绑定的 email 值就会进行对应的加载显示；
- 代码的第 156 行演示了 AsyncStorage 值的设置方法，添加 try catch 的处理是为了防止设置的时候出错造成 App 运行的崩溃。

当用户第一次注册，在点击了注册按钮后，因为一些信息验证失败，暂时放弃了注册，则再次进入此注册页面时，邮箱地址会自动填写上次用户填写的邮箱地址，当然你也可以自己完成实现自动记录用户名的功能。运行的效果如图 7-3 所示。

图 7-3　AsyncStorage 运行效果

7.4.3　登录状态处理

在 React Native 的开发中，关于登录状态的处理，如果是对安全性要求不高的 App，一般可以将用户登录信息存储在 AsyncStorage 中，用户再次打开 App 时可以从 AsyncStorage 中读取用户信息。或者在用户进入到其他页面且需要读取用户信息的时候，可以直接从 AsyncStorage 中读取。

如下代码就是一般处理用户登录后存储信息的方法：

```
1. login: function (user, callback) {
2.   fetch(LOGIN_REQUEST_URL, {  //请求后台 API 进行登录
3.     method: 'POST',
4.     headers: {
5.       'Accept': 'application/json',
6.       'Content-Type': 'application/json'
7.     },
8.     body: JSON.stringify(user)
9.   }).then((response) => {    //处理后台 API 返回的数据
10.    return response.json();
11.  }).then((response) => {
12.    if (response.token && response.user) {
13.      AsyncStorage.multiSet([   //如果登录成功，在本地存储一些用户信息
14.        ['token', response.token],
15.        ['userId', response.user.id.toString()]
16.      ]);
```

```
17.     } else {
18.       if (callback) { callback(); }
19.     }
20.   }).done();
21. },
```

代码在使用了用户输入的表单信息进行 HTTP 登录请求后，获取到的 token 与用户信息，在代码的第 13 行使用 AsyncStorage 存储了起来，那么用户再次进入 App 或者在其他页面中就可以直接从 AsyncStorage 中读取。

但是，你需要注意的是，AsyncStorage 是明文存储的，虽然在 iOS 平台下，没有越狱的系统每一个 App 都存在一个沙箱机制，但是对于一些敏感信息，或者你的 App 对安全性要求非常高，你就不可以将这些敏感信息存储在 AsyncStorage 中。

所以在 iOS 系统下，我们推荐将这些用户敏感信息存储在 iOS 的 Keychain 中。而在 Android 下，你需要将这些敏感信息存储在 SharedPreferences 中。

React Native 中对于读取 Keychain 的功能，社区已有组件 react-native-keychain，地址为：https://github.com/oblador/react-native-keychain。

keychain 的基本使用方法如下代码所示：

```
1. // 使用 Keychain 存储用户的登录信息
2. Keychain
3.   .setGenericPassword(username, password)
4.   .then(function() {
5.     console.log('Credentials saved successfully!');
6.   });
```

而组件 react-native-sensitive-info 提供了 Android 平台的 Shared Preferences 存储与 iOS 平台的 Keychain 存储功能，当然你也可以只用于 Android 平台。

react-native-sensitive-info 组件地址为：https://github.com/mCodex/react-native-sensitive-info。

如下代码演示了 react-native-sensitive-info 组件的基本使用方法：

```
1. import SInfo from 'react-native-sensitive-info';
2.
3. // 信息的存储
4. SInfo.setItem('key1', 'value1', {
5. sharedPreferencesName: 'mySharedPrefs',
6. keychainService: 'myKeychain'
7. }).then((value) =>
8.   console.log(value) // 存储的值为 value 1
```

```
 9. );
10.
11. // 信息的读取
12. SInfo.getItem('key1', {
13. sharedPreferencesName: 'mySharedPrefs',
14. keychainService: 'myKeychain'}).then(value => {
15.   console.log(value) // 读取出的值为 value1
16. });
```

当然，组件 react-native-sensitive-info 还提供了使用指纹保护用户存储信息的功能，可以进一步加强用户敏感信息的安全性。

7.5　相机与相册 API

讲解 React Native 中相机与读取相册的使用方法。

7.5.1　CameraRoll 介绍

在 React Native 框架中，API 提供了 CameraRoll 供用户访问本地相册的功能。而在 iOS 系统中使用此功能时，还需要先链接 RCTCameraRoll 库。

在 iOS 10+ 系统中，如果需要访问用户的相册功能，还需要在 Info.plist 中添加关于 NSCameraUsageDescription 键的详细描述，以便符合系统的安全性需求以及告知用户对于隐私权限的管理。

在 React Native 中此功能模块只提供了访问本地相册的功能，而在 App 的开发过程中，还需要提供相册界面，而且在为用户提供读取相册的功能时，还应该同时给用户提供一个直接使用相机拍照的功能，所以纯粹地使用 CameraRoll 不能满足 App 开发的基本需求，一般的开发过程中会直接使用集成了读取相册以及使用相机拍照二合一的功能组件，所以我们为了秉承本书干货满满的原则，直接在下面的小节介绍真实项目中使用的组件以及开发的方法。

7.5.2　相册 / 相机组件实例

开源组件 React Native Image Picker 提供了使用原生 UI 从设备相册中选取图片或视频的功能，或者直接使用相机进行拍摄读取，并可以在 iOS 与 Android 平台使用。

GitHub 地址为：https://github.com/react-community/react-native-image-picker，npm 的地址为：https://www.npmjs.com/package/react-native-image-picker。

react-native-image-picker 组件提供的功能如图 7-4 所示。

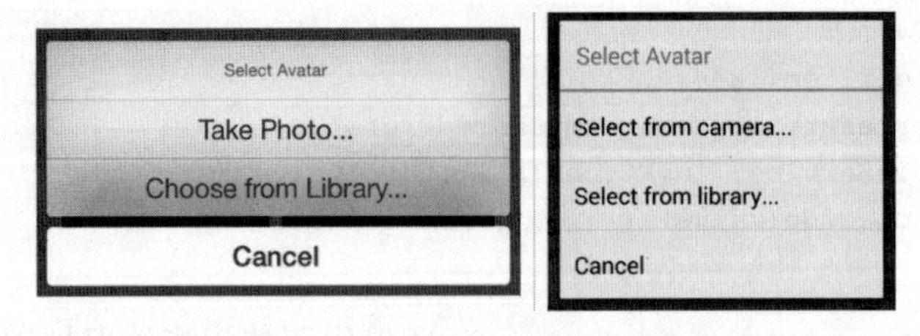

图 7-4　react-native-image-picker 组件提供的功能

下面我们通过代码演示此组件的实际使用方法。

在通过 React Native CLI 进行项目的初始化后，在项目文件夹通过 npm 安装 react-native-image-picker 组件。命令为：npm install react-native-image-picker --save，如下所示。

```
✘ Parry@Parrys-MBP ▶ ~/Desktop/React Native 写作/ReactNativeBook/react_native_book_source_code/07-05/CameraDemo ▶ npm install react-native-image-picker
CameraDemo@0.0.1 /Users/Parry/Desktop/React Native 写作/ReactNativeBook/react_native_book_source_code/07-05/CameraDemo
└── react-native-image-picker@0.26.7

npm WARN @babel/plugin-check-constants@7.0.0-beta.38 requires a peer of @babel/core@7.0.0-beta.38 but none was installed.
 Parry@Parrys-MBP ▶ ~/Desktop/React Native 写作/ReactNativeBook/react_native_book_source_code/07-05/CameraDemo ▶ _
```

安装完成后，需要执行 react-native link 命令自动将组件与原生平台进行链接，也可以手动配置，GitHub 文档中有详细的手动配置说明，执行的结果如下所示。

```
 Parry@Parrys-MBP ▶ ~/Desktop/React Native 写作/ReactNativeBook/react_native_book_source_code/07-05/CameraDemo ▶ react-native link
Scanning folders for symlinks in /Users/Parry/Desktop/React Native 写作/ReactNativeBook/react_native_book_source_code/07-05/CameraDemo/node_modules (29ms)
rnpm-install info Linking react-native-image-picker ios dependency
rnpm-install info Platform 'ios' module react-native-image-picker has been successfully linked
rnpm-install info Linking react-native-image-picker android dependency
rnpm-install info Platform 'android' module react-native-image-picker has been successfully linked
 Parry@Parrys-MBP ▶ ~/Desktop/React Native 写作/ReactNativeBook/react_native_book_source_code/07-05/CameraDemo ▶ _
```

在进行了自动链接之后，iOS 平台与 Android 平台还需要进行单独设置。

在 iOS 平台下，iOS 10+ 系统下需要在 Info.plist 中分别设置 NSPhotoLibraryUsageDescription、NSCameraUsageDescription、NSPhotoLibraryAddUsageDescripti on 与 NSMicrophoneUsageDescription 四个键值属性，以便详细描述请求权限的功能说明。

```
1. <dict>
2.
3.     ...
4.
5.    <key>NSPhotoLibraryUsageDescription</key>
6.    <string>$(PRODUCT_NAME) 需要读取您的相册</string>
7.    <key>NSCameraUsageDescription</key>
8.    <string>$(PRODUCT_NAME) 需要使用您的相机</string>
9.    <key>NSPhotoLibraryAddUsageDescription</key>
10.    <string>$(PRODUCT_NAME) 需要访问您的相册</string>
11.    <key>NSMicrophoneUsageDescription</key>
12.    <string>$(PRODUCT_NAME) 需要使用您的麦克风以便录制视频</string>
13.
14.    ...
15.
16. </dict>
```

如果缺少此属性设置，在 iOS 平台运行的时候将会有如下所示的错误提示。

```
CameraDemo[9587:903770] [access] This app has crashed because it attempted to access privacy-sensitive data without a usage description.  The app's Info.plist must contain an NSPhotoLibraryUsageDescription key with a string value explaining to the user how the app uses this data.
```

而在 Android 平台下同样需要设置对应的权限设置，在 AndroidManifest.xml 文件中添加如下设置即可：

```
<uses-permission android:name="android.permission.CAMERA" />
<uses-permission android:name="android.permission.WRITE_EXTERNAL_STORAGE"/>
```

App.js 的完整代码如下，项目其他文件的配置代码直接下载源码查看即可。

> 完整代码在本书配套源码的 07-05 文件夹。

首先使用 import 进行必要组件的导入：

```
1. /**
2.  * 章节：07-05
3.  * 演示 react-native-image-picker 组件的使用方法
4.  * FilePath: /07-05/CameraDemo/App.js
5.  * @Parry
6.  */
```

```
 7.
 8. import React from 'react';
 9. import {
10.   AppRegistry,
11.   StyleSheet,
12.   Text,
13.   View,
14.   PixelRatio,
15.   TouchableOpacity,
16.   Image
17. } from 'react-native';
```

再导入 ImagePicker 组件，并进行组件参数的设置：

```
18. import ImagePicker from 'react-native-image-picker';
19.
20. export default class App extends React.Component {
21.
22.   state = {
23.     avatarSource: null,
24.     videoSource: null
25.   };
26.
27.   selectPhotoTapped() {
28.     //设置图片选择的属性
29.     const options = {
30.       quality: 1.0,
31.       maxWidth: 500,
32.       maxHeight: 500,
33.       takePhotoButtonTitle: '使用摄像头拍摄',
34.       chooseFromLibraryButtonTitle: '从相册中选择',
35.       cancelButtonTitle: '取消',
36.       storageOptions: {
37.         skipBackup: true
38.       }
39.     };
```

使用 showImagePicker 显示图片选择界面，并在回调函数中读取用户选择到的图片：

```
40.     ImagePicker.showImagePicker(options, (response) => {
41.       console.log('回调响应 = ', response);
42.
43.       if (response.didCancel) {
44.         console.log('用户取消了选择图片');
```

```
45.     } else if (response.error) {
46.       console.log('ImagePicker 错误: ', response.error);
47.     } else if (response.customButton) {
48.       console.log('用户点击了自定义按钮: ', response.customButton);
49.     } else {
50.       let source = {
51.         uri: response.uri
52.       };
53.
54.       //获取用户选择的图片，可以用于前端显示使用，base64 形式
55.       let sourceImage = {
56.         uri: 'data:image/jpeg;base64,' + response.data
57.       };
58.
59.       this.setState({avatarSource: source});
60.     }
61.   });
62. }
```

处理用户点击选择图片的事件：

```
63.   selectVideoTapped() {
64.     //设置视频选择的属性
65.     const options = {
66.       title: '选择视频',
67.       takePhotoButtonTitle: '使用摄像头拍摄',
68.       chooseFromLibraryButtonTitle: '从相册中选择',
69.       cancelButtonTitle: '取消',
70.       mediaType: 'video',
71.       videoQuality: 'medium'
72.     };
73.
74.     ImagePicker.showImagePicker(options, (response) => {
75.       console.log('回调响应 = ', response);
76.
77.       if (response.didCancel) {
78.         console.log('用户取消了选择视频');
79.       } else if (response.error) {
80.         console.log('ImagePicker 错误: ', response.error);
81.       } else if (response.customButton) {
82.         console.log('用户点击了自定义按钮: ', response.customButton);
83.       } else {
84.         this.setState({videoSource: response.uri});
85.       }
86.     });
```

```
87.   }
88.
89.   render() {
90.     return (
91.       <View style={styles.container}>
92.         <TouchableOpacity
93.           onPress={this
94.           .selectPhotoTapped
95.           .bind(this)}>
96.           <View
97.             style={[
98.             styles.avatar,
99.             styles.avatarContainer, {
100.                marginBottom: 20
101.               }
102.               ]}>
103.               {this.state.avatarSource === null
104.                ? <Text>选择一个图片</Text>
105.                : <Image style={styles.avatar} source={this.state.
                      avatar Source}/>}
106.           </View>
107.         </TouchableOpacity>
108.
109.         <TouchableOpacity
110.           onPress={this
111.           .selectVideoTapped
112.           .bind(this)}>
113.           <View style={[styles.avatar, styles.avatarContainer]}>
114.             <Text>选择一个视频</Text>
115.           </View>
116.         </TouchableOpacity>
117.
118.         {this.state.videoSource && <Text style={{
119.           margin: 8,
120.           textAlign: 'center'
121.         }}>{this.state.videoSource}</Text>}
122.       </View>
123.     );
124.   }
125.
126. }
```

组件的样式定义，注意头像边框的设置使用了 PixelRatio 进行边框的计算：

```
127. const styles = StyleSheet.create({
128.   container: {
129.     flex: 1,
130.     justifyContent: 'center',
131.     alignItems: 'center',
132.     backgroundColor: '#F5FCFF'
133.   },
134.   avatarContainer: {
135.     borderColor: '#9B9B9B',
136.     borderWidth: 1 / PixelRatio.get(),
137.     justifyContent: 'center',
138.     alignItems: 'center'
139.   },
140.   avatar: {
141.     borderRadius: 75,
142.     width: 150,
143.     height: 150
144.   }
145. });
```

iOS 平台的运行结果如图 7-5 所示，系统在检测到 App 需要请求相关权限时，会显示在 Info.plist 中配置的权限说明。

图 7-5　iOS 平台首次运行

点击“选择一个图片”时，会显示“使用摄像头拍摄”和“从相册中选择”两个选项按钮，点击了“从相册中选择”后会调起系统相册，选定一个图片后，页面进行了选定图片的加载。当然也可以直接使用摄像头进行拍摄。视频的选择功能与图片的选择类似。运行效果如图 7-6 所示。

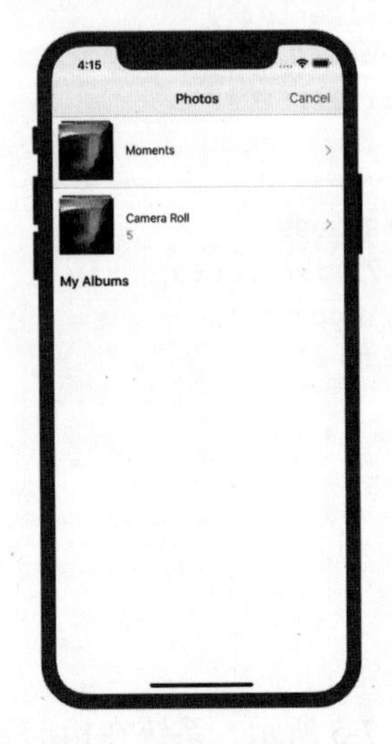

图 7-6 图片选择功能

Android 平台运行的效果与 iOS 平台类似，大家可直接下载本书配套源码在本地测试运行。

7.6 地理位置信息

Geolocation API 为 React Native 框架下的 App 提供获取定位坐标的功能。

7.6.1 Geolocation 介绍

很多的 App 在运行时都会通过获取用户的经纬度，定位用户的位置并传递到后台转换成用户所在的国家省份城市等信息，用于给用户提供更加个性化、定制化的内容。

在 React Native 框架中，只需要通过 Geolocation API 就可以为 iOS 平台与 Android 平台同时提供获取用户位置的功能。

Geolocation API 提供了两个主要的功能函数，分别为获取当前的定位经纬度以及在设备经纬度发生变更的时候进行函数的回调，返回变更后的经纬度信息。

下面我们通过实例代码来学习 Geolocation API 的使用。

7.6.2 Geolocation 实例

因为定位功能涉及用户的隐私问题，所以在对应的 iOS 平台与 Android 平台下都需要设置获取对应权限的配置。

在 iOS 系统下，你需要在 Info.plist 中增加 NSLocationWhenInUseUsageDescription 字段来启用定位功能。

在 Android 系统下，需要在 AndroidManifest.xml 配置文件中添加如下配置：

```
<uses-permission android:name="android.permission.ACCESS_FINE_LOCATION" />
```

而 Geolocation API 方法与 Web API 中的 Geolocation 方法遵循的标准一样，返回的数据结构也为一个 Position 对象，包含 Position.timestamp 以及 Position.coords，而 Position.coords 中包含的是经纬度信息对象 Coordinates，Coordinates 具有的属性如表 7-2 所示。

表 7-2 Coordinates 属性及说明

属 性	说 明
Coordinates.latitude	纬度
Coordinates.longitude	经度
Coordinates.altitude	海拔高度
Coordinates.accuracy	定位精准度
Coordinates.altitudeAccuracy	海拔准确度
Coordinates.heading	行进方向
Coordinates.speed	速度

所以通过 Geolocation API 返回的数据结构如下所示：

```
1. {
2.   "timestamp": 1484669056399.49,
3.   "coords": {
4.     "accuracy": 5,
5.     "altitude": 0,
6.     "altitudeAccuracy": -1,
7.     "heading": -1,
8.     "latitude": 37.785834,
9.     "longitude": -122.406417,
10.    "speed": -1
11.  }
12. }
```

使用 Geolocation API 获取定位信息的代码如下：

完整代码在本书配套源码的 07-06 文件夹。

```
1. /**
2.  * 章节: 07-06
3.  * 演示 Geolocation 功能的使用方法
4.  * FilePath: /07-06/GeolocationDemo/App.js
5.  * @Parry
6.  */
7.
8. import React, { Component } from 'react';
9. import {
10.   Platform,
11.   StyleSheet,
12.   Text,
13.   View
14. } from 'react-native';
15.
16. export default class App extends Component {
17.   constructor(props) {
18.     super(props);
19.
20.     this.state = {
21.       latitude: null,
22.       longitude: null,
23.       error: null,
24.     };
25.   }
26.
27.   componentDidMount() {
28.     navigator.geolocation.getCurrentPosition(
29.       (position) => {
30.         this.setState({
31.           latitude: position.coords.latitude, //获取纬度
32.           longitude: position.coords.longitude, //获取经度
33.           error: null,
34.         });
35.       },
36.       (error) => this.setState({ error: error.message }),
37.       { enableHighAccuracy: true, timeout: 20000, maximumAge: 1000 },
          //其他属性配置
```

```
38.     );
39.   }
40.
41.   render() {
42.     return (
43.       <View style={{ flexGrow: 1, alignItems: 'center', justifyContent:
          'center' }}>
44.         <Text>当前纬度: {this.state.latitude}</Text>
45.         <Text>当前经度: {this.state.longitude}</Text>
46.         {this.state.error ? <Text>错误信息: {this.state.error}</Text> : null}
47.       </View>
48.     );
49.   }
50. }
```

并在 iOS 项目的 Info.plist 文件中添加如下所示的权限配置：

```
34    <array>
35      <string>UIInterfaceOrientationPortrait</string>
36      <string>UIInterfaceOrientationLandscapeLeft</string>
37      <string>UIInterfaceOrientationLandscapeRight</string>
38    </array>
39    <key>UIViewControllerBasedStatusBarAppearance</key>
40    <false/>
41    <key>NSLocationWhenInUseUsageDescription</key>
42    <string>应用程序需要请求您的位置信息</string>
43    <key>NSAppTransportSecurity</key>
44    <dict>
45      <key>NSExceptionDomains</key>
46      <dict>
47        <key>localhost</key>
48        <dict>
```

运行的结果如图 7-7 所示，在首次运行时会提示用户当前请求定位权限的说明。

如果你是在真机中调试，在允许 App 获取定位权限后，需要打开真机的定位功能，而如果是在 iOS 的模拟器中运行的话，就可以进行位置的模拟，在当前调试状态下，我们模拟了当前用户定位在 Apple 的总部，如图 7-8 所示。

最终执行的结果如图 7-9 所示。

当然，在 Geolocation API 中，我们还可以通过 watchPosition 的方法实现用户定位发生变更时的事件回调，如用户在使用 App 时，App 进行一些导航或类似微信中的实时位置共享功能时，就需要在用户位置发生变更时，更新 UI 中对应的元素组件。

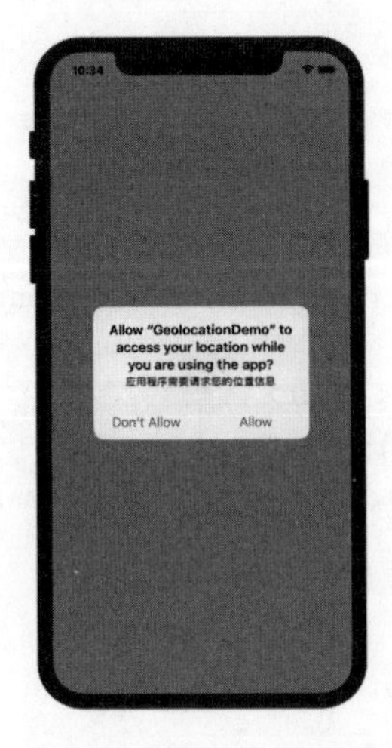

图 7-7 执行定位 App 的权限显示

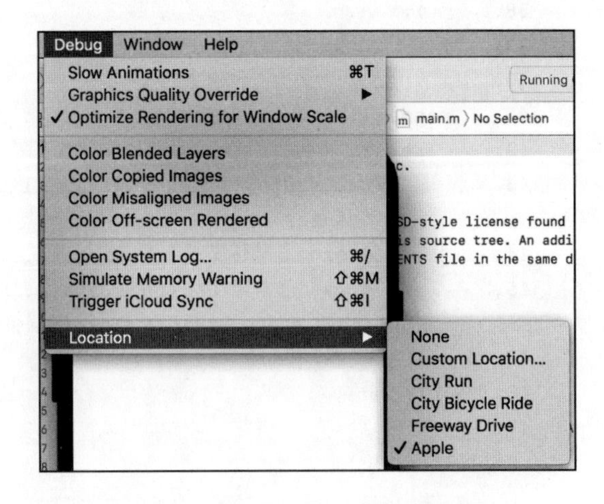

图 7-8 iOS 模拟器中模拟位置信息

图 7-9 iOS 定位执行结果

watchPosition 的使用方法如下代码所示。

> 完整代码在本书配套源码的 07-06 文件夹。

```
1. /**
2.  * 章节: 07-06
3.  * 演示 Geolocation 位置变更回调的使用方法
```

```
 4.  * FilePath: /07-06/GeolocationDemo/watchPosition.js
 5.  * @Parry
 6.  */
 7.
 8. import React, { Component } from 'react';
 9. import {
10.   Platform,
11.   StyleSheet,
12.   Text,
13.   View
14. } from 'react-native';
15.
16. export default class App extends Component {
17.   constructor(props) {
18.     super(props);
19.
20.     this.state = {
21.       latitude: null,
22.       longitude: null,
23.       error: null,
24.     };
25.   }
26.
27.   componentDidMount() {
28.     this.watchId = navigator.geolocation.watchPosition( //在用户的定位
          信息发生变更时进行事件的回调
29.       (position) => {
30.         this.setState({
31.           latitude: position.coords.latitude, //获取纬度
32.           longitude: position.coords.longitude, //获取经度
33.           error: null,
34.         });
35.       },
36.       (error) => this.setState({ error: error.message }),
37.       { enableHighAccuracy: true, timeout: 20000, maximumAge: 1000,
            distanceFilter: 10 },
38.     );
39.   }
40.
41.   componentWillUnmount() {
42.     navigator.geolocation.clearWatch(this.watchId);
43.   }
44.
45.   render() {
46.     return (
47.       <View style={{ flexGrow: 1, alignItems: 'center', justifyContent:
          'center' }}>
```

```
48.            <Text>当前纬度: {this.state.latitude}</Text>
49.            <Text>当前经度: {this.state.longitude}</Text>
50.            {this.state.error ? <Text>错误信息: {this.state.error}</Text> : null}
51.          </View>
52.        );
53.    }
54. }
```

这一次我们在 Android 平台下运行。Android 平台的定位权限设置如下所示：

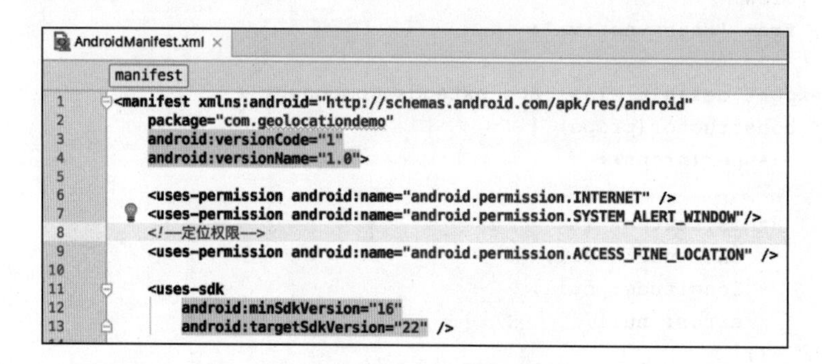

```
AndroidManifest.xml
manifest
1  <manifest xmlns:android="http://schemas.android.com/apk/res/android"
2      package="com.geolocationdemo"
3      android:versionCode="1"
4      android:versionName="1.0">
5
6      <uses-permission android:name="android.permission.INTERNET" />
7      <uses-permission android:name="android.permission.SYSTEM_ALERT_WINDOW"/>
8      <!--定位权限-->
9      <uses-permission android:name="android.permission.ACCESS_FINE_LOCATION" />
10
11     <uses-sdk
12         android:minSdkVersion="16"
13         android:targetSdkVersion="22" />
```

Android 模式器中同样可以进行定位信息的模拟，打开模拟器的设置界面，在位置菜单中设置模拟位置后，点击发送即可以将模拟的位置信息发送到 App 中，如图 7-10 所示。

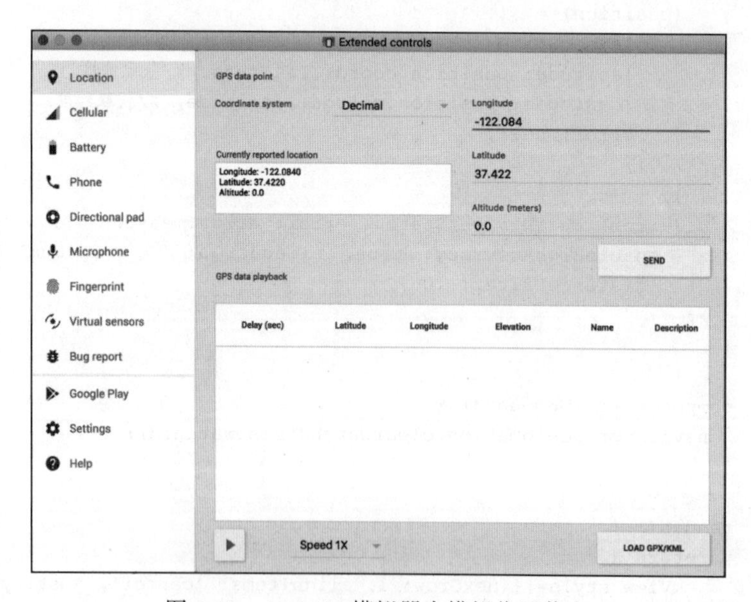

图 7-10 Android 模拟器中模拟位置信息

此示例 App 在启动时默认没有位置信息，后续每当用户变更了位置信息或模拟器重新模拟了一个新的位置后，App 读取到的位置信息都将进行更新显示，如图 7-11 所示。

图 7-11　Android 平台下的定位演示

7.7　设备网络信息

NetInfo API 是 React Native 下获取 App 当前网络状态的功能 API。

7.7.1　NetInfo 介绍

NetInfo API 可供 React Native App 获取到当前的网络状态，App 可以通过网络的不同状态加载不同的资源，以便提高用户加载资源的速度，或保存网络状态以便判断用户使用场景的变化。

在一些视频 App 中，提供了视频的播放与视频离线存储的功能，这时就应该判断用户的网络状态，以便用户在使用费用较高的移动数据网络的情况下，提醒用户当前的网络状态并获得用户认可后进行后续的操作。

7.7.2　NetInfo 实例

下面的代码演示了在 App 中获取用户当前的网络状态的方法，同时也演示了在模拟器设备中模拟不同网络状态的方法。

完整代码在本书配套源码的 07-07 文件夹。

```
1. /**
2.  * 章节: 07-07
3.  * 演示 NetInfo 功能的使用方法
4.  * FilePath: /07-07/ConnectionInfoCurrent.js
5.  * @Parry
6.  */
7.
8. const React = require('react');
9. const ReactNative = require('react-native');
10. const {
11.   NetInfo,
12.   Text,
13.   View,
14.   TouchableWithoutFeedback,
15. } = ReactNative;
16.
17. class ConnectionInfoCurrent extends React.Component {
18.     state = {
19.       connectionInfo: null,
20.     };
21.
22.     componentDidMount() {
23.       NetInfo.addEventListener( //添加用户网络状态变更的事件监听函数
24.         'change',
25.         this._handleConnectionInfoChange
26.       );
27.       NetInfo.fetch().done(
28.         (connectionInfo) => { this.setState({connectionInfo}); }
29.       );
30.     }
31.
32.     componentWillUnmount() {
33.       NetInfo.removeEventListener(
34.         'change',
35.         this._handleConnectionInfoChange
36.       );
37.     }
38.
39.     //处理在用户的网络情况变更时的处理函数
40.     _handleConnectionInfoChange = (connectionInfo) => {
41.       this.setState({
```

```
42.         connectionInfo,
43.       });
44.     };
45.
46.     render() {
47.       return (
48.         <View>
49.           <Text>{this.state.connectionInfo}</Text>
50.         </View>
51.       );
52.     }
53.   }
```

在 iOS 系统下，可获取设备的网络状态如表 7-3 所示。

表 7-3 iOS 系统设备网络状态及描述

状　态	描　述
none	设备处于离线状态
wifi	设备处于联网状态且通过 WiFi 连接，或者是一个 iOS 的模拟器设置了 WiFi 状态
cell	设备通过 Edge、3G、WiMax 或是 LTE 移动数据网络联网
unknown	发生错误，网络状况不可知

在 Android 系统下，可以获取设备的网络状态如表 7-4 所示。

表 7-4 Android 系统设备网络状态及描述

状　态	描　述
NONE	设备处于离线状态
BLUETOOTH	蓝牙数据连接
DUMMY	模拟数据连接
ETHERNET	以太网数据连接
MOBILE	移动网络数据连接
MOBILE_DUN	拨号移动网络数据连接
MOBILE_HIPRI	高优先级移动网络数据连接
MOBILE_MMS	彩信移动网络数据连接
MOBILE_SUPL	安全用户面定位（SUPL）数据连接
VPN	虚拟网络连接。需要 Android 5.0 以上
WIFI	WiFi 数据连接
WIMAX	WiMAX 数据连接
UNKNOWN	未知数据连接

需要注意的是，在 Android 系统下读取设备的网络状态需要配置相关权限说明，在 AndroidManifest.xml 文件中添加如下权限字段：

<uses-permission android:name="android.permission.ACCESS_NETWORK_STATE" />

7.8 本章小结

React Native API 提供了非常简便的方式去访问 iOS 与 Android 平台的硬件设备信息。而 React Native 组件同样也提供了通过 JavaScript 的方式进行页面组件元素开发的方法。

这两个功能模块是 React Native 开发最基础的两个模块，在开发的过程中也不用将思想禁锢于一定要用 React Native 原生的组件和 API，本章演示讲解了如何使用第三方的优秀组件进行开发，其他的组件与 API 你可以通过学习 书籍内容后举一反三地进行学习与实际的开发，这才是学习 React Native 框架最高效的方法。

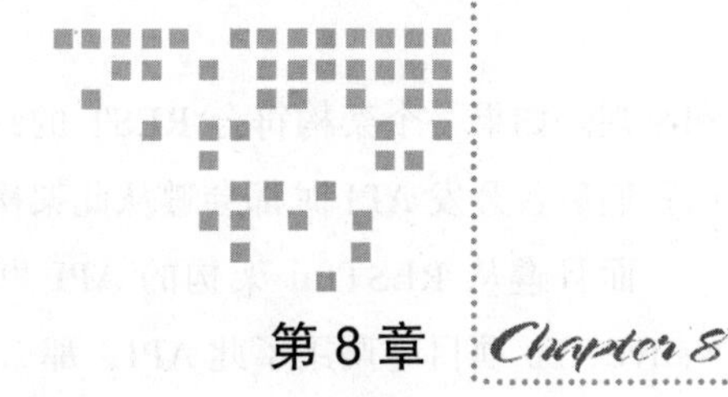

第 8 章 Chapter 8

React Native 网络请求详解

本章讲解 React Native 框架最常用的重要知识点：网络请求以及列表数据的绑定。这是开发功能丰富的 App 必备的知识点，在 App 页面布局中也是最常用的方法。本章主要内容包括：RESTful API 简介、网络请求、ListView 组件以及列表数据绑定方法。

8.1 RESTful API 简介

所有的 App 与后台数据的交互都通过 RESTful API 进行请求与传输，后台可以通过 PHP、Node.js、JSP、ASP.NET（MVC）等后端框架开发与后端数据库进行数据的交互，后端的数据可以存储在 MySQL、Microsoft SQL Server、Oracle、MongoDB 等关系型数据库或 NOSQL 中。App 与后台数据库简单数据交互流程如图 8-1 所示。

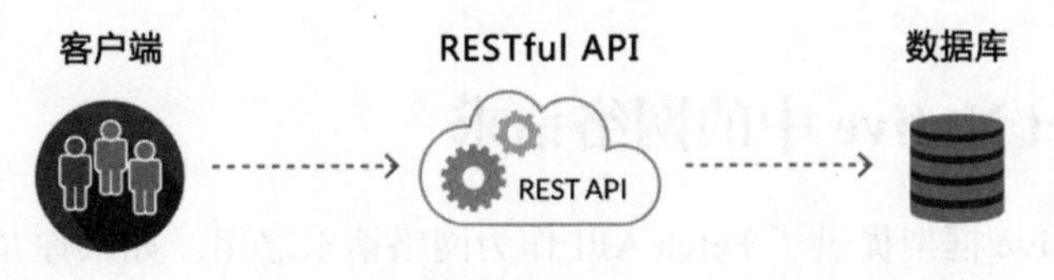

图 8-1 App 与后台的数据交互

REST 全称是 Representational State Transfer，REST 指的是一组架构约束条件

和原则。如果一个架构符合 REST 的约束条件和原则，就称它为 RESTful 架构，所以我们后台开发 API 时都会遵从此架构约束原则。

而且遵从 RESTful 架构的 API 可以做到多平台通用，如在我们开发的 React Native App 项目中调用了此 API，那么前台 Web 开发也可以按照同样的方式与后台进行数据的交互，如果还在同时开发类似微信小程序之类的应用程序，所有的数据都可以通过后台提供的一套 RESTful API 进行数据交互。

熟悉 RESTful 架构 API 同样也可以快速地使用或学习目前主流应用站点提供的 API，如图 8-2 所示为豆瓣公开的 API 接口，就是遵从了 RESTful 的设计原则。

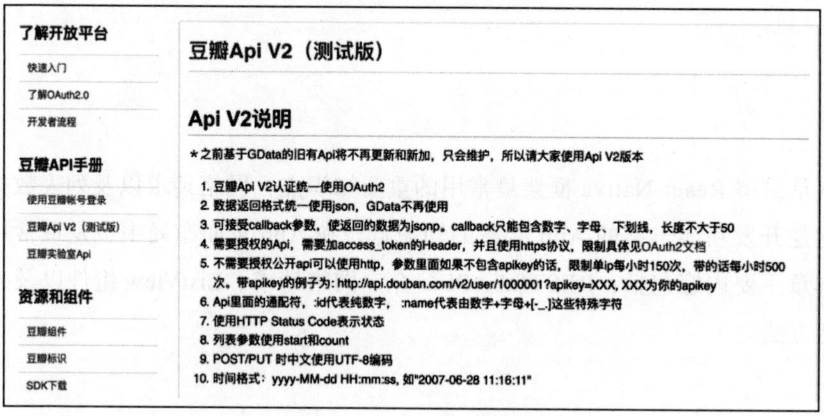

了解开放平台

快速入门

了解OAuth2.0

开发者流程

豆瓣API手册

使用豆瓣帐号登录

豆瓣Api V2（测试版）

豆瓣实验室Api

资源和组件

豆瓣组件

豆瓣标识

SDK下载

豆瓣Api V2（测试版）

Api V2说明

*之前基于GData的旧有Api将不再更新和新加，只会维护，所以请大家使用Api V2版本

1. 豆瓣Api V2认证统一使用OAuth2
2. 数据返回格式统一使用json，GData不再使用
3. 可接受callback参数，使返回的数据为jsonp。callback只能包含数字、字母、下划线，长度不大于50
4. 需要授权的Api，需要加access_token的Header，并且使用https协议，限制具体见OAuth2文档
5. 不需要授权公开api可以使用http，参数里面如果不包含apikey的话，限制单ip每小时150次，带的话每小时500次。带apikey的例子为: http://api.douban.com/v2/user/1000001?apikey=XXX, XXX为你的apikey
6. Api里面的通配符，:id代表纯数字，:name代表由数字+字母+[-_]这些特殊字符
7. 使用HTTP Status Code表示状态
8. 列表参数使用start和count
9. POST/PUT 时中文使用UTF-8编码
10. 时间格式：yyyy-MM-dd HH:mm:ss, 如"2007-06-28 11:16:11"

图 8-2 豆瓣 API

常见的 API 格式如下，前面定义的是 HTTP 的动作：

```
1. [POST]      https://api.gugudata.com/users    // 新增
2. [GET]       https://api.gugudata.com/users/1  // 查询
3. [PATCH]     https://api.gugudata.com/users/1  // 更新
4. [PUT]       https://api.gugudata.com/users/1  // 覆盖，全部更新
5. [DELETE]    https://api.gugudata.com/users/1  // 删除
```

8.2 React Native 中的网络请求

React Native 框架提供了 Fetch API 作为网络请求之用。如果你在前端开发过程中接触过 XMLHttpRequest 的话，类似于 AJAX 请求之类开发，那么使用起 Fetch 来还是非常容易理解和上手的。

Fetch API 的详细文档地址为：https://developer.mozilla.org/en-US/docs/Web/API/Fetch_API/Using_Fetch。

1. fetch 初体验

在 AJAX 时代，进行 API 等网络请求都是通过 XMLHttpRequest 或者封装后的框架进行网络请求。

现在产生的 Fetch 框架简直就是为了提供更加强大、高效的网络请求而生，在之前介绍的 React 中也可以使用 Fetch 进行完美的网络请求。

在 Chrome 浏览器中已经全局支持了 Fetch 函数，打开调试工具，在 Console 中可以进行初体验。

先不考虑跨域请求的使用方法，我们先请求同域的资源，如在我的博客页面中，打开 Console 进行如下请求。

```
1.fetch("http://blog.parryqiu.com").then(function(response){console.log(response)})
```

返回的数据如图 8-3 所示。

图 8-3　Chrome 控制台返回的 Fetch 请求

这样就快速地完成了一次网络请求，我们发现返回的数据也比之前的 XML HttpRequest 返回的数据丰富、易用的多。

2. 关于 fetch 标准概览

虽然 Fetch 还不是作为一个稳定的标准发布，但是在其一直迭代更新的描述中，我们发现已经包含了很多好的东西。

Fetch 支持了大部分常用的 HTTP 的请求并和 HTTP 标准兼容，如 HTTP Method，HTTP Headers，Request，Response。

3. fetch 的使用

- 兼容浏览器的处理。可以通过下面的语句处理浏览器兼容的问题：

```
1. if(self.fetch) {
2.   // 使用 fetch 框架处理
3. } else {
4.   // 使用 XMLHttpRequest 或者其他封装框架处理
5. }
```

- 一般构造请求的方法。使用 Fetch 的构造函数请求数据后，返回一个 Promise 对象：

```
1. fetch("http://blog.parryqiu.com")
2. .then(function(response){
3. // 一些其他的逻辑添加
4. })
```

- Fetch 构成函数的其他选项。我们可以将与 HTTP Headers 兼容的格式加入到请求的头中，如每次 API 的请求若想不受缓存的影响，那么可以像下面这样请求：

```
1. fetch("http://blog.parryqiu.com", {
2.   headers: {
3.     'Cache-Control': 'no-cache'
4.   }
5. })
6. .then(function(response){
7.   // 一些其他的逻辑添加
8. })
```

我们还可以如下代码这样添加更多的头部参数：

```
1. var myHeaders = new Headers();
2. myHeaders.append("Content-Type", "text/plain");
3. myHeaders.append("Content-Length", content.length.toString());
4. myHeaders.append("X-Custom-Header", "ProcessThisImmediately");
5.
6. var myInit = {
7.                method: 'GET',
8.                headers: myHeaders,
9.                mode: 'cors',
10.               cache: 'default'
11.                        };
12.
13. fetch("http://blog.parryqiu.com", myInit)
14. .then(function(response){
15.   // 一些其他的逻辑添加
16. })
```

- 返回的数据结构。

常用的 Response 有：

- Response.status 也就是 StatusCode，如成功就是 200；
- Response.statusText 是 StatusCode 的描述文本，如成功就是 OK；
- Response.ok 一个 Boolean 类型的值，判断是否正常返回，也就是 StatusCode 为 200-299。

如做如下请求：

```
1. fetch("http://blog.parryqiu.com")
2. .then(function(response){
3.     console.log(response.status);
4.     console.log(response.statusText);
5.     console.log(response.ok);
6. })
```

返回的数据如图 8-4 所示。

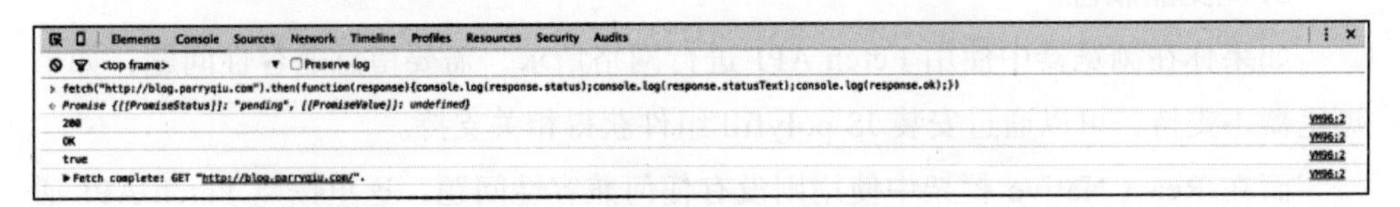

图 8-4　Fetch 请求返回的 Response

4. Body 参数

因为在 Request 和 Response 中都包含 Body 的实现，所以包含以下类型：

- ArrayBuffer
- ArrayBufferView
- Blob/File
- string
- URLSearchParams
- FormData

在 Fetch 中实现了对应的方法，返回的都是 Promise 类型：

- arrayBuffer()
- blob()
- json()

- text()
- formData()

这样处理返回的数据类型就会变得特别方便，如下面的代码这样处理 JSON 格式的数据：

```
1. var myRequest = new Request('http://api.com/products.json');
2.
3. fetch(myRequest).then(function(response) {
4.   return response.json().then(function(json) {  // 接口返回数据
5.     for(i = 0; i < json.products.length; i++) {  // 循环处理数据
6.       var name = json.products[i].Name;
7.       var price = json.products[i].Price;
8.       // 一些其他的逻辑添加
9.     }
10.   });
11. });
```

5. 浏览器兼容

如果你在浏览器中使用 Fetch API 进行网络请求，需要留意兼容性问题，如果浏览器不支持，可以通过安装 JS polyfill 组件获得相关支持。

而在 React Native 框架中使用则没有任何兼容性问题，这里按照 Fetch API 通用的使用场景给大家进行讲解，学会后不仅仅可以在 React Native 开发中使用，也可以在前端网页开发中使用。

8.3 ListView 组件

在通过 Fetch API 获取数据后，一般会使用 React Native 中的 ListView 组件进行数据的绑定操作，以下为 ListView 组件的基本使用方法。

```
1. class MyComponent extends Component {
2.   constructor() {
3.     super();
4. // 定义 ListView 的数据源
5.     const ds = new ListView.DataSource({rowHasChanged: (r1, r2) => r1 !== r2});
6.     this.state = {
7.       dataSource: ds.cloneWithRows(['row 1', 'row 2']),
8.     };
9.   }
```

```
10.
11.   render() {
12.     return (
13.       <ListView  // 使用 ListView 进行数据的绑定显示
14.         dataSource={this.state.dataSource}
15.         renderRow={(rowData) => <Text>{rowData}</Text>}
16.       />
17.     );
18.   }
19. }
```

在构造函数中进行 ListView 数据源的初始化操作。ListView 数据源为一个数据数组，通过定义 renderRow 回调函数进行 ListView 中每一行数据的解析绑定操作，传递的参数为数据源中的每一行数据。

当然你也可以给 ListView 的每一组数据定义一个固定的头部描述，这样当数据很多时，用户在滚动数据时，可以清楚地知道目前数据所属的分组信息，此功能在通讯录、城市选择等功能中常用，如在滚动选择城市时，可以清楚地看到目前所在的省份信息，如图 8-5 所示。

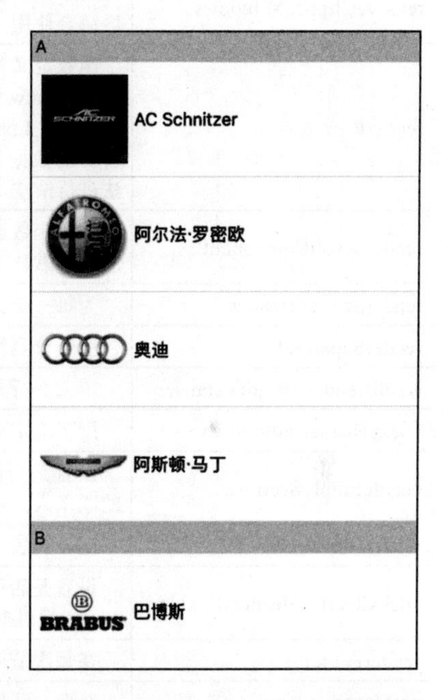

图 8-5　ListView 的头部分组标题功能

在为 ListView 定义数据源时，可以定义数据源的 rowHasChanged 事件函数，此函数通过逻辑判断告诉 ListView 是否需要重绘这一行数据，这样可以大大提高 ListView 渲染数据的效率，特别是在数据源非常大的时候。当然也可以通过限制渲染频率的方式提高 ListView 的渲染效率。

ListView 除了继承了所有 ScrollView 的属性，还有其特定的属性与函数事件定义，参见表 8-1。

表 8-1　ListView 属性及描述

属　性	描　述
dataSource	类型为 ListViewDataSource，为 ListView 提供绑定列表的数据源
initialListSize	通过此属性，我们可以定义即使一次从 API 中加载了多条数据，也可以通过此属性定义 ListView 只渲染加载指定的条数，而确保 ListView 只渲染用户所见的首屏，从而提高 App 的运行效率与用户体验

（续）

属 性	描 述
onChangeVisibleRows	此函数定义了当 ListView 可见的行变化的时候进行事件的回调。函数定义为 (visibleRows, changedRows)=>void，visibleRows 表示了所有的可见行，changedRows 表示了所有的可见性状态改变的行，changedRows 中通过 True 和 False 控制行的可见性
onEndReachedThreshold	触发 onEndReached 事件函数的阈值，单位为像素
onEndReached	当列表滚动到底部，距离底部不足 onEndReachedThreshold 设置的像素值时，此事件函数会被调用。原生的滚动事件会被当作参数进行传递
pageSize	用于定义每次事件循环渲染的行数
removeClippedSubviews	用于大列表滚动的性能优化，在行容器添加了 overflow: 'hidden' 样式后结合使用。此属性默认启用
renderRow	函数定义为 (rowData, sectionID, rowID, highlightRow) => renderable，从 ListView 设置的数据源中获得一条数据供 ListView 进行行数据的渲染绑定，ListView 可以通过调用 highlightRow(sectionID, rowID) 设置某一行的数据高亮。需要清空高亮状态，可以调用 highlightRow(null) 方法进行清空
renderScrollComponent	指定函数返回一个可以滚动的组件，ListView 将会在该组件内部进行渲染。默认情况下会返回一个包含指定属性的 ScrollView
renderSectionHeader	为每一个分组数据渲染一个固定的头部标题
renderSeparator	渲染分隔符，除了固定标题的最后一行不渲染
scrollRenderAheadDistance	定义一行元素在屏幕中显示了多少像素时开始渲染这一行
stickyHeaderIndices	用于决定哪些数据项会在滚动之后固定在屏幕顶端
enableEmptySections	设置是否渲染空数据项的标题，如联系人列表中没有 V 这个姓开头的联系人，可以设置不显示 V 这个列表标题项
renderHeader	渲染列表头部的事件函数
stickySectionHeadersEnabled	设置是否固定列表的头部标题，在 ListView 组件设置了 horizontal = {true} 属性时不起作用。此属性只在 iOS 平台有效
renderFooter	在每次渲染过程中都进行渲染页脚
getMetrics	获取一些用于性能分析的数据
scrollTo	滚动到指定的 x 与 y 偏移处，可以指定是否加上过渡动画
scrollToEnd	滚动到列表的最下面，如果是横向布局那么就滚动到最右边
flashScrollIndicators	短暂地显示一下滚动标识

8.4 React Native 网络请求与列表绑定方案

下面我们就通过结合 Fetch API 以及 React Native 框架中的列表组件，通过代码实战的形式进行这两个重要知识点的学习。

首先我们使用豆瓣的公开 API，获取目前正在上映的 20 部电影的信息。豆瓣 API 地址为：https://api.douban.com/v2/movie/in_theaters?count=20，API 接口返回的 JSON 数据如下所示：


```
⊟{
    "count":20,
    "start":0,
    "total":39,
    "subjects":⊟[
        ⊟{
            "rating":⊟{
                "max":10,
                "average":7.9,
                "stars":"40",
                "min":0
            },
            "genres":⊟[
                "剧情",
                "音乐"
            ],
            "title":"神秘巨星",
            "casts":⊟[
                ⊟{
                    "alt":"https://movie.douban.com/celebrity/1373292/",
                    "avatars":⊟{
                        "small":"https://img3.doubanio.com/view/celebrity/s_ratio_celebrity/public/p1494080264.12.webp",
                        "large":"https://img3.doubanio.com/view/celebrity/s_ratio_celebrity/public/p1494080264.12.webp",
                        "medium":"https://img3.doubanio.com/view/celebrity/s_ratio_celebrity/public/p1494080264.12.webp"
                    },
                    "name":"塞伊拉·沃西",
                    "id":"1373292"
                },
                ⊟{
                    "alt":"https://movie.douban.com/celebrity/1383897/",
                    "avatars":⊟{
                        "small":"https://img1.doubanio.com/view/celebrity/s_ratio_celebrity/public/p1510229457.27.webp",
                        "large":"https://img1.doubanio.com/view/celebrity/s_ratio_celebrity/public/p1510229457.27.webp",
                        "medium":"https://img1.doubanio.com/view/celebrity/s_ratio_celebrity/public/p1510229457.27.webp"
                    },
                    "name":"梅·维贾",
                    "id":"1383897"
                },
                ⊟{
                    "alt":"https://movie.douban.com/celebrity/1031931/",
                    "avatars":⊟{
                        "small":"https://img1.doubanio.com/view/celebrity/s_ratio_celebrity/public/p13628.webp",
                        "large":"https://img1.doubanio.com/view/celebrity/s_ratio_celebrity/public/p13628.webp",
                        "medium":"https://img1.doubanio.com/view/celebrity/s_ratio_celebrity/public/p13628.webp"
                    },
                    "name":"阿米尔·汗",
                    "id":"1031931"
```


在此示例代码中，将采用组件开发的思想，首页加载 4 个 Tab，每一个 Tab 加载对应的页面组件。这里的列表加载在第一个 Tab 中，组件定义为 Home，在项目中建立的文件名为 home.js。

> 完整代码在本书配套源码的 08-03 文件夹。

```
1. /**
2.  * 章节: 08-03
3.  * App.js 定义了项目的大结构，使用 4 个 Tab 进行布局。
4.  * FilePath: /08-03/ListDemo/App.js
```

```
5.  * @Parry
6.  */
7.
8. import React, {Component} from 'react';
9. import {Platform, StyleSheet, Text, View, Image} from 'react-native';
10. import TabNavigator from 'react-native-tab-navigator';
11. import HomePage from './home';
12.
13. export default class App extends Component < {} > {
14.
15.   state = {
16.     selectedTab: 'home'
17.   };
18.
19.   _renderContent = (color : string, index : string) => {
20.     switch (index) {
21.       case "home":
22.         return (<HomePage/>);
23.     }
24.   };
25.
26.   render() {
27.     return (
28.       <TabNavigator>
29.         <TabNavigator.Item
30.           selected={this.state.selectedTab === 'home'}
31.           title="首页"
32.           renderIcon={() => <Image
33.           style={{
34.           width: 25,
35.           height: 25
36.         }}
37.           source={require('./flux.png')}/>}
38.           renderSelectedIcon={() => <Image
39.           style={{
40.           width: 25,
41.           height: 25
42.         }}
43.           source={require('./relay.png')}/>}
44.           onPress={() => this.setState({selectedTab: 'home'})}>
45.           {this._renderContent('#FFFFFF', 'home')}
46.         </TabNavigator.Item>
47.
48.         ...... //此处省略了其他三个 Tab 的定义
```

```
49.                    //完整代码在书籍的配套源码中
50.
51.         </TabNavigator>
52.       );
53.     }
54. }
```

上面这段代码为 App.js 的主要逻辑，注意在代码的第 11 行导入外部 Home 组件的方法，以及针对之前 Tab 组件章节的逻辑修改了加载对应组件的方法，主要为代码第 20 行的部分。

```
1. /**
2.  * 章节: 08-03
3.  * home.js 定义了第一个 Tab 加载的页面组件，用于加载豆瓣电影列表
4.  *          同时演示了 ListView 绑定方法
5.  * FilePath: /08-03/ListDemo/home.js
6.  * @Parry
7.  */
8.
9. import React, {Component} from 'react';
10. import {
11.   Platform,
12.   StyleSheet,
13.   Text,
14.   View,
15.   Image,
16.   ListView,
17.   SafeAreaView
18. } from 'react-native';
19.
20. export default class HomePage extends Component < {} > {
21.
22.     constructor(props) {
23.       super(props);
24.       this.state = {
25.         dataSource: new ListView.DataSource({ //定义数据源
26.           rowHasChanged: (row1, row2) => row1 !== row2
27.         }),
28.         loaded: false
29.       };
30.     }
31.
32.     componentDidMount() {
33.       this.fetchData(); //开始请求数据
```

```
34.     };
35.
36.     fetchData() {
37.     fetch("https://api.douban.com/v2/movie/in_theaters").then((response)
          => response.json()).then((responseData) => {
38.       this.setState({
39.         dataSource: this
40.           .state
41.           .dataSource
42.           .cloneWithRows(responseData.subjects), //读取返回的所有电影数据
43.         loaded: true
44.       });
45.     }).done();
46.   };
47.
48.   render() {
49.     return (
50.       <View style={styles.container}>
51.         <ListView automaticallyAdjustContentInsets={false} //此选项可
            以修复掉会自动多出来的大约 10px 的空行
52.                   dataSource={this.state.dataSource} renderRow=
                        {this._renderRow}/>
53.       </View>
54.     );
55.   };
56.
57.   _renderRow(rowData, sectionID, rowID) {
58.     return (
59.       <SafeAreaView>
60.         <View style={styles.row}>
61.           <Image
62.             style={styles.thumb}
63.             source={{
64.             uri: rowData.images.large
65.           }}/>
66.           <View style={styles.texts}>
67.             <Text style={styles.textTitle}>
68.               {rowData.title}
69.             </Text>
70.             <Text style={styles.textTitle}>
71.               年份：{rowData.year}
72.             </Text>
73.             <Text style={styles.textTitle}>
74.               豆瓣评分：{rowData.rating.average}
```

```
75.           </Text>
76.          </View>
77.        </View>
78.        <View style={styles.separator}/>
79.      </SafeAreaView>
80.    );
81.  };
82. }
83.
84. var styles = StyleSheet.create({
85.   container: {
86.     flex: 1
87.   },
88.   row: {
89.     flexDirection: 'row',
90.     padding: 10
91.   },
92.   separator: {
93.     height: 1,
94.     backgroundColor: '#EEEEEE'
95.   },
96.   thumb: {
97.     width: 60,
98.     height: 80,
99.     borderRadius: 2
100.      },
101.      textTitle: {
102.        flex: 1,
103.        textAlign: "left",
104.        paddingLeft: 10,
105.        fontWeight: "bold",
106.        flexDirection: 'row',
107.        color: "#666666"
108.      },
109.      texts:{
110.        flexDirection: 'column',
111.        paddingTop: 5
112.      }
113.    });
```

上面代码为 Home 组件的实现方法，下面对代码中的一些重要逻辑做出说明：

- 代码在 17 行导入了一个新的 View 组件，SafeAreaView 用于在 iPhone X 下布局 View 而控制整个 View 安全布局于手机的可视区域中；

- 代码的第 25～27 行，定义了 ListView 的数据源，同时定义了 rowHasChanged 的逻辑；
- 代码第 32 行在生命周期 componentDidMount 中定义了从 API 中加载数据的方法；
- 代码第 36～46 行定义了从豆瓣 API 使用 Fetch API 请求数据的方法，注意对 Fetch API 返回的 Promise 对象的处理方法；
- 代码第 51 行定义了 ListView 绑定的方法，行渲染的方法为代码中第 57 行定义的方法 _renderRow；
- 代码第 57～81 行定义了列表渲染的方法，使用 View 与 Text 组件进行了列表的展示布局；
- 后续的样式定义如之前学习的一样，进行精细布局控制即可。

项目运行在 iOS 平台的效果如图 8-6 所示，Android 平台大家也可以直接下载本书配套源码在本地学习、测试与运行。

图 8-6 iOS 下的 ListView 运行效果

8.5 本章小结

列表绑定是 App 开发最常用的一个功能，你可以随手打开自己手机上的 App 就会发现许多 App 的首页都是进行了数据请求、列表绑定或列表数据刷新等动作，这也正是移动互联网的魅力所在，用户可以随时获取到最新的资讯信息。所以此章节是一个重要的章节，从底层知识点到实战代码都进行了详细地讲解与演示，希望能帮助你开发出你的 App 的首页列表组件。

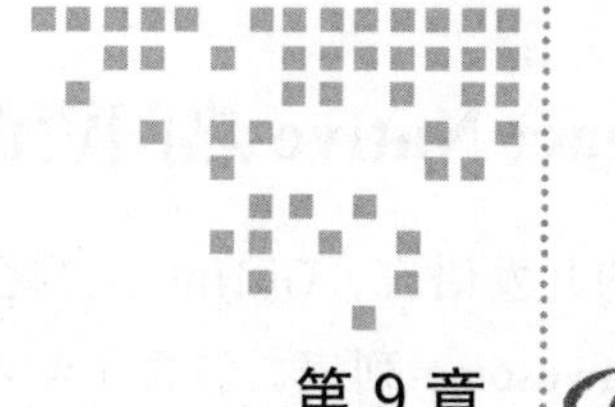

第9章 Chapter 9

常用React Native开源组件详解

提高开发效率的方法不是“造轮子”，而是学会在工具箱中快速找到可以直接使用的“轮子”。

开发的过程中，如果框架的原生组件与API不能满足功能需求，需要使用外部组件进行功能补充的时候，一般有两个方法，一个是自己独立去开发一个功能插件，另一个就是使用开源社区中已有的功能组件，甚至是商业的组件。

在React Native整个社区中全世界的开发者共享了非常多的开源组件，可以说基本已经可以覆盖了常规App开发的方方面面，这时就可以借助于React Native开源社区中的开源组件大大提高我们的开发效率，而且在使用第三方组件的过程中发现组件有改进的空间，还可以提交自己对组件的改进代码。

这里完全没有鄙视“造轮子”的行为，反而应该是鼓励大家在项目之外多多“造轮子”，这也是这个社区健康发展的基石，也是你自身技能提升方法，后续的章节我们会陆续介绍如何进行React Native与原生平台结合的组件自定义开发，教会大家在React Native平台中“造轮子”的方法。

希望大家不要参与到“是否应该造轮子”的语言之争中去，那只会让你白白浪费宝贵的时间而一无所获。建议将宝贵的时间用于钻研语言或框架中去。

本章介绍几个React Native框架中常用的第三方开源组件或资源，包括接入微信登录、美化界面、优化图表等。大家可以在开发的过程中根据自身App的功能需求，选择正确的组件辅助整个开发。

9.1 React Native 热门资源列表

很多的开发语言，GitHub 上都会有很多的热心、认真的开发人员维护着一份此语言的 awesome 列表，包含了学习此语言的相关文档、框架资源、第三方类库等等高质量资源。同样，React Native 框架也有一份长长的 awesome 列表，这里我们就简单介绍下此列表，以便帮助大家快速查阅相关内容。

GitHub 地址为：https://github.com/jondot/awesome-react-native，这里集合了 React Native 下最热门的一些资源与框架，并且已经按照功能以及热度进行了分类，当前的 Awesome React Native 列表如图 9-1 所示。

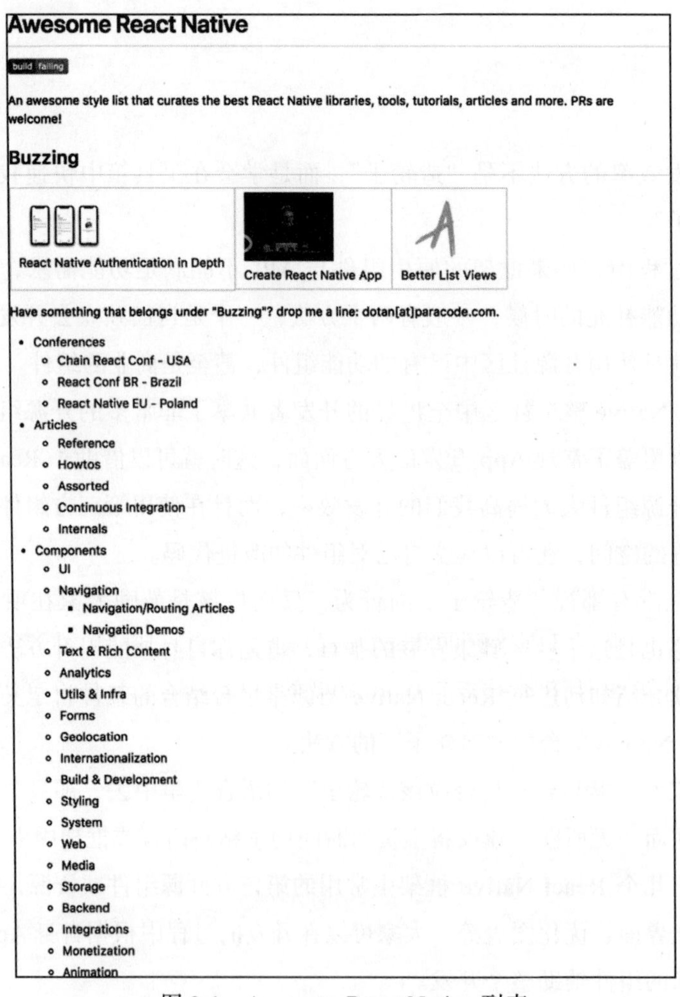

图 9-1 Awesome React Native 列表

Awesome React Native 列表中包含的资源都进行了分类，主要包含以下一些大类别资源：

- React Native 相关的线下会议
- React Native 相关的技术文章
- React Native 第三方 UI 组件
- React Native 第三方 Navigation 组件
- React Native 文本与富文本组件
- React Native App 统计与分析组件
- React Native 工具类
- React Native 表单类组件
- React Native 定位类组件
- React Native 多语言组件
- React Native 的编译与发布相关
- React Native 样式类组件与工具
- React Native 系统级别组件
- React Native Web 的组件
- React Native 媒体组件
- React Native 存储类组件
- React Native 后端类组件
- React Native 与其他平台集成的组件
- React Native 平台下的动画组件
- React Native 的工具、开源 App、入门文档、书籍、视频、博客等

每一个分类组件下都有近百个开源组件可供选择，由此也可以看到 React Native 框架的生命力，并且有一个强大的开源库作为我们开发 App 的后盾，我们应该更加有信心进行 React Native App 的开发。

希望本书起到一个引导你入门抛砖引玉的作用，React Native 框架的深度与广度也不是这一本书可以讲完的，希望大家在入门后可以继续对 React Native 框架进行深入学习研究。

9.2 React Native 接入微博、微信、QQ 登录

在 React Native App 开发中我们经常需要在用户登录模块接入 SNS 登录组件，这样会大大提高用户的注册体验。特别当一个不是刚性需求 App 推广的时候，这样会很大地降低用户体验，没有人愿意忍受输入邮箱、手机号码去注册一个账号的流程。

此组件主要解决了在 React Native 中接入微博、微信、QQ 登录的需求，并分享我在使用此登录组件过程中修复的一个 bug。

这里使用的组件是 react-native-open-share，GitHub 地址为：https://github.com/mozillo/react-native-open-share，此组件从 iOS 的 SNS 通用登录组件 OpenShare fork 出来，添加了到 React Native 的组件映射。组件作者是 Jiayao Wu，后来我在使用的过程中发现了新浪微博登录的一个 bug，下面会介绍此 bug 的原因，主要为了给大家介绍在使用第三方组件遇到问题时的解决方法。我 fork 出来后，修复了此 bug，修复后的项目在 react-native-open-share（https://github.com/ParryQiu/react-native-open-share），等待源作者 merge 进 master 中去。

通过 SNS 登录效果如图 9-2 所示。

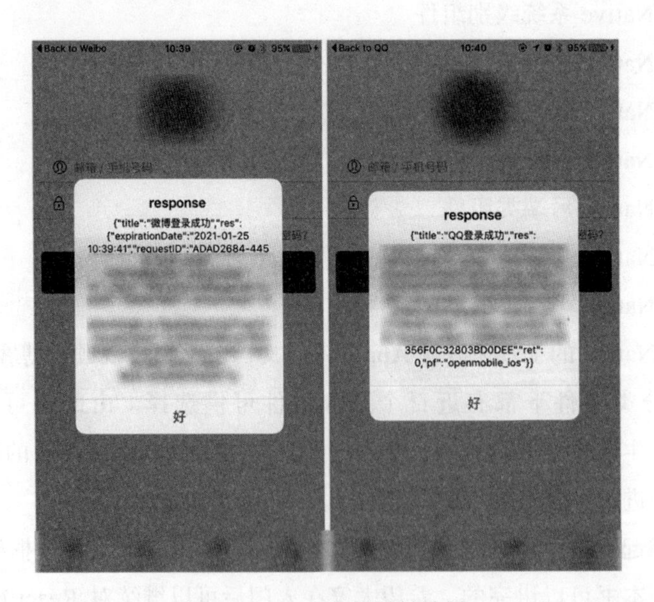

图 9-2 SNS 登录运行效果

1. 项目接入

三个平台都需要进行项目提交审核，一般都是一到两个工作日审核结束。

新浪微博、QQ 获取登录权限是免费的，微信的登录权限（以及一些其他的高级功能）需要每年缴纳 300 元人民币的费用。

平台对应的地址分别为：

新浪微博：http://open.weibo.com/

微信：https://open.weixin.qq.com/

QQ：http://open.qq.com/

2. 关于项目中 key 以及认证 URL 的设置

项目中两个地方需要设置 key，分别为 Info.plist 和 AppDelegate.m。

需要注意的是，在 Info.plist 中，key 的前面是有前缀的，按照示例程序中的添加修改即可，一定要注意。

新浪微博需要特别注意，授权回调页的 URL 需要和登录组件中的 URL 完全一致，因为 App 不涉及回调后的页面，所以只要保证两个 URL 一致并能访问即可，如图 9-3 所示。

图 9-3　微博平台的配置

组件中的 URL 地址定义在文件 SocietyLoginManager.m 中约 105 行处，如下所示。

```
104 -(void)_callWeiboLogin {
105   [OpenShare WeiboAuth:@"all" redirectURI:@"http://sns.whalecloud.com" Success:^(NSDictionary *message) {
106
107     NSMutableDictionary* data = [self change:message];
108
109     [self.bridge.eventDispatcher sendDeviceEventWithName:@"managerCallback"
110                                                     body:@{
111                                                            @"title": @"微博登录成功",
112                                                            @"res": data,
113                                                            }
```

其他没有特别需要注意的地方，按照项目接入说明接入即可。

3. React Native 中的使用

在 React Native 中通过添加三个 SNS 图标，添加上对应的方法调用即可，代码如下：

```
1. var openShare = require('react-native-open-share'); //头部导入组件
2.
3. _weiboLogin: function() {
4.       var _this = this;
5.       openShare.weiboLogin();
6.
7.       if (!_this.weiboLogin) {
8.         _this.weiboLogin = DeviceEventEmitter.addListener(
9.           'managerCallback', (response) => {
10.            AlertIOS.alert(
11.              'response',
12.              JSON.stringify(response)
13.            );
14.
15.            _this.weiboLogin.remove();
16.            delete _this.weiboLogin;
17.          }
18.        );
19.      }
20.    },
21.
22.    _qqLogin: function() {
23.      var _this = this;
24.      openShare.qqLogin();
25.
26.      if (!_this.qqLogin) {
27.        _this.qqLogin = DeviceEventEmitter.addListener(
28.          'managerCallback', (response) => {
29.            AlertIOS.alert(
30.              'response',
31.              JSON.stringify(response)
32.            );
33.
34.            _this.qqLogin.remove();
35.            delete _this.qqLogin;
36.          }
37.        );
38.      }
39.    },
40.
41.    _wechatLogin: function() {
42.      var _this = this;
43.      openShare.wechatLogin();
44.
```

```
45.        if (!_this.wechatLogin) {
46.          _this.wechatLogin = DeviceEventEmitter.addListener(
47.            'managerCallback', (response) => {
48.              AlertIOS.alert(
49.                'response',
50.                JSON.stringify(response)
51.              );
52.
53.              _this.wechatLogin.remove();
54.              delete _this.wechatLogin;
55.            }
56.          );
57.        }
58.      }
```

接入后就可以在alert中看到返回的json数据了。

4. 之前组件中存在的一个bug处理

之前的组件，在微博返回数据的时候直接使用NSDictionary进行返回了，但是微博的SDK中返回日期类型的时候会导致React Native解析json的时候报错，错误如下：

```
1. *** Terminating app due to uncaught exception 'NSInvalidArgumentException',
2. reason: 'Invalid type in JSON write (__NSDate)'
3. *** First throw call stack:
4. ...
```

主要的出错代码在文件SocietyLoginManager.m中约112行处。

所以对返回的数据增加对应的日期格式化函数，并调用即可。

主要的处理函数，相关的调用去查看源代码即可。

```
1. //处理 返回数据中的 expirationDate 值，因为值的格式有问题，转换成 string 后才
   能符合 json 的格式要求。 ********开始********
2. //Commit by Parry
3.
4. - (NSMutableDictionary*)change: (NSDictionary *)message {
5.
6.   NSMutableDictionary* data = [message mutableCopy];
7.   if ([message objectForKey:@"expirationDate"]) {
8.
9.     NSDateFormatter *dateToStringFormatter = [[NSDateFormatter alloc] init];
10.    [dateToStringFormatter setDateFormat:@"yyyy-MM-dd HH:mm:ss"];
11.
```

```
12.     NSDate *date= [data objectForKey:@"expirationDate"];
13.     NSString *strDate = [dateToStringFormatter stringFromDate:date];
14.
15.     data = [message mutableCopy];
16.
17.      [data setObject:strDate forKey:@"expirationDate"];
18.   }
19.   return data;
20.
21. }
22.
23. //处理 返回数据中的expirationDate值，因为值的格式有问题，转换成string后才能符
      合 json 的格式要求。 ********结束********
```

这样，这个 React Native 下的 SNS 登录通用组件就可以放心、完美地使用了。完整的代码在我的 GitHub 中：https://github.com/ParryQiu/react-native-open-share。

9.3 更加美观的组件库

在 React Native 的组件章节，我们学习了多个 React Native 框架的基础组件，并且在后续的组件章节我们整合了已学的组件进行了综合开发，开发了一个用户注册的功能模块，整个过程所有细节的美化都需要我们自己通过一点点的样式定义进行控制。

其实在 React Native 的第三方组件库中有很多现成的、已经将组件细节美化的非常好的功能组件，这里我们就介绍一个用于 React Native 布局的组件 React-Virgin。

React-Virgin 组件包含了如下内容：

- 直接包含了 react-navigation 功能模块，所以进行组件之间的跳转也完全不需要单独配置其他导航组件；
- 基本的布局组件；
- 横向布局的列表；
- 垂直布局的列表；
- 按钮；
- 页头布局；

- Grid View；
- 聊天对话气泡组件；
- 加载进度组件。

组件的使用也非常简单，在你掌握了 React Native 基本组件的使用方法后，非常容易上手，基本的使用如下代码所示：

```
<Loader message="加载中.."/>
<ButtonBordered text="按钮样式一"/>
<ButtonPrimary text="按钮样式二"/>
```

组件地址为：https://github.com/Trixieapp/react-virgin，下载组件后可以通过如下命令在本地运行查看所有组件的使用效果：

```
$ cd TrixieUiKit
$ npm install
$ react-native run-ios
```

Android 平台与 iOS 平台的运行效果如图 9-4 所示。

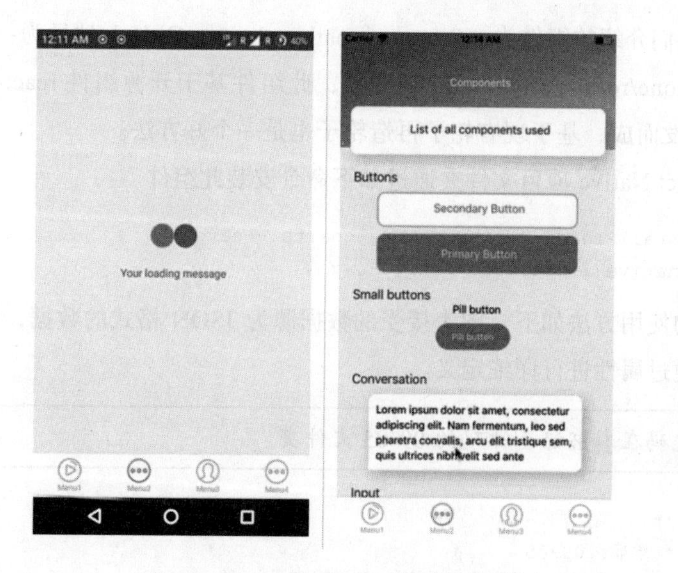

图 9-4　React-Virgin 组件运行效果

有时我们在独立开发一个 App 时，若暂时没有设计师帮助，我们可以快速地使用这些已经美化的非常好的组件进行 App 的布局，这样可以把更多的精力用于开发 App 的逻辑中去，把这些设计的工作交给更加专业的人去做就好。

9.4 React Native 图表

有时我们需要在 React Native App 中直观地展示一些数据，方法就是使用图表进行展示，如直方图、饼图、散点图、雷达图等等，如图 9-5 所示。

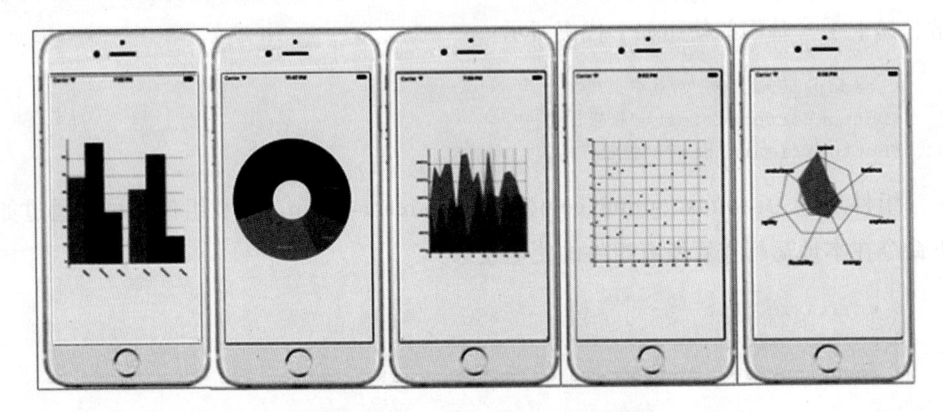

图 9-5 React Native App 中的图表

这里我们介绍的组件为 react-native-pathjs-charts，GitHub 地址为：https://github.com/capitalone/react-native-pathjs-charts，此组件基于开源组件 react-native-svg 与 paths-js 开发而成，基于现有轮子再造轮子也是一个好方法。

在 React Native 项目文件夹通过如下命令安装此组件。

```
npm install react-native-pathjs-charts --save
react-native link react-native-svg
```

基本的使用方法如下，图表接受的数据源为 JSON 格式的数据，并且饼图的色块都可以通过属性进行详细定义。

> 完整代码在本书配套源码的 09-05 文件夹。

```
1. /**
2.  * 章节: 09-05
3.  * 演示了饼图的基本使用方法
4.  *图表组件为: https://github.com/capitalone/react-native-pathjs-charts
5.  * FilePath: /09-05/PieChart.js
6.  * @Parry
7.  */
8.
9. import React, { Component } from 'react';
```

```
10. import { View, Text, StyleSheet } from 'react-native';
11.
12. import { Pie } from 'react-native-pathjs-charts'  // 导入图片组件
13.
14. const styles = StyleSheet.create({
15.   container: {
16.     flex: 1,
17.     justifyContent: 'center',
18.     alignItems: 'center',
19.     backgroundColor: '#f7f7f7',
20.   },
21. });
22.
23. class PieChartBasic extends Component {
24.   static navigationOptions = ({ navigation }) => ({
25.     title: `饼图的基本使用`,
26.   });
27.   render() {
28.     let data = [{  // 定义图片组件数据源
29.       "name": "React 用户",
30.       "users": 75433
31.     }, {
32.       "name": "React Native 用户",
33.       "users": 75653
34.     }, {
35.       "name": "Angular JS 用户",
36.       "users": 53456,
37.       "color": {'r':223,'g':154,'b':20}
38.     }, {
39.       "name": "Ionic 用户",
40.       "users": 38764
41.     }]
42.
43.     let options = {
44.       margin: {
45.         top: 20,
46.         left: 20,
47.         right: 20,
48.         bottom: 20
49.       },
50.       width: 350,
51.       height: 350,
52.       color: '#2980B9',
53.       r: 50,
54.       R: 150,
55.       legendPosition: 'topLeft',
56.       animate: {
57.         type: 'oneByOne',
```

```
58.          duration: 200,
59.          fillTransition: 3
60.        },
61.        label: {  // 定义图片组件文字样式
62.          fontFamily: 'Arial',
63.          fontSize: 14,
64.          fontWeight: true,
65.          color: '#ECF0F1'
66.        }
67.      }
68.
69.      return (
70.        <View style={styles.container}>
71.          <Pie data={data}
72.            options={options}
73.            accessorKey="users"
74.            margin={{top: 10, left: 10, right: 10, bottom: 10}}
75.            color="#2980B9"
76.            pallete={
77.              [
78.                {'r':25,'g':99,'b':201},
79.                {'r':24,'g':175,'b':35},
80.                {'r':190,'g':31,'b':69},
81.                {'r':100,'g':36,'b':199},
82.                {'r':214,'g':207,'b':32},
83.                {'r':198,'g':84,'b':45}
84.              ]
85.            }
86.            r={20}
87.            R={150}
88.            legendPosition="topLeft"
89.            label={{
90.              fontFamily: 'Arial',
91.              fontSize: 14,
92.              fontWeight: true,
93.              color: '#ECF0F1'
94.            }}
95.            />
96.        </View>
97.      )
98.    }
99. }
100.
101. export default PieChartBasic;
```

饼图的运行效果如图 9-6 所示。

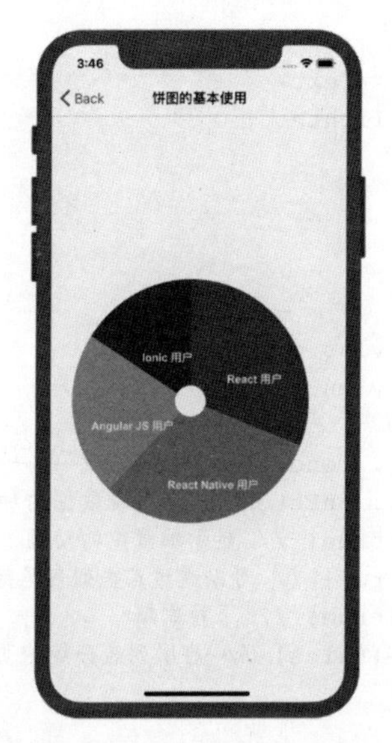

图 9-6 饼图的基本使用效果

9.5 react-native-gifted-listview

在 React Native 的网络请求与数据绑定章节我们讲解了 ListView 组件的基本使用方法，掌握了 App 中网络请求与数据绑定的方法，而 ListView 的原生功能还是稍显单薄，这里我们再介绍一个功能全面一点的 ListView，以使得开发出来的列表加载拥有更好的用户体验。

组件名称为 react-native-gifted-listview，GitHub 地址为：https://github.com/FaridSafi/react-native-gifted-listview，组件提供了 iOS 平台下的下拉刷新与 Android 平台下的点击刷新，以及列表底部加载更多组件的功能。组件还提供了加载进度条、列表无数据时的默认视图、列表页头标题等功能。

组件使用的核心代码如下所示：

```
1. ......
2.
3. _renderRowView(rowData) {
4.   return (
5.     <TouchableHighlight
6.     style={styles.row}
7.     underlayColor='#c8c7cc'
8.     onPress={() => this._onPress(rowData)}
```

```
 9.      >
10.      <Text>{rowData}</Text>
11.      </TouchableHighlight>
12.    );
13. },
14.
15. render() {
16.   return (
17.     <View style={styles.container}>
18.     <View style={styles.navBar} />
19.     <GiftedListView
20.       rowView={this._renderRowView} // 每一行渲染数据的渲染方法
21.       onFetch={this._onFetch} // 列表数据的加载
22.       firstLoader={true} // 显示加载中的动画
23.       pagination={true} // 可以通过点击列表尾部加载更多按钮无限加载数据
24.       refreshable={true} // 下拉刷新
25.       withSections={false} // 启用列表分组的页头标题
26.     />
27.     </View>
28.   );
29. }
30.
31. ......
```

在代码的第 8 行，定义了每一行的数据被点击时的处理方法，一般都会使用组件章节介绍的 Navigation 携带参数跳转到一个详情页面中去。

组件在 iOS 平台与 Android 平台的运行效果如图 9-7 所示。

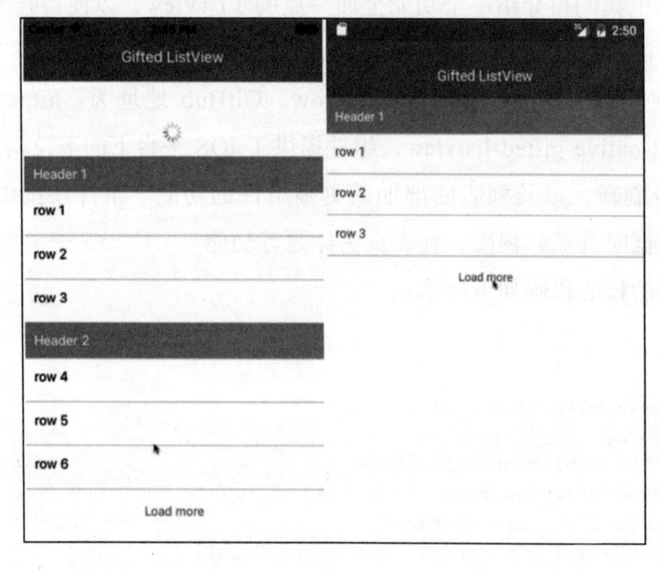

图 9-7 react-native-gifted-listview 组件的运行效果

9.6　react-native-vector-icons

之前的章节我们介绍过在独立开发 App 时，在没有设计师支持的时候，可以借助于一些已经设计得非常好的布局组件进行快速布局，以便使得 App 的整体 UI 显得比较美观。

而在 App 的开发的过程中，另一个需要经常使用的资源是图标（icon），如 App 底部的 Tab 上就需要使用图标，登录注册表单的左侧也可以使用图标表示当前表单是邮箱、手机号、密码等，如图 9-8 所示中的图标使用。

react-native-vector-icons 组件提供了几千个图标，供在 React Native App 开发时需要使用图标的场景下使用，而且这些图标都是开源的图标，你可以直接进行加载后使用。

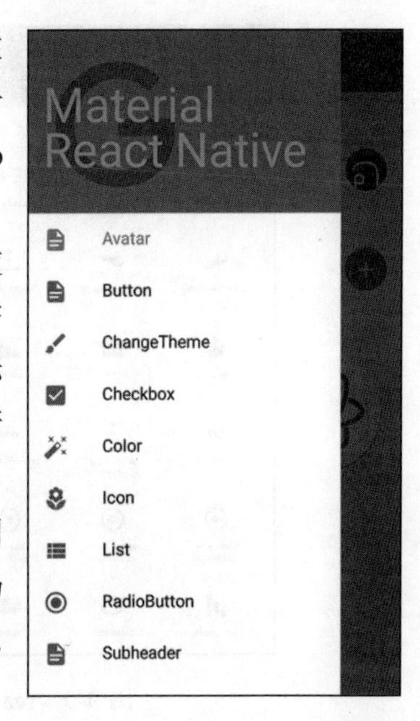

图 9-8　App 中的图标使用场景

组件的 GitHub 地址为：https://github.com/oblador/react-native-vector-icons。

react-native-vector-icons 组件包含的图标资源如下：

- Entypo（411 个图标）
- EvilIcons（v1.8.0, 70 个图标）
- Feather（v3.2.2, 240 个图标）
- FontAwesome（v4.7.0, 675 个图标）
- Foundation（v3.0, 283 个图标）
- Ionicons（v3.0.0, 859 个图标）
- MaterialIcons（v3.0.1, 932 个图标）
- MaterialCommunityIcons（v2.1.19, 2120 个图标）
- Octicons（v6.0.1, 177 个图标）
- Zocial（v1.0, 100 个图标）
- SimpleLineIcons（v2.4.1, 189 个图标）

你可以在地址 https://oblador.github.io/react-native-vector-icons/ 下直接查看并

搜索整个图标集，如图 9-9 所示。

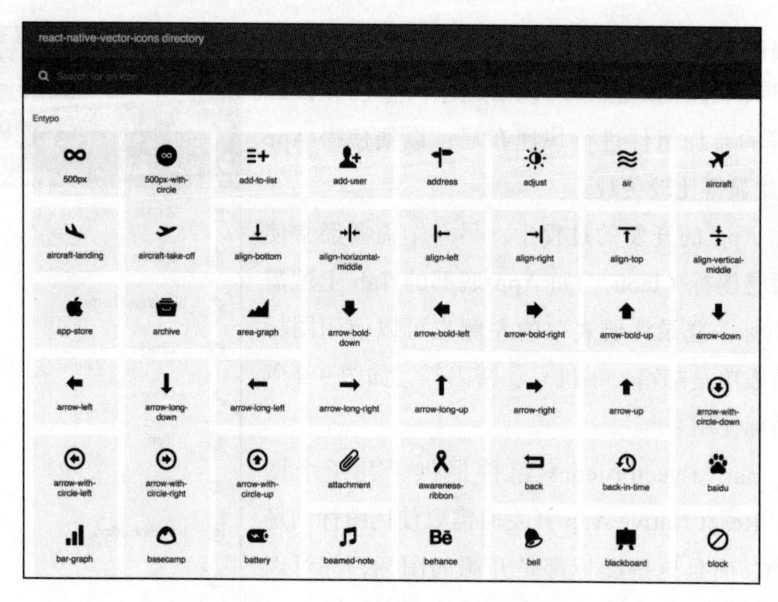

图 9-9　react-native-vector-icons 组件图标集合

1. 组件的安装

组件可以通过如下命令在项目的文件夹目录下安装：

```
npm install react-native-vector-icons --save
```

2. iOS 平台添加组件图标资源

组件在项目中安装后，需要添加资源到对应平台的项目文件中去，iOS 平台建议使用如下方法添加，从而整个过程不容易出错。

首先将项目文件夹下 node_modules/react-native-vector-icons 中的 Fonts 文件夹拖拽到 Xcode 的项目中，同时要确认 "Add to targets" 与 "Create groups" 已勾选。

同时需要在 Info.plist 文件中配置 Fonts provided by application 节点的值，该值为你需要使用的图标库名称，如下所示：

▼Fonts provided by application	Array	(4 items)
Item 0	String	FontAwesome.ttf
Item 1	String	Foundation.ttf
Item 2	String	Ionicons.ttf
Item 3	String	MaterialIcons.ttf

如果以后又新增了图标库，那么项目需要重新编译后再进行调试或打包。

3. Android平台添加组件图标资源

Android下推荐使用Gradle进行配置，需要先编辑Android项目下的android/app/build.gradle文件，添加如下配置：

apply from: "../../node_modules/react-native-vector-icons/fonts.gradle"

如果你需要像iOS平台下那样自定义App中使用哪些图标库，可以使用如下这样的配置形式：

```
1. project.ext.vectoricons = [
2.   iconFontNames: [ 'MaterialIcons.ttf', 'EvilIcons.ttf' ] //定义你需要使用的图标集
3. ]
4.
5. apply from: "../../node_modules/react-native-vector-icons/fonts.gradle"
```

4. 组件的使用

在需要使用图标的地方按照如下代码进行使用即可：

```
import Icon from 'react-native-vector-icons/FontAwesome';
const myIcon = (<Icon name="rocket" size={30} color="#900" />)
```

如需要在按钮中使用，按照如下代码进行配置即可：

```
1. import Icon from 'react-native-vector-icons/FontAwesome';
2. const myButton = (
3.   <Icon.Button name="facebook" backgroundColor="#3b5998" onPress={this.
       loginWithFacebook}>
4.     Login with Facebook
5.   </Icon.Button>
6. );
7.
8. const customTextButton = (
9.   <Icon.Button name="facebook" backgroundColor="#3b5998">
10.     <Text style={{fontFamily: 'Arial', fontSize: 15}}>Login with
          Facebook</Text>
11.   </Icon.Button>
12. );
```

而在我们之前介绍的组件TabBarIOS中使用的话，使用Icon.TabBarItemIOS代替了TabBarIOS.Item，按照如下代码使用即可：

```
1. import { View, Text, TabBarIOS } from 'react-native';
2. import Icon from 'react-native-vector-icons/Ionicons';
```

```
3.
4. function TabBarView(props) {
5.   return (
6.     <TabBarIOS>
7.       <Icon.TabBarItem
8.         title="Home"  // tab 标题文字
9.         iconName="ios-home-outline"  // tab图标
10.        selectedIconName="ios-home"  // tab 选中时候的图标
11.        >
12.        <View style={styles.tabContent}><Text>Home Tab</Text></View>
13.      </Icon.TabBarItem>
14.    </TabBarIOS>
15.  );
16. }
```

5. 组件属性

组件具备一些自身的属性定义，当图标与 Text、TouchableHighlight、Touchable-WithoutFeedback 组件一起使用时，具备的属性具体如下：

- color：可以直接定义图标或按钮文本的颜色；
- size：定义图标的大小；
- iconStyle：通过样式定义图标的表现；
- backgroundColor：图标用于按钮时，按钮的背景色；
- borderRadius：按钮的圆角值；
- onPress：用户单击的事件回调函数。

而与 TabBarIOS 一起使用时，Icon.TabBarItemIOS 可以定义的属性如下：

- iconName：图标名称，类似于 TabBarIOS.Item 设置的 icon 值；
- selectedIconName：TabBar Item 选定时的图标，类似于 TabBarIOS.Item 设置的 selectedIcon 值；
- iconSize：图标大小；
- iconColor：图标颜色；
- selectedIconColor：TabBar Item 选定时图标的颜色。

9.7 本章小结

这一章我们一起学习并体会到了 React Native 强大、丰富的社区资源，无穷无尽的资源永远都是你使用 React Native 这门技术开发 App 的强大后盾。最重要的还是本书的基础性章节，那些基础知识与原理学习扎实后，这些花式“兵器”就像存在于你自己的兵器库中一样，任君挑选用于 App 的高效开发，以便加快各种需求的实现。为了保持本书干货满满，我们只挑选了几个有代表性的组件进行了使用方法的讲解，其他组件的开发使用方法直接参考组件对应的说明文档即可。

第Ⅱ部分 Part 2

进　　阶

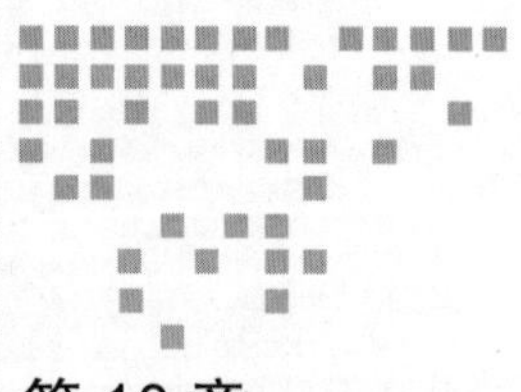

Chapter 10 第 10 章

React Native 运行原理与部署调试

本章主要讲解 React Native 框架下 App 的运行原理，以及在 iOS 平台与 Android 平台下的部署与调试方法，虽然之前的章节都有相关内容的介绍，但是本章更加深入地触及一部分原理性的东西，可以加深对 React Native 框架的了解，在后期遇到疑难问题时你自己可以快速解决。本章内容包括 React Native 运行原理、iOS 和 Android 平台部署与调试、Android 模拟器应用等。

10.1 React Native 运行原理

下面我们会深入剖析整个项目启动的过程，掌握了这些知识，才能帮助你更加深入地了解 React Native 框架的整体结构与底层实现原理。

我们首先来看 React Native 框架运行起来所依赖的几大组成部分：

- 硬件设备或模拟器，用于运行原生代码；
- Node.js 服务端，也就是 React Native Packager，负责源码的打包工作；
- Google Chrome，可以提供中间态的调试工具；
- 后台的 React Native JavaScript 代码。

1. React Native Packager 实现原理

当我们在启动 iOS 或 Android 项目时，React Native 框架会自动启动 React Native

Packager 控制台来进行监听与打包，而手动启动的方法为在项目文件夹下运行命令 npm start 即可，如图 10-1 所示。

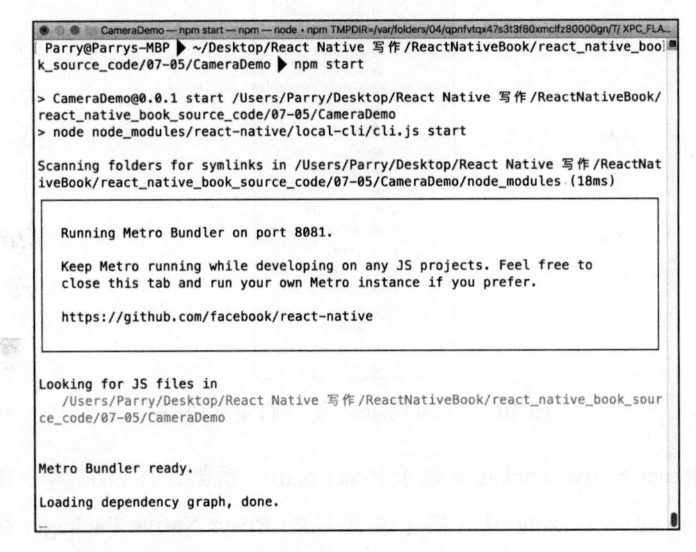

图 10-1　手动运行 React Native Packager

在控制台的输出中，我们可以看到调用执行的正式代码，或者去 package.json 文件中查看 start 命令的定义，如下代码的第 6 行所示：

```
1. {
2.   "name": "CameraDemo",
3.   "version": "0.0.1",
4.   "private": true,
5.   "scripts": {
6.     "start": "node node_modules/react-native/local-cli/cli.js start",
7.     "test": "jest"
8.   },
9. ......
```

而在 react-native/local-cli 文件夹中，你可以看到我们常用的 react-native 命令的实现源码，这部分源码是深入理解与学习的好资料，这里因为书籍篇幅问题我们不再展开讲解，大家如果需要非常深入地研究 React Native 框架，可以直接去查看这部分内容。

react-native/local-cli 文件夹结构如图 10-2 所示，可以看到如 init、run-ios、run-android 等命令的代码实现文件夹。

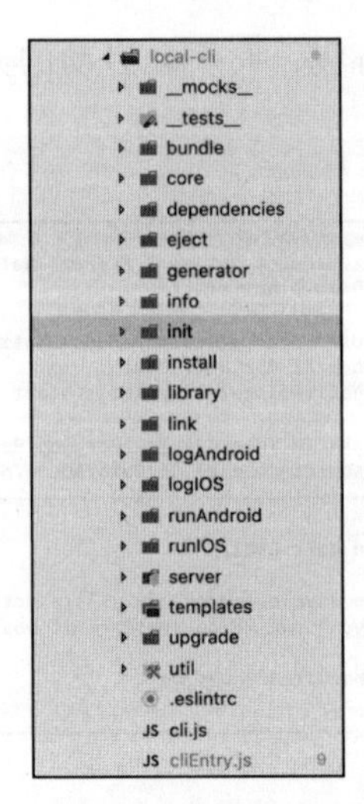

图 10-2 react-native 命令行定义源码

原本的 React Native Packager 属于 React Native 框架，在 2017 年，React Native 团队在 GitHub 的一个 issue 中征集了意见后将 React Native Packager 移动到了一个单独的代码仓库中了，讨论帖参见：https://github.com/face-book/react-native/iss-ues/13976，其中可以看到整个讨论的过程，也是一个学习的好资料。独立后的项目名为 metro，GitHub 地址为：https://git-hub.com/facebook/metro。

2. React Native Packager 端口设置

有时我们在运行 React Native Packager 的时候会遇到如图 10-3 所示的情况，这是因为你本地的其他应用程序占用了 React Native Packager 的默认端口 8081，我们需要关闭占用该端口的应用程序后再次运行 react-native start 命令启动 React Native Packager。

```
$ react-native start
   Running packager on port 8081.

   Keep this packager running while developing on any JS projects. Feel
   free to close this tab and run your own packager instance if you
   prefer.

   https://github.com/facebook/react-native

Looking for JS files in
   c:\projects\reactjs\testproj

[3:40:59 PM] <START> Building Dependency Graph
[3:40:59 PM] <START> Crawling File System
[3:40:59 PM] <START> Loading bundles layout
[3:40:59 PM] <END>   Loading bundles layout (1ms)
 ERROR  Packager can't listen on port 8081
Most likely another process is already using this port
Run the following command to find out which process:

   lsof -n -i4TCP:8081

You can either shut down the other process:

   kill -9 <PID>

or run packager on different port.

See http://facebook.github.io/react-native/docs/troubleshooting.html
for common problems and solutions.
```

图 10-3 端口占用

或者可以使用命令 react-native start --port=8088 指定端口号进行运行，后面的端口号可以自行指定。

3. 初始化错误时的处理

在初始化项目时，因为客户端各种环境的差异可能会出现各种各样的错误，这时我们可以通过初始化命令 react-native init --verbose 进行项目的初始化，控制台就会输出详细的加载以及错误信息，后期可以根据这些信息进行调试或到社区提问，以便快速定位问题所在。

4. 对应平台加载的 JavaScript 文件

目前我们都是在调试的状态运行与测试 App 项目，所以项目加载的 JavaScript 文件都是动态编译后在 React Native Packager 中以一个服务器的形式为 App 提供需要加载的 JavaScript 文件提供服务，如图 10-4 所示，不同平台与不同开发环境下，React Native Packager 会编译 App 的入口文件为最终的打包文件供 App 使用。

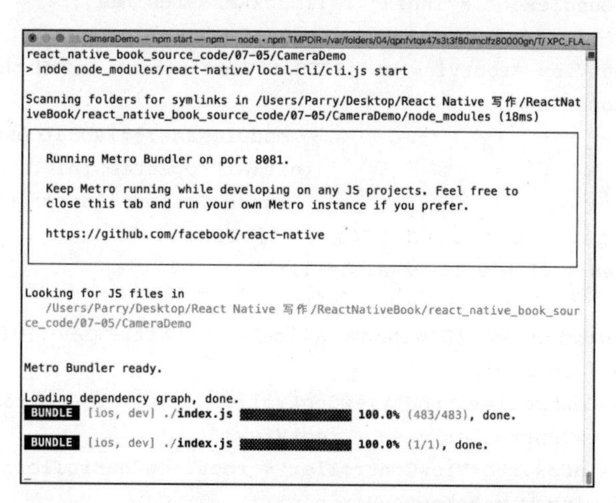

图 10-4　React Native Packager 提供代码动态编译

在 React Native 生成 iOS 平台与 Android 平台对应的项目源码中，我们可以看到加载对应资源的入口定义。

iOS 平台的资源文件加载入口文件为 AppDelegate.m，对应的代码定义如下：

```
1. /**
2.  * Copyright (c) 2015-present, Facebook, Inc.
3.  * All rights reserved.
4.  *
```

```
5.  * This source code is licensed under the BSD-style license found in the
6.  * LICENSE file in the root directory of this source tree. An additional grant
7.  * of patent rights can be found in the PATENTS file in the same directory.
8.  */
9.
10. #import "AppDelegate.h"
11.
12. #import <React/RCTBundleURLProvider.h>
13. #import <React/RCTRootView.h>
14.
15. @implementation AppDelegate
16.
17. - (BOOL)application:(UIApplication *)application didFinishLaunchingWi
      thOptions:(NSDictionary *)launchOptions
18. {
19.   NSURL *jsCodeLocation;
20.
21.   jsCodeLocation = [[RCTBundleURLProvider sharedSettings] jsBundleURL
        ForBundleRoot:@"index" fallbackResource:nil];
22.
23.   RCTRootView *rootView = [[RCTRootView alloc] initWithBundleURL:jsCo-
        deLocation
24.                                   moduleName:@"TabBarComponentAndroid"
25.                                 initialProperties:nil
26.                                   launchOptions:launchOptions];
27.   rootView.backgroundColor = [[UIColor alloc] initWithRed:1.0f
        green:1.0f blue:1.0f alpha:1];
28.
29.   self.window = [[UIWindow alloc] initWithFrame:[UIScreen mainSc-
        reen].bounds];
30.   UIViewController *rootViewController = [UIViewController new];
31.   rootViewController.view = rootView;
32.   self.window.rootViewController = rootViewController;
33.   [self.window makeKeyAndVisible];
34.   return YES;
35. }
36.
37. @end
```

Android平台的资源加载入口文件为MainApplication.java，对应的代码定义如下：

```
1. package com.tabbarcomponentandroid;
2.
3. import android.app.Application;
4.
```

```
5. import com.facebook.react.ReactApplication;
6. import com.facebook.react.ReactNativeHost;
7. import com.facebook.react.ReactPackage;
8. import com.facebook.react.shell.MainReactPackage;
9. import com.facebook.soloader.SoLoader;
10.
11. import java.util.Arrays;
12. import java.util.List;
13.
14. public class MainApplication extends Application implements ReactApplication {
15.
16.   private final ReactNativeHost mReactNativeHost = new ReactNative-
        Host(this) {
17.     @Override
18.     public boolean getUseDeveloperSupport() {
19.       return BuildConfig.DEBUG;
20.     }
21.
22.     @Override
23.     protected List<ReactPackage> getPackages() {
24.       return Arrays.<ReactPackage>asList(
25.           new MainReactPackage()  // 包定义
26.       );
27.     }
28.
29.     @Override
30.     protected String getJSMainModuleName() {
31.       return "index";
32.     }
33.   };
34.
35.   @Override
36.   public ReactNativeHost getReactNativeHost() {
37.     return mReactNativeHost;
38.   }
39.
40.   @Override
41.   public void onCreate() {
42.     super.onCreate();
43.     SoLoader.init(this, /* native exopackage */ false);
44.   }
45. }
```

而在正式的 App 发布时，我们应该将 JavaScript 文件打包成一个静态文件后随着

App 一起打包，这样用户打开 App 时，App 只需要从设备的本地加载资源文件即可。

接下来我们会分开介绍如何将两个平台，iOS 平台与 Android 平台独立运行在真机上，而不需要从 React Native Packager 中获取文件。

而最终如何生成 App 文件并上架到对应平台的应用商店，我们在后续的打包与应用程序上架章节会有详细地理论与实战讲解。

10.2 iOS 平台部署与调试

我们在之前的章节学习中，涉及在 iOS 平台下的运行方法都是使用 Xcode 打开生成的 Xcode 项目文件，然后点击运行按钮将 App 在 iOS 设备的模拟器中运行起来。

其实我们还可以直接通过命令行使用 React Native CLI 直接运行 App 到模拟器中去。对应的命令为：

```
react-native run-ios
```

当然你还可以通过命令指定对应的设备，命令为：

```
react-native run-ios --simulator="iPhone X"
```

通过命令 xcrun simctl list devices 可以获取到 Xcode 下所有可用的设备列表，如图 10-5 所示。

```
CameraDemo — Parry@Parrys-MBP — ..05/CameraDemo — -zsh — 138×40
✘ Parry@Parrys-MBP ▶ ~/Desktop/React Native 写作/ReactNativeBook/react_native_book_source_code/07-05/CameraDemo ▶ xcrun simctl list devic
es
== Devices ==
-- iOS 11.2 --
    iPhone 5s (62E1DC40-D315-4756-94C8-F0BF3643015E) (Shutdown)
    iPhone 6 (352CE59D-345F-4FC5-B799-322788DD3BF1) (Shutdown)
    iPhone 6 Plus (DA9E3B26-0358-492F-B9D0-9013124CF11B) (Shutdown)
    iPhone 6s (18203397-9893-4578-BCD9-873BC717FC02) (Shutdown)
    iPhone 6s Plus (E75DDEFE-2407-4176-A277-9362469A6790) (Shutdown)
    iPhone 7 (A1B0AF9D-24A7-4819-BF7B-B730BC642DDA) (Shutdown)
    iPhone 7 Plus (EA31CCDB-C0BD-4DAE-B8CE-3FF7E1856197) (Shutdown)
    iPhone 8 (8701EC9D-1461-42C2-9700-70C0C9651EBF) (Shutdown)
    iPhone 8 Plus (9377A11A-4201-43A1-914E-7C4A58040E06) (Booted)
    iPhone SE (871A835C-A145-49C9-A41D-89F33CC2A208) (Shutdown)
    iPhone X (FDD6F43A-1A76-4FB8-B029-B9524D4E49E6) (Shutdown)
    iPad Air (9A63E355-F7DE-4FC2-B8D1-629AAA3FC4E8) (Shutdown)
    iPad Air 2 (7EA459EE-31F6-4838-B863-B6072C322703) (Shutdown)
    iPad (5th generation) (506562B0-CDF3-4D68-9076-19C527D7A584) (Shutdown)
    iPad Pro (9.7-inch) (ABAC0656-09D9-4D5D-B8A4-DF051E8E1B17) (Shutdown)
    iPad Pro (12.9-inch) (DEAF9C6A-6640-4ECD-92E8-66736A7FF5F2) (Shutdown)
    iPad Pro (12.9-inch) (2nd generation) (5B5C66E1-A268-4AE9-8342-A8509E9C71A2) (Shutdown)
    iPad Pro (10.5-inch) (B27998B5-B848-4D4B-AB54-B3499877BA22) (Shutdown)
-- tvOS 11.2 --
    Apple TV (A2091D9D-423F-48D1-9A4D-89927271388F) (Shutdown)
    Apple TV 4K (4C321AB3-BD7D-4E18-B020-811EB41081F6) (Shutdown)
    Apple TV 4K (at 1080p) (0DB9B3F8-1DBE-4115-B127-D3D5AFD35C6A) (Shutdown)
-- watchOS 4.2 --
    Apple Watch - 38mm (E45C2E2B-607A-4CB7-917A-DE73742B089A) (Shutdown)
    Apple Watch - 42mm (D9D5394F-1443-47C7-A8F8-EF05A54DC01C) (Shutdown)
    Apple Watch Series 2 - 38mm (E11FA8CB-AB8E-499D-852E-F251E76B15CF) (Shutdown)
    Apple Watch Series 2 - 42mm (67DA895F-4BD2-49E2-9119-80A53F0A15E1) (Shutdown)
    Apple Watch Series 3 - 38mm (68DE8D65-93E1-4FF6-A376-231F87F5436A) (Shutdown)
    Apple Watch Series 3 - 42mm (10DCAB3D-6B43-40E7-A5E9-7ECCBB8FD460) (Shutdown)
-- Unavailable: com.apple.CoreSimulator.SimRuntime.iOS-10-0 --
    iPhone 5 (AFD0A172-DAAA-46BD-9115-C849C2BB61AB) (Shutdown) (unavailable, runtime profile not found)
    iPhone 5 (9535CFDD-62D6-4777-BA7A-D82445D40C1F) (Shutdown) (unavailable, runtime profile not found)
    iPhone 5 (08EAC4D5-5B18-40E7-9F63-DA76F2C3E997) (Shutdown) (unavailable, runtime profile not found)
    iPhone 5 (47760B29-BF24-47F4-A4A8-EEAF474A54D7) (Shutdown) (unavailable, runtime profile not found)
    iPhone 5s (40DBE2F7-31BF-4D04-A52D-ACB82130A254) (Shutdown) (unavailable, runtime profile not found)
    iPhone 5s (C37D6594-E2F3-4FB0-912E-AD6A545485E6) (Shutdown) (unavailable, runtime profile not found)
```

图 10-5 React Native CLI 列出所有可用的 iOS 设备

下面我们将学习如何直接在一台 iOS 真机上运行 App 以及打包相关的资源。

1. 连接真机设备

首先使用 Xcode 打开 React Native 生成的 .xcodeproj 项目文件，然后使用数据线连接你的 iPhone 手机，同时需要真机在提示“是否信任你的电脑”时选择确定正确连接后，在 Xcode 的界面中可以通过单击设备的下拉表单选择连接上的真机设备，如图 10-6 所示。

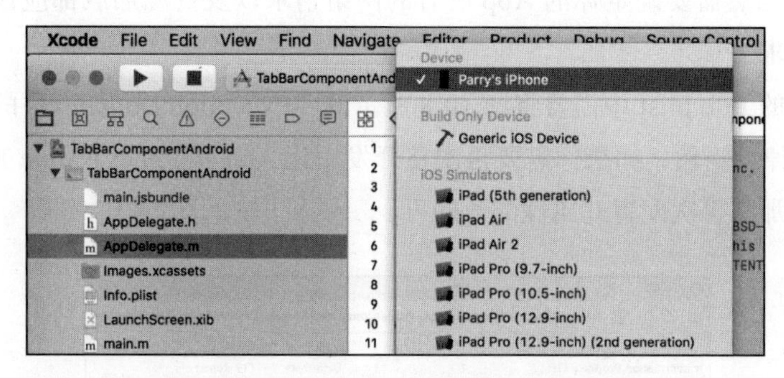

图 10-6　Xcode 中选择连接的真机设备

2. 配置代码签名

在你注册好了 Apple 的开发者账号，并在 Xcode 中登录了开发者账号后，在打开的项目中依次点击“General”Tab 下的“Signing”中的“Team”下拉列表，选择你登录的 Apple 开发者账号，并勾选“Automatically manage signing”单选框，如图 10-7 所示。

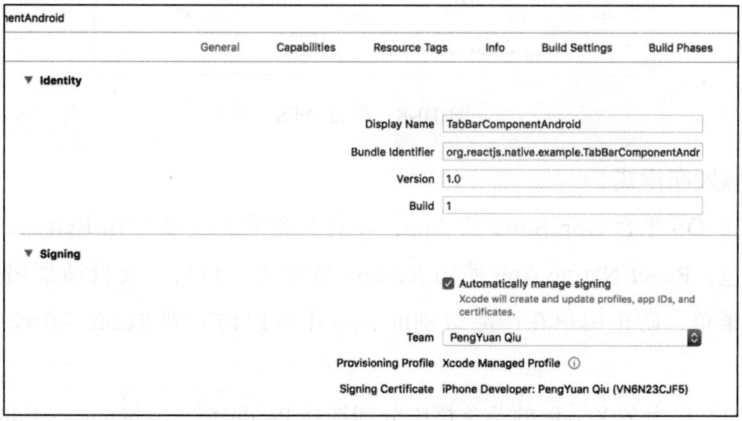

图 10-7　配置 iOS 项目自动签名

3. 启用 iOS 应用的 ATS（App Transport Security）

ATS 是 iOS 9+ 中的一个安全特性，其规定了 iOS 系统会拒绝所有的 HTTP 请求，而只接受 HTTPS 请求，当然我们 React Native Packager 是没有证书提供的 HTTP 服务器，所以 iOS 系统会将请求阻止，所以我们有时需要在真机上直接进行测试开发，需要禁用掉 ATS 以便真机上直接可以从 React Native Packager 加载资源。

而在我们打包 App 时，需要重新启用 ATS 以便后续提交到 Apple 进行 App 的审核，这里当然需要确定你的 App 所有的网络请求以及资源加载都应该从 HTTPS 的资源中请求。

在项目的 Info.plist 中需要将图 10-8 所示的“Exception Domains”的值“localhost”删除掉，当然，如果你需要再次在开发中让 App 从 React Native Packager 中加载资源，那么再次配置此属性的值即可。

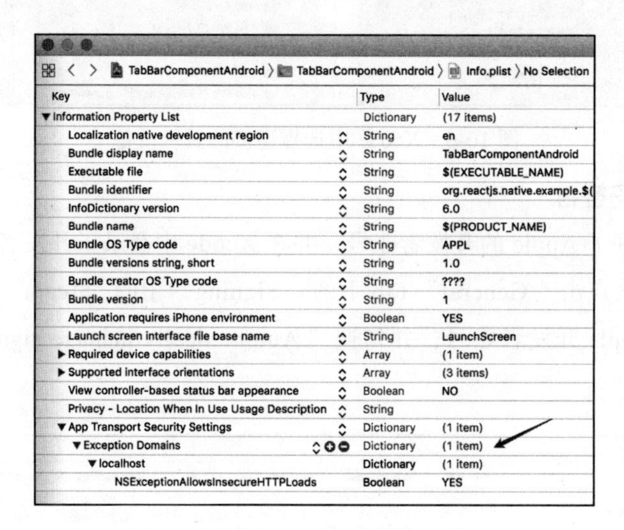

图 10-8　配置 ATS

4. 配置发布模式

上架到 iOS 平台 App Store 的 App，在打包部署时需要使用 Release 的模式进行部署打包，React Native App 使用 Release 的模式打包后，会自动禁用掉 App 中的开发者菜单，防止用户在产品级别的 App 中可以访问到 React Native 的开发者菜单。

配置的方法为在 Xcode 的菜单栏中分别选择 Product → Scheme → Edit Scheme，

打开如图 10-9 所示的界面，在“Build Configuration”的下拉列表中选择“Release”选项。

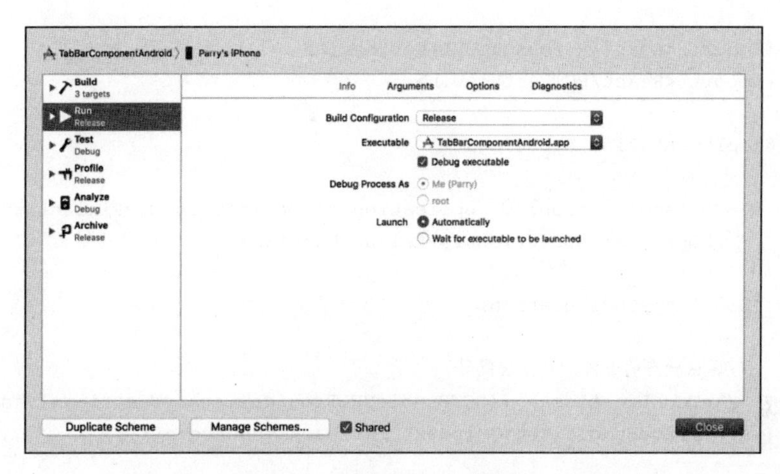

图 10-9 配置发布的 Scheme

5. 将资源文件静态化打包

在调试开发时，React Native 加载 JavaScript 文件是从 React Native Packager 中动态加载的，每当我们修改了 JavaScript 文件保存后，React Native Packager 都会自动重新打包编译。在发布的 App 中应该直接从设备中加载最终编译完毕的、不再修改的 JavaScript 文件。

让 React Native 框架完成静态 JavaScript 文件的打包，需要进行如下配置。

首先我们需要将之前介绍的 AppDelegate.m 文件中的 jsCodeLocation 参数配置成如下值：

```
jsCodeLocation = [[NSBundle mainBundle] URLForResource:@"main" withExten-
  sion:@"jsbundle"];
```

此段代码将加载的 JavaScript 代码指向了本地的静态资源文件 main.jsbundle，React Native 会将所有的 React Native 代码与图片资源打包成一个 main.jsbundle 文件。

需要注意的是，在 React Native 官方文档中，给出了一个小的性能优化的建议。当你的 main.jsbundle 文件变得很大时，在 App 加载的时候，你可能会在启动图与项目首屏之间看到一个白屏，你可以通过在 AppDelegate.m 文件中添加如下代码，使得在白屏期间一直显示 App 的启动图，从而提高用户体验。

AppDelegate.m 文件最终的代码如下，注意代码第 16 行与 30 行修改的内容。

```
1. #import "AppDelegate.h"
2.
3. #import <React/RCTBundleURLProvider.h>
4. #import <React/RCTRootView.h>
5.
6. @implementation AppDelegate
7.
8. - (BOOL)application:(UIApplication *)application didFinishLaunchingWi
     thOptions:(NSDictionary *)launchOptions
9. {
10.   NSURL *jsCodeLocation;
11.
12.   //调试状态的资源加载方法代码
13.   //jsCodeLocation = [[RCTBundleURLProvider sharedSettings] jsBundleU
        RLForBundleRoot:@"index" fallbackResource:nil];
14.
15.   //发布状态加载的资源文件
16.   jsCodeLocation = [[NSBundle mainBundle] URLForResource:@"main" with-
        Extension:@"jsbundle"];
17.   RCTRootView *rootView = [[RCTRootView alloc] initWithBundleURL:jsCo
        deLocation
18.                                               moduleName:@"TabBarComponentAndroid"
19.                                        initialProperties:nil
20.                                            launchOptions:launchOptions];
21.   rootView.backgroundColor = [[UIColor alloc] initWithRed:1.0f green:1.0f
        blue:1.0f alpha:1];
22.
23.   self.window = [[UIWindow alloc] initWithFrame:[UIScreen mainScreen].
        bounds];
24.   UIViewController *rootViewController = [UIViewController new];
25.   rootViewController.view = rootView;
26.   self.window.rootViewController = rootViewController;
27.   [self.window makeKeyAndVisible];
28.
29.   //以下三行代码处理了可能出现的白屏问题
30.   UIView* launchScreenView = [[[NSBundle mainBundle] loadNibNamed:
        @"LaunchScreen" owner:self options:nil] objectAtIndex:0];
31.   launchScreenView.frame = self.window.bounds;
32.   rootView.loadingView = launchScreenView;
33.
34.   return YES;
35. }
```

```
36.
37. @end
```

6. 编译发布运行

在 Xcode 中可以使用快捷键 B 或点击菜单栏上的 Build 按钮进行项目的编译，编译后的项目可以安装到自己的 iPhone 真机上，或者用于后续 App Store 应用程序的上架操作。

有些读者可能会有疑问，一般开发调试时使用模拟器就可以，为什么还需要在开发的过程中部署到真机上测试？这里分享一个开发过程中的技巧，如果你想开发一个自己的独立 App，建议每完成一个大的里程碑功能时，将 App 打包部署到自己的手机上，一来你在真机上体验自己开发的 App 可以促进你尽快完成 App 开发的过程；二来在真机上体验你才能从用户的角度去使用、体验 App 目前完成的功能，更加便于你思考、优化 App 的用户体验，如 iPhone X 中的很多手势操作就是在模拟器中无法体验到的。

iOS 平台下调试时，除了使用我们之前介绍的 Chrome 浏览器来调试与查看日志输出，还可以通过 Xcode 查看日志输出，并且真机如果连接了电脑的话，在调试状态也可以从 Xcode 中查看到真机中输出的日志。

查看日志的位置为 Xcode 中的输出窗口，如图 10-10 所示。

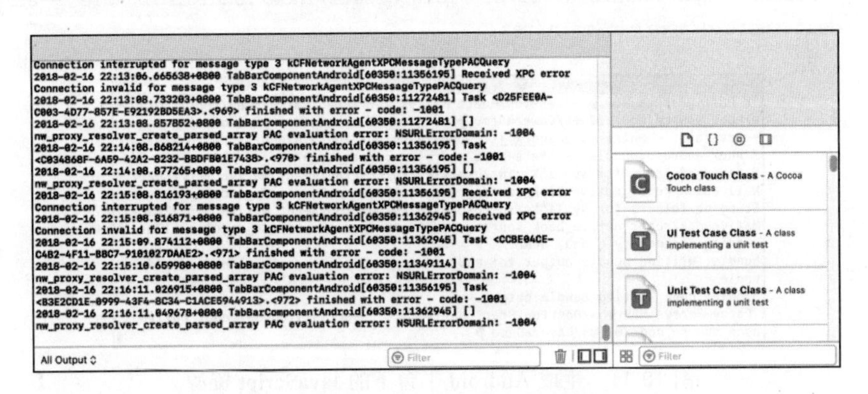

图 10-10　Xcode 的日志输出

10.3　Android 平台部署与调试

下面我们继续学习 Android 平台下的真机部署与调试的方法。

1. 连接 Android 设备

在使用数据线连接 Android 设备前，需要在你的 Android 设备上启动“USB 调试模式”，一般的开启方法为打开手机的设置，找到“关于”选项，连续点击“版本号”选项七次即可打开隐藏的调试选项菜单，每一个品牌的设备也可能不一样，可以查阅对应的文档打开“USB 调试模式”。

打开 USB 调试模式后，使用数据线连接真机设备即可。连接后你可以通过 ADB 的命令 adb devices 查看连接上的硬件设备，或直接通过 Android Studio 查看到连接上的硬件设备信息。

2. Android 离线 JavaScript 资源的打包

同 iOS 平台一样，用户最后使用版本的 App 加载 JavaScript 资源应该从设备的本地加载，而不应从 React Native Packager 中加载。

在执行生成命令前需要确认文件夹路径 android/app/src/main/assets 是否存在，一般 assets 文件夹都不存在，需要手动创建一个。

然后通过命令将 React Native 项目的 JavaScript 资源进行打包，生成供 Android 设备本地加载的资源文件，命令如下，实际执行的效果如图 10-11 所示。

```
react-native bundle --platform android --dev false --entry-file index.js
  --bundle-output android/app/src/main/assets/index.android.bundle --assets-
  dest android/app/src/main/res/
```

```
CameraDemo — Parry@Parrys-MBP — ..05/CameraDemo — -zsh — 77×14
✘ Parry@Parrys-MBP ▶ ~/Desktop/React Native 写作/ReactNativeBook/react_nativ
e_book_source_code/07-05/CameraDemo ▶ react-native bundle --platform android
--dev false --entry-file index.js --bundle-output android/app/src/main/assets
/index.android.bundle --assets-dest android/app/src/main/res/
Scanning folders for symlinks in /Users/Parry/Desktop/React Native 写作/React
NativeBook/react_native_book_source_code/07-05/CameraDemo/node_modules (16ms)
Scanning folders for symlinks in /Users/Parry/Desktop/React Native 写作/React
NativeBook/react_native_book_source_code/07-05/CameraDemo/node_modules (17ms)
Loading dependency graph, done.
bundle: Writing bundle output to: android/app/src/main/assets/index.android.b
undle
bundle: Done writing bundle output
 Parry@Parrys-MBP ▶ ~/Desktop/React Native 写作/ReactNativeBook/react_native_
book_source_code/07-05/CameraDemo ▶ _
```

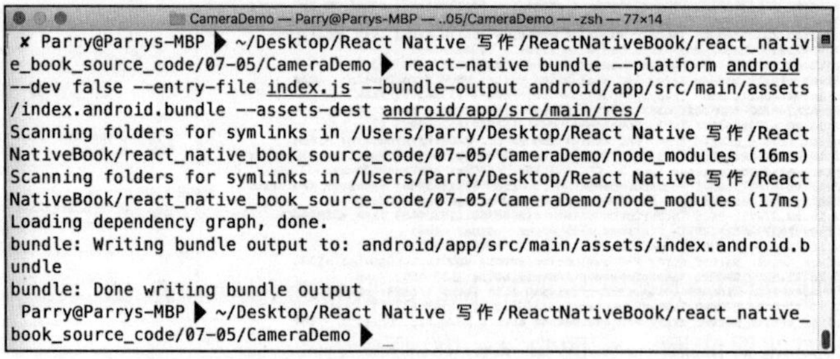

图 10-11　生成 Android 平台下的 JavaScript 资源

在命令成功执行后，可以在 Android 项目的文件夹中查看到生成的资源文件，如图 10-12 所示。

Android 项目的生成还需要通过配置 Gradle 文件进行项目的构建，配置 Gradle 构建文件的路径为 android/app/src/build.gradle。

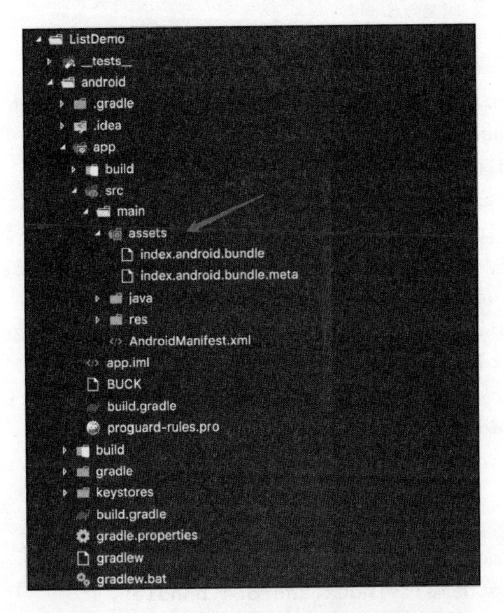

图 10-12　打包 Android 资源生成的文件

Gradle 是一个基于 Apache Ant 和 Apache Maven 概念的项目自动化建构工具。它使用一种基于 Groovy 的特定领域语言来声明项目设置，而不是用传统的 XML 语言。当前其支持的语言限于 Java、Groovy 和 Scala，计划未来将支持更多的语言。

过去 Java 开发者常用 Maven 和 Ant 等工具进行封装部署的自动化，或是两者兼用，不过这两个包兼有优缺点，如果频繁改变相依包版本，使用 Ant 相当麻烦；如果琐碎工作很多，Maven 功能不足，而且两者都使用 XML 描述，相当不利于设计 if、switch 等判断式，即使写了可读性也不佳。而 Gradle 改良了过去 Maven、Ant 带给开发者的问题，至今也成为 Android Studio 内置的封装部署工具。Gradle 的特点如下：

- 自动处理包相依关系——取自 Maven Repos 的概念。
- 自动处理部署问题——取自 Ant 的概念。
- 条件判断写法直觉——使用 Groovy 语言。

涉及 React Native App 打包的部分配置代码如下。

你也可以打开你生成的项目文件夹在其中看到这段代码，不过默认情况下是被注释掉的。

```
1. ......
```

```
2.
3. /**
4.  * The react.gradle file registers a task for each build variant (e.g.
     bundleDebugJsAndAssets
5.  * and bundleReleaseJsAndAssets).
6.  * These basically call `react-native bundle` with the correct argu-
     ments during the Android build
7.  * cycle. By default, bundleDebugJsAndAssets is skipped, as in debug/
     dev mode we prefer to load the
8.  * bundle directly from the development server. Below you can see all
     the possible configurations
9.  * and their defaults. If you decide to add a configuration block, make
     sure to add it before the
10.  * `apply from: "../../node_modules/react-native/react.gradle"` line.
11.  */
12. project.ext.react = [
13.   // the name of the generated asset file containing your JS bundle
14.   bundleAssetName: "index.android.bundle",
15.   // the entry file for bundle generation
16.   entryFile: "index.js",
17.   // whether to bundle JS and assets in debug mode
18.   bundleInDebug: false,
19.   // whether to bundle JS and assets in release mode
20.   bundleInRelease: true,
21.   // whether to bundle JS and assets in another build variant (if configured).
22.   // See http://tools.android.com/tech-docs/new-build-system/user-guide
       #TOC-Build-Variants
23.   // The configuration property can be in the following formats
24.   //         'bundleIn${productFlavor}${buildType}'
25.   //         'bundleIn${buildType}'
26.   // bundleInFreeDebug: true,
27.   // bundleInPaidRelease: true,
28.   // bundleInBeta: true,
29.   // whether to disable dev mode in custom build variants (by default only
       disabled in release)
30.   // for example: to disable dev mode in the staging build type (if configured)
31.   devDisabledInStaging: true,
32.   // The configuration property can be in the following formats
33.   //         'devDisabledIn${productFlavor}${buildType}'
34.   //         'devDisabledIn${buildType}'
35.   // the root of your project, i.e. where "package.json" lives
36.   root: "../../",
37.   // where to put the JS bundle asset in debug mode
38.   jsBundleDirDebug: "$buildDir/intermediates/assets/debug",
```

```
39.    // where to put the JS bundle asset in release mode
40.    jsBundleDirRelease: "$buildDir/intermediates/assets/release",
41.    // where to put drawable resources / React Native assets, e.g. the ones
          you use via
42.    // require('./image.png')), in debug mode
43.    resourcesDirDebug: "$buildDir/intermediates/res/merged/debug",
44.    // where to put drawable resources / React Native assets, e.g. the ones
          you use via
45.    // require('./image.png')), in release mode
46.    resourcesDirRelease: "$buildDir/intermediates/res/merged/release",
47.    // by default the gradle tasks are skipped if none of the JS files or
          assets change; this means
48.    // that we don't look at files in android/ or ios/ to determine whe-
          ther the tasks are up to
49.    // date; if you have any other folders that you want to ignore for per-
          formance reasons (gradle
50.    // indexes the entire tree), add them here. Alternatively, if you have
          JS files in android/
51.    // for example, you might want to remove it from here.
52.    inputExcludes: ["android/**", "ios/**"],
53.    // override which node gets called and with what additional arguments
54.    nodeExecutableAndArgs: ["node"],
55.    // supply additional arguments to the packager
56.    extraPackagerArgs: []
57. ]
58.
59. ......
```

代码解释如下：

- 配置代码第 14 行定义了 Android 平台下加载的本地资源文件；
- 配置代码第 16 行定义了打包的资源从哪个入口文件加载而来；
- 配置代码第 18 与 20 行定义了打包资源是在 debug 模式还是 release 模式；
- 后续配置代码分别定义了 debug 与 release 模式下 JavaScript 与其他资源文件的存储路径。

3. 在真机上运行 App

你可以通过命令 react-native run-android 来运行。命令 react-native run-android --variant=release 可生成发布版本的 App，或直接点击 Android Studio 的运行按钮直接将 App 部署到真机上。

10.4 Android模拟器简介

因为Android设备众多，相比于iOS平台，测试Android平台下不同设备的兼容性就变得稍微复杂。真机再多也不能覆盖各种设备、各种系统下的兼容性，所以除了一些线上的商业Android测试平台外，我们还可以通过模拟器来测试Android设备的兼容性，这部分内容对于你测试React Native开发出来的App兼容性非常有用。

Android平台开发软件Android Studio下已自带Android模拟器，如图10-13所示就可以打开模拟器。

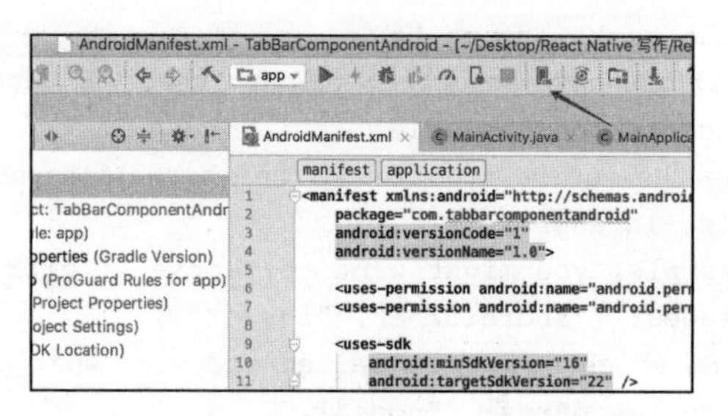

图10-13 Android Studio打开模拟器

点击新建模拟器，选择对应的设备或自定义模拟器的配置，如屏幕分辨率、CPU、内存等等硬件配置，如图10-14所示。

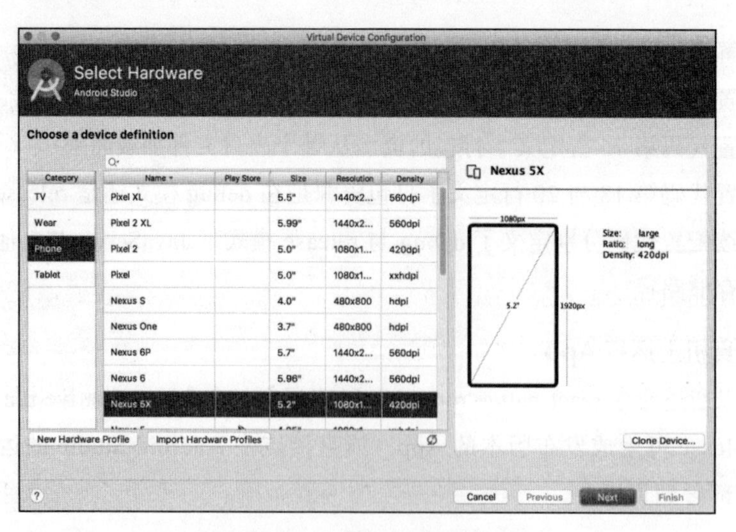

图10-14 新建Android模拟器

后续的项目开发在项目编译成功后，点击运行按钮就可以选择新建的对应硬件设备运行与测试。

如果你只是使用命令行生成了 APK 文件，或只是测试已经打包好的 APK 文件，你还可以使用另一款 Android 平台的模拟器 Genymotion，官网地址为：https://www.genymotion.com/。

Genymotion 可以模拟 3000+ 的 Android 设备，此模拟器在之前的 Android Studio 版本中性能很差时，使用的几率就已经非常大，因为其具备较高的性能以及定制化。

在安装好了 Genymotion 后，点击新建按钮体验可以从列表中选择你需要模拟的设备或自定义 Android 设备的硬件信息，如图 10-15 所示。

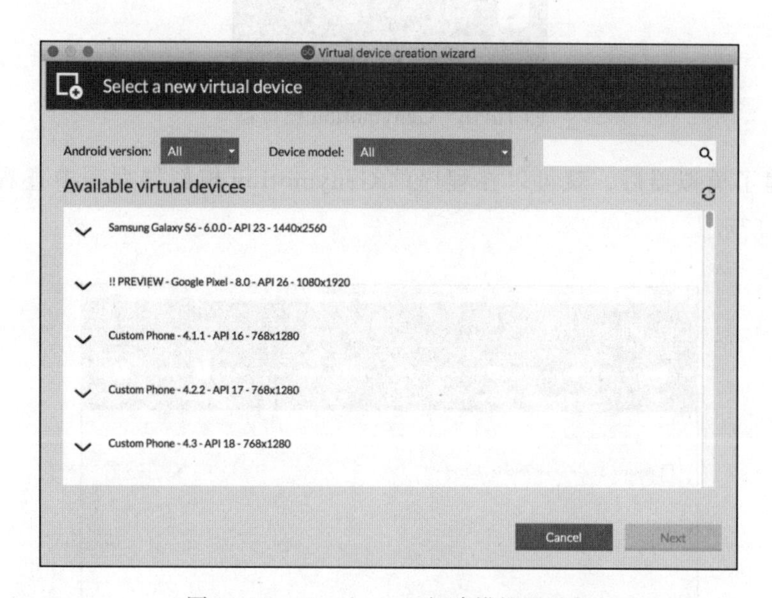

图 10-15　Genymotion 新建模拟器设备

新建虚拟设备后，你可以在 Android Studio 中安装 Genymotion 插件，后续的测试开发就可以直接从 Android Studio 中选择 Genymotion 中的设备。

当然你也可以直接将 APK 文件拖入到模拟器中去运行与测试，Genymotion 模拟器的运行效果如图 10-16 所示，模拟器也可以通过右侧的菜单模拟各种硬件设备与传感器的值，如 GPS、重力加速度、摄像头、网络等。

图 10-16 Genymotion 模拟器

新建了模拟器后，就可以在程序的 Genymotion 模拟器列表中查看到，如图 10-17 所示。

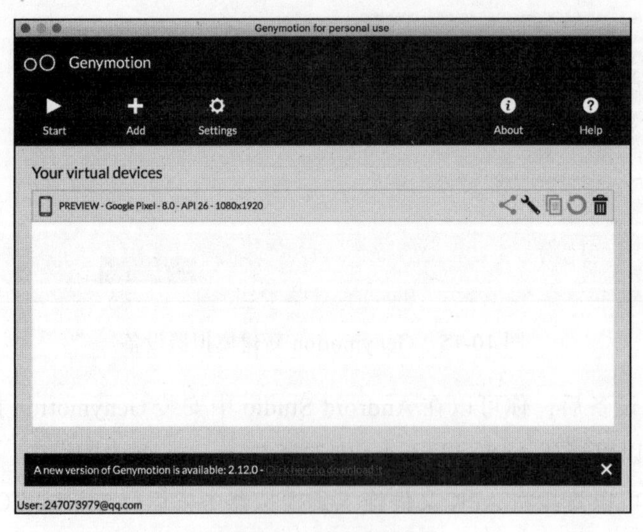

图 10-17 模拟器列表

在 Genymotion 模拟器列表的右侧，可以点击设置按钮对模拟器进行详细的设置，如图 10-18 所示。模拟器中包含系统 CPU 和内存、分辨率、系统、网络状态等设置功能。

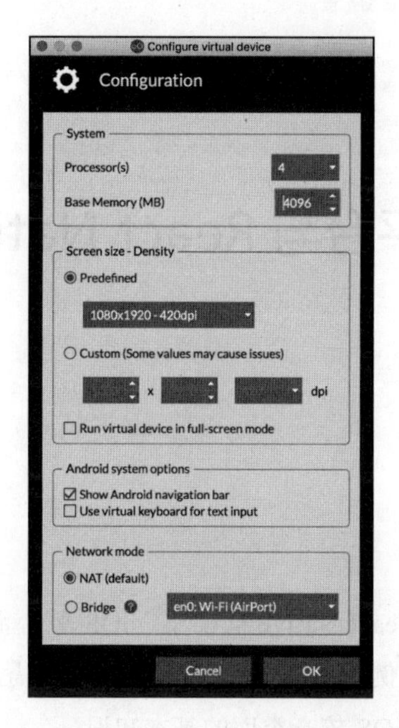

图 10-18　Genymotion 模拟器设置

10.5　本章小结

在本章中，我们深入学习了 React Native 的后台如何为 iOS 与 Android 设备调试运行时提供资源的自动打包更新服务。如同我们之前章节的学习原则一样，掌握好一些表象操作背后的底层技术原理会非常有价值，因为这些原理不会随着 React Native 框架的版本变化而变化，并且在遇到疑难问题时可以帮助你快速定位到问题，希望你在开发过程中体会在掌握了底层技术原理知识后的优势。

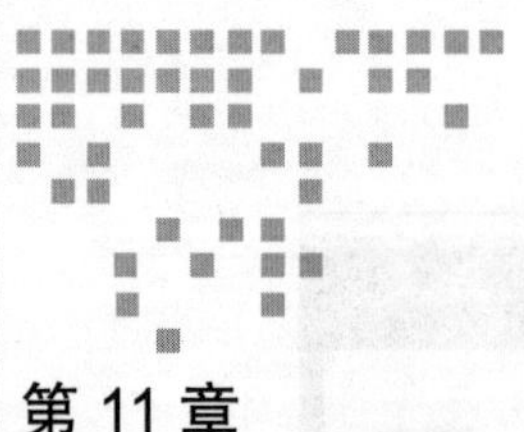

Chapter 11 第 11 章

iOS 平台与 React Native 混合开发

本章将详细讲解在 React Native 框架下，iOS 平台混合开发的原理以及详细实现方法，并依然通过案例进行实际应用学习。本章需要具备 iOS 平台开发语言 Objective-C 或 Swift 以及 iOS 核心类库的基本知识。

11.1 iOS 平台混合开发简介

当需要使用一些 iOS 平台的 API，而 React Native 框架目前还没有提供对应的 JavaScript API 时，我们就要自己编写 React Native 框架与 iOS 平台结合的混合开发代码，使得 React Native 框架可以直接与 iOS 平台的原生代码进行通信。

混合开发的其他使用场景还包括对一些现有的 Objective-C、Swift 或者 C++ 代码进行复用，或者编写一些用于图片处理、数据库或一些其他高级特性的高性能或多线程的代码。React Native 开放了对应的接口供开发者调用。

接下来在原理讲解的章节，我们通过结合一个简单的实例详细讲解一下 React Native 中与 iOS 平台混合开发的通信机制。这部分内容稍显复杂，可能需要反复阅读理解其底层原理，并结合小实例进行体会学习，在第二部分还将有一个真实的混合开发示例，继续加深你对混合开发的理解。

这部分内容属于 React Native 开发的高阶内容，即使不掌握也不影响你在学习了 React Native 基础知识后进行 App 的开发，不过理解并掌握了这部分的话，更加有助于你理解 React Native 的底层原理与实现。

11.2 iOS 平台混合开发原理详解

这一章节，我们通过实现在 React Native 框架中调用在 Objective-C 中编写的原生代码，Objective-C 中的函数返回了一个简单的字符串，React Native 框架中通过 JavaScript 代码将字符串获取到在 View 中的 Text 组件上显示。功能虽然简单，但是我们主要是通过此功能的实现流程，深入学习 React Native 中与 iOS 平台结合的混合开发原理。

iOS 平台混合开发实现的过程包括如下几个过程：

1）在 iOS 平台的原生代码中定义混合开发的入口，用于与 React Native 中的 JavaScript 代码进行通信；

2）设置 iOS 平台下项目的编译必备设置；

3）在 React Native 项目中通过 JavaScript 代码调用混合开发实现的 iOS 平台原生功能。

> 完整代码在本书配套源码的 11-02 文件夹。

11.2.1 iOS 原生代码实现

原生模块使用 Objective-C 的类定义来实现与 React Native 框架通信的协议接口 RCTBridgeModule，注意 RCT 是 ReaCT 的几个大写字母的缩写。

首先我们通过 React Native CLI 命令初始化一个空的项目，命令执行如图 11-1 所示。

```
11-02 — Parry@Parrys-MBP — ..ce_code/11-02 — -zsh — 80×24
 Parry@Parrys-MBP ▶ ~/Desktop/React Native 写作/react_native_book_source_code/11
-02 ▶ react-native init NativeiOSModule
This will walk you through creating a new React Native project in /Users/Parry/D
esktop/React Native 写作/react_native_book_source_code/11-02/NativeiOSModule
Using yarn v0.21.3
Installing react-native...
yarn add v0.21.3
info No lockfile found.
[1/4] 🔍  Resolving packages...
warning react-native > fbjs-scripts > gulp-util@3.0.8: gulp-util is deprecated -
 replace it, following the guidelines at https://medium.com/gulpjs/gulp-util-ca3
b1f9f9ac5
[2/4] 🚚  Fetching packages...
[3/4] 🔗  Linking dependencies...
warning "@babel/plugin-check-constants@7.0.0-beta.38" has incorrect peer depende
ncy "@babel/core@7.0.0-beta.38".
warning "react-native@0.54.3" has unmet peer dependency "react@^16.3.0-alpha.1".
[4/4] 📃  Building fresh packages...
success Saved lockfile.
success Saved 600 new dependencies.
├─ @babel/code-frame@7.0.0-beta.42
├─ @babel/core@7.0.0-beta.42
├─ @babel/generator@7.0.0-beta.42
├─ @babel/helper-annotate-as-pure@7.0.0-beta.42
```

图 11-1 初始化一个空项目

使用 Xcode 打开 ios 文件夹下的 xcodeproj 项目文件，后续的混合开发我们将在 Xcode 中进行。

我们将混合开发的模块命名为 MyModule，并在 Xcode 中分别建立两个对应的文件，一个为头文件 MyModule.h，另一个为使用 Objective-C 来实现的类 MyModule.m。建立时可以在 Xcode 新建窗口中选择文件类型，如图 11-2 所示。

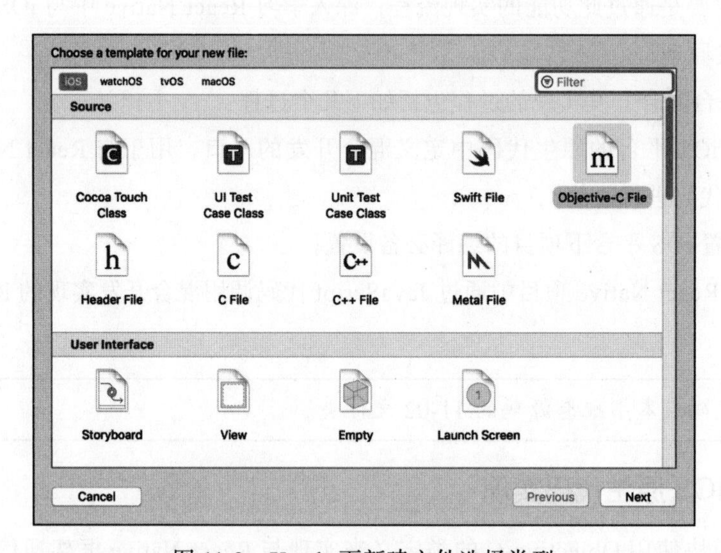

图 11-2 Xcode 下新建文件选择类型

头文件 MyModule.m 初始化使用如下代码：

```
1. #import "RCTBridgeModule.h"
2.
3. @interface MyModule : NSObject <RCTBridgeModule>
4.
5. @end
```

代码第一行导入了 React Native 框架与原生代码通信的协议头文件 RCTBridgeModule.h。

为了通过类对 RCTBridgeModule.h 的实现，类中还需要包含 RCT_EXPORT_MODULE() 的宏定义，RCT_EXPORT_MODULE() 中还可以传入参数，命名自定义原生组件的名称，如我们之前定义的文件名为 MyModule，这里可以通过传递参数重新定义模块名称，RCT_EXPORT_MODULE(RenameMyModule) 这样就将导出的模块命名成了 RenameMyModule。如果不传递参数，那么就使用类文件的名称，即 MyModule.m 的名称 MyModule。如果模块类文件包含 RCT 开头的文件名，那么最终的模块名称将自动不包含 RCT 字符串。

MyModule.m 文件中的代码实现如下。

```
1. #import "MyModule.h"
2.
3. @implementation MyModule
4.
5. // 需要包含的宏定义
6. RCT_EXPORT_MODULE()
7.
8. // 定义了一个返回的字符串
9. - (NSDictionary *)constantsToExport {
10.    return @{@"hello": @"你好，这是我编写的第一个iOS 原生模块！"};
11. }
12.
13. // 定义了一个可被调用的函数
14. RCT_EXPORT_METHOD(squareMe:(NSString *)number:(RCTResponseSenderBlock)
       callback) {
15.    int num = [number intValue];
16.    callback(@[[NSNull null], [NSNumber numberWithInt:(num*num)]]);
17. }
18.
19. @end
```

此段代码定义了一个固定的字符串输出，方法为 constantsToExport，返回了名称为 hello 的字符串。第二个定义了一个可以供 React Native 的 JavaScript 代码调用的函数，函数功能非常简单，就是将传递过来的 int 参数进行平方计算，并返回结果。

函数的定义需要使用宏命令 RCT_EXPORT_METHOD 进行显式地定义。定义的函数都会被异步地调用，所以函数的定义不是直接使用 return 返回一个值，和固定的字符串返回不一样。

squareMe 是定义了此函数的函数名称，参数为一个 NSString 型的值，名称为 number，另一个参数为函数的回调函数，用于获取原生代码的执行结果。

函数的 callback 第一个参数为错误的返回（这里没有错误就返回了一个 null），第二个为计算后的值，供函数回调使用。

11.2.2　iOS 项目编译设置

如上代码都编写完成后，在 Xcode 中编译，点击 Xcode 中的 Build 命令，如图 11-3 所示。

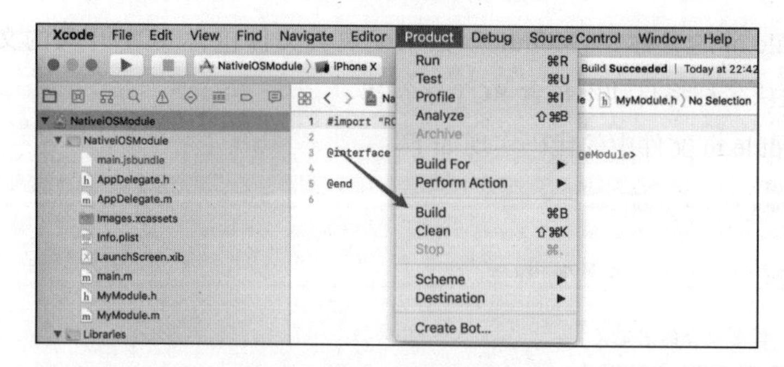

图 11-3 Xcode 项目的编译

如果在编译时遇到 fatal error: 'RCTBridgeModule.h' file not found 的错误，即 'RCT-BridgeModule.h 文件找不到的问题，错误如图 11-4 所示。

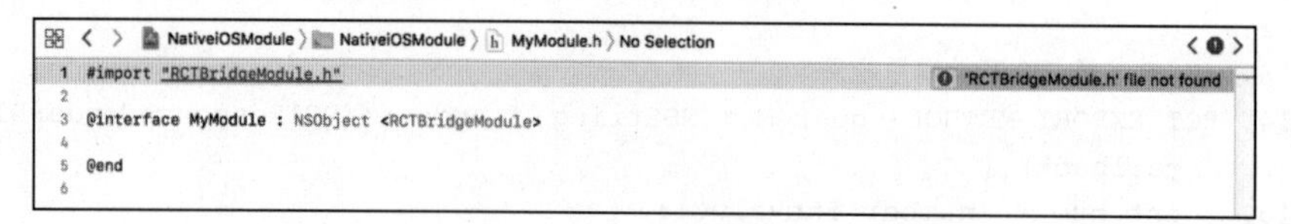

图 11-4 RCTBridgeModule.h 文件找不到的错误

解决方法是在 Xcode 的项目设置“Build Settings”选项卡下找到“Header Search Paths”设置节点，并确认在其中包含了如图 11-5 所示的定义，即添加了 $(SRCROOT)/../node_modules/react-native/React 值的定义并在下拉选项中选择了“recursive”。

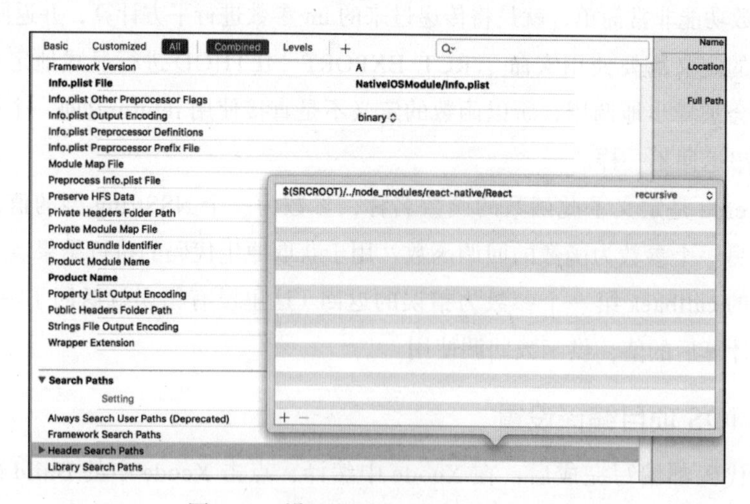

图 11-5 设置 Xcode 的 Search Paths

进行了如上的设置后，再次编译项目即可解决此错误。

11.2.3 React Native 中调用混合开发代码

在如下的 React Native JavaScript 代码中，我们将使用 JavaScript 代码调用上面的原生代码中定义的一个固定字符串以及一个计算传递了 int 参数平方值的函数。

在 React Native 中的 JavaScript 代码中调用 iOS 原生代码模块的方法在 App.js 中，完整的代码如下：

```
1. /**
2.  * 章节：11-02
3.  *在React Native JavaScript代码中调用iOS平台的原生代码定义模块
4.  * FilePath: /11-02/NativeiOSModule/App.js
5.  * @Parry
6.  */
7.
8. import React, {Component} from 'react';
9. import {Platform, StyleSheet, Text, View, TextInput} from 'react-native';
10.
11. // 导入原生代码定义的模块
12. var MyModule = require('NativeModules').MyModule;
13.
14. export default class App extends Component < {} > {
15.
16.   constructor(props) {
17.     super(props);
18.     this.state = {
19.       number: 0
20.     };
21.   }
22.
23.   render() {
24.     return (
25.       <View style={styles.container}>
26.         <Text style={styles.welcome}>
27.           {MyModule.hello}
28.         </Text>
29.         <TextInput style={styles.input} onChangeText={(text) => this.
            squareMe(text)}/>
30.         <Text style={styles.result}>
31.           {this.state.number}
32.         </Text>
33.       </View>
```

```
34.     );
35.   }
36.
37.   squareMe(num) {
38.     if (num == '') {
39.       return;
40.     }
41.     MyModule.squareMe(num, (error, num) => {
42.       if (error) {
43.         console.error(error);
44.       } else {
45.         this.setState({number: num});
46.       }
47.     })
48.   }
49. }
50.
51. const styles = StyleSheet.create({
52.   container: {
53.     flex: 1,
54.     justifyContent: 'center',
55.     alignItems: 'center',
56.     backgroundColor: '#F5FCFF'
57.   },
58.   welcome: {
59.     fontSize: 20,
60.     textAlign: 'center',
61.     margin: 10
62.   },
63.   input: {
64.     width: 100,
65.     height: 40,
66.     borderColor: 'red',
67.     borderWidth: 1,
68.     alignSelf: 'center'
69.   },
70.   result: {
71.     textAlign: 'center',
72.     color: '#333333',
73.     fontSize: 30,
74.     fontWeight: 'bold',
75.     margin: 20
76.   }
77. });
```

- 代码的第 12 行使用 var MyModule = require('NativeModules').MyModule; 导入了原生代码中定义的模块；
- 代码第 27 行使用 MyModule.hello 直接读取出了原生代码返回的字符串；
- 代码的第 29～31 行使用了一个文本输入框接受用户输入的数值，获取到的值类型为 string 型，并传递给定义的方法 squareMe 调用原生代码进行计算。这里需要注意原生代码中对 JavaScript 代码传递过来的 string 类型参数的处理；
- 代码第 41 行定义了对原生代码中定义函数的回调使用方法，通过箭头函数获取到回调返回的值后通过设置 state 值，并将值的变更绑定显示到了页面的 Text 组件上。

在 iOS 平台执行，显示出了 hello 的字符串，并在输入框中输入值 50 后的页面效果如图 11-6 所示。

图 11-6　iOS 平台执行效果

11.2.4　iOS 平台混合开发特性详解

我们通过上面简单的实例了解了 React Native 与 iOS 平台相互通信的方式，其他更加复杂的原生平台的方法都是通过此方法与 React Native 平台的 JavaScript 代码进行通信。

接下来我们对 React Native 框架提供的函数接口进行详细解释，以供大家进行 iOS 平台的混合开发时查阅使用。

1. 参数类型

RCT_EXPORT_METHOD 支持所有标准的 JSON 类型，包括：

- string (NSString)
- number (NSInteger, float, double, CGFloat, NSNumber)
- boolean (BOOL, NSNumber)
- array (NSArray)：包含本列表中任意类型
- object (NSDictionary)：包含 string 类型的键和本列表中任意类型的值
- function (RCTResponseSenderBlock)

当然，任何 iOS RCTConvert 类支持的类型也都可以使用，RCTConvert 还提供了一系列辅助函数，用来接收一个 JSON 值并转换到原生 Objective-C 类型或类。

如我们可以使用如下这样的代码进行参数类型的转换。

```
NSDate *date = [RCTConvert NSDate:secondsSinceUnixEpoch];
```

当一个原生的函数参数非常多的时候，我们可以通过定义一个 dictionary 来存储所有的参数，这样在 JavaScript 端传递到原生平台的参数发生变更的时候，就不需要经常变动原生平台的代码，修改函数的参数类型或个数，使得代码更加灵活。

```
1. #import <React/RCTConvert.h>
2.
3. RCT_EXPORT_METHOD(addEvent:(NSString *)name details:(NSDictionary *)details)
4.{
5.   NSString *location = [RCTConvert NSString:details[@"location"]];
6.   NSDate *time = [RCTConvert NSDate:details[@"time"]];
7.   ...
8. }
```

JavaScript 代码中就可以这样传递参数。

```
1. CalendarManager.addEvent('Birthday Party', {
2.   location: '4 Privet Drive, Surrey',
3.   time: date.toTime(),
4.   description: '...'
5. })
```

2. 回调函数

我们在上面的原生代码中使用到了回调函数，通过回调函数可以将值返回给 JavaScript 代码。

定义的方法如下：

```
1. RCT_EXPORT_METHOD(functionName:(RCTResponseSenderBlock)callback)
2. {
3.   NSArray *events = ...
4.   callback(@[[NSNull null], events]);
5. }
```

RCTResponseSenderBlock 接受一个传递给 JavaScript 回调函数的参数数组。在上面的示例代码中 React Native 使用 Node.js 的编码，第一个参数是一个错误对象（没有发生错误的时候可以设置为 null），而剩下的部分是函数的返回值。

在 JavaScript 代码中的调用方法如下：

```
1. YourModule.functionName((error, events) => {
2.   if (error) {
3.     console.error(error);
4.   } else {
5.     this.setState({events: events});
6.   }
7. });
```

3. Promise

原生模块同样实现了 Promise，以便可以通过 Promise 来进行代码的简化，特别在使用 ES2016 的一些 async/await 语法时。

如果与原生代码通信的原生函数最后两个参数是 RCTPromiseResolveBlock 与 RCTPromiseRejectBlock 时，那么对应的 JavaScript 代码就会返回 Promise 对象。

使用 Promise 对上面代码中的回调进行重构后的代码如下：

```
1. RCT_REMAP_METHOD(functionName,
2.                  functionNameWithResolver:(RCTPromiseResolveBlock)resolve
3.                   rejecter:(RCTPromiseRejectBlock)reject)
4. {
5.   NSArray *events = ...
6.  if (events) {
7.    resolve(events);
8.   } else {
9.    NSError *error = ...
10.   reject(@"no_events", @"There were no events", error);
11.   }
12. }
```

对应的 JavaScript 代码会返回一个 Promise 对象，这意味着你在一个 async 函数中可以使用 await 关键字去调用原生代码中函数并等待获取其返回值。

JavaScript 重构后的代码如下：

```
1. async function updateEvents() {
2.   try {
3.     var events = await YourModule.functionName();
4.
5.     this.setState({events});
6.   } catch (e) {
7.     console.error(e);
8.   }
9. }
10.
11. updateEvents();
```

4. 多线程

原生模块不应该对其会被哪个线程调用有任何的假设。React Native 在一个单独的串行 GCD 队列中调用原生模块。方法 - (dispatch_queue_t)methodQueue 允许原生模块指定在哪个队列中被执行。比如说某一个原生模块调用的一些 API，其必须在主线程中被调用，那么就可以通过如下代码定义：

```
1. - (dispatch_queue_t)methodQueue
2. {
3.   return dispatch_get_main_queue();
4. }
```

同样地，如果某个操作需要很长的时间才能执行完毕，那么此原生模块应该非阻塞且在其指定的独立队列中去执行。我们可通过如下代码指定队列去执行：

```
1. - (dispatch_queue_t)methodQueue
2. {
3.   return  dispatch_queue_create("com.facebook.React.AsyncLocalStorage-
       Queue", DISPATCH_QUEUE_SERIAL);
4. }
```

指定的 methodQueue 方法会被原生模块里的所有方法共享。如果你的方法中只有一个是耗时较长的，或者由于某种原因必须在不同的队列中运行，你可以在函数中用 dispatch_async 方法来定义其在另一个队列执行，而不影响其他方法，定义的代码如下：

```
1. RCT_EXPORT_METHOD(doSomethingExpensive:(NSString *)param callback:(RCT
    ResponseSenderBlock)callback)
2. {
```

```
3.    dispatch_async(dispatch_get_global_queue(DISPATCH_QUEUE_PRIORITY_DEF-
        AULT, 0), ^{
4.      // 调用执行比较耗时的代码逻辑
5.      ...
6.      // 执行thread/queue的回调
7.      callback(@[...]);
8.    });
9. }
```

5. 依赖注入

React Native 与原生模块之间的 bridge 会自动初始化任何实现了 RCTBridge-Module 的模块，但是有时候你可能想自己初始化自定义的模块实例，以便你可以执行依赖注入。

要实现这样的一个功能，首先需要去实现 RCTBridgeDelegate 协议，初始化 RCT-Bridge，并且在初始化的方法里指定代理，再用初始化好的 RCTBridge 实例初始化一个 RCTRootView。

对应的示例代码如下：

```
1. id<RCTBridgeDelegate> moduleInitialiser = [[classThatImplementsRCTBrid
    geDelegate alloc] init];
2.
3. RCTBridge *bridge = [[RCTBridge alloc] initWithDelegate:moduleInitiali
    ser launchOptions:nil];
4.
5. RCTRootView *rootView = [[RCTRootView alloc]
6.                         initWithBridge:bridge
7.                             moduleName:kModuleName
8.                      initialProperties:nil];
```

6. 导出常量

此功能我们在上面的实例代码中已经使用到了，在一些原生模块中，可以导出一些常量供 JavaScript 代码实时地调用。通过此方法可以避免使用 bridge 进行数据的通信交互。

在原生代码中定义的代码如下：

```
1. - (NSDictionary *)constantsToExport
2. {
3.   return @{ @"firstDayOfTheWeek": @"Monday" };
4. }
```

在 JavaScript 代码中可以直接、同步地调用，代码如下。

```
console.log(CalendarManager.firstDayOfTheWeek);
```

注意此常量仅在初始化的时候导出一次，即使你在后续的运行期间改变 constantToExport 返回的值，也不会影响到在 JavaScript 代码中所得到的结果。

7. 枚举常量

枚举的定义方法如下：

```
1. typedef NS_ENUM(NSInteger, UIStatusBarAnimation) {
2.     UIStatusBarAnimationNone,
3.     UIStatusBarAnimationFade,
4.     UIStatusBarAnimationSlide,
5. };
```

需要创建一个类来扩展 RCTConvert 类，代码如下：

```
1. @implementation RCTConvert (StatusBarAnimation)
2.   RCT_ENUM_CONVERTER(UIStatusBarAnimation, (@{ @"statusBarAnimation-
     None" : @(UIStatusBarAnimationNone),
3.              @"statusBarAnimation-Fade" : @(UIStatusBarAnimationFade),
4.              @"statusBarAnimationSlide": @(UIStatusBarAnimationSlide)}),
5.                UIStatusBarAnimationNone, integerValue)
6. @end
```

定义方法并导出 emun 的值，代码如下：

```
1. - (NSDictionary *)constantsToExport
2. {
3.   return @{ @"statusBarAnimationNone" : @(UIStatusBarAnimationNone),
4.             @"statusBarAnimationFade" : @(UIStatusBarAnimationFade),
5.             @"statusBarAnimationSlide" : @(UIStatusBarAnimationSlide) };
6. };
7.
8. RCT_EXPORT_METHOD(updateStatusBarAnimation:(UIStatusBarAnimation)animation
9.                             completion:(RCTResponseSenderBlock)callback)
```

8. 发送事件到 JavaScript

当原生模块事件中没有被 JavaScript 代码直接调用的时候，原生模块也可以直接给 JavaScript 代码发送事件。代码中集成 RCTEventEmitter 类，并实现 supportedEvents 方法并调用 self sendEventWithName。头文件和类文件的实现代码如下：

```
1. // CalendarManager.h
```

```
2. #import <React/RCTBridgeModule.h>
3. #import <React/RCTEventEmitter.h>
4.
5. @interface CalendarManager : RCTEventEmitter <RCTBridgeModule>
6.
7. @end
```

CalendarManager.m 文件的实现代码如下：

```
1. // CalendarManager.m
2. #import "CalendarManager.h"
3.
4. @implementation CalendarManager
5.
6. RCT_EXPORT_MODULE();
7.
8. - (NSArray<NSString *> *)supportedEvents
9. {
10.   return @[@"EventReminder"];
11. }
12.
13. - (void)calendarEventReminderReceived:(NSNotification *)notification
14. {
15.   NSString *eventName = notification.userInfo[@"name"];
16.   [self sendEventWithName:@"EventReminder" body:@{@"name": eventName}];
17. }
18.
19. @end
```

JavaScript 代码中通过定义一个包含原生模块的 NativeEventEmitter 来订阅事件，代码如下：

```
1. import { NativeEventEmitter, NativeModules } from 'react-native';
2. const { CalendarManager } = NativeModules;
3.
4. const calendarManagerEmitter = new NativeEventEmitter(CalendarManager);
5.
6. const subscription = calendarManagerEmitter.addListener(
7.   'EventReminder',
8.   (reminder) => console.log(reminder.name)
9. );
10. ...
11. // 记得取消事件的订阅，如在生命周期函数 componentWillUnmount中执行
12. subscription.remove();
```

9. 优化无监听处理的事件

如果上面发送到 JavaScript 的代码没有进行任何监听处理的话，会收到一个资源警告，如下代码可以消除此错误警告，以便优化 App 的额外开销。你可以在 RCT-EventEmitter 子类中覆盖 startObserving 和 stopObserving 方法。代码如下：

```
1. @implementation CalendarManager
2. {
3.   bool hasListeners;
4. }
5.
6. //在第一个监听添加时执行
7. -(void)startObserving {
8.     hasListeners = YES;
9.     //设置 upstream 监听或后台任务
10. }
11.
12. //在最后一个监听被移除的时候执行
13. -(void)stopObserving {
14.     hasListeners = NO;
15.     // 移除 upstream 监听，停止后台不必要的后台任务
16. }
17.
18. - (void)calendarEventReminderReceived:(NSNotification *)notification
19. {
20.   NSString *eventName = notification.userInfo[@"name"];
21.   if (hasListeners) { // 发送监听
22.     [self sendEventWithName:@"EventReminder" body:@{@"name": eventName}];
23.   }
24. }
```

10. Swift 的实现方法

Swift 不支持宏，需要使用如下代码导出定义：

```
1. // CalendarManager.swift
2.
3. @objc(CalendarManager)
4. class CalendarManager: NSObject {
5.
6.   @objc func addEvent(name: String, location: String, date: NSNumber) -> Void {
7.
8.   }
9.
10.}
```

接着创建一个私有的实现文件，并将必要的信息注册到 React Native 中：

```
1. // CalendarManagerBridge.m
2. #import <React/RCTBridgeModule.h>
3.
4. @interface RCT_EXTERN_MODULE(CalendarManager, NSObject)
5.
6. RCT_EXTERN_METHOD(addEvent:(NSString *)name location:(NSString *)location
     date:(nonnull NSNumber *)date)
7.
8. @end
```

更多混合开发实现方法，可参见 RCTBridgeModule 源码中的详细注释说明，地址为：https://github.com/facebook/react-native/blob/master/React/Base/RCTBridge-Module.h。

11.3 iOS 平台混合开发实例

在此实例中，我们再次进行一个 iOS 平台的混合功能开发：获取 iOS 系统中的设备音量。此功能在 React Native 框架中没有提供对应的 API，所以我们需自己开发一个原生模块供 JavaScript 调用。

> 完整代码在本书配套源码的 11-03 文件夹。

11.3.1 iOS 原生代码实现

在 React Native 项目文件夹 GetSystemVolume 中，新建两个原生代码文件，OutputVolume.h 与 OutputVolume.m。

头文件 OutputVolume.h 的代码定义如下：

```
1. #import "React/RCTBridgeModule.h"
2.
3. @interface OutputVolume : NSObject <RCTBridgeModule>
4. @end
```

类文件 OutputVolume.m 的代码定义如下，代码第 14 行调用了 iOS 平台的 API AVAudioSession 获取系统设备的音量，并且函数使用了 Promise 的形式进行了定义：

```
1.  #import "OutputVolume.h"
```

```
2. #import "React/RCTLog.h"
3. #import <AVFoundation/AVAudioSession.h>
4.
5. @implementation OutputVolume
6.
7. RCT_EXPORT_MODULE();
8.
9. // We can send back a promise to our JavaScript environment :)
10. RCT_REMAP_METHOD(get,
11.                  resolver:(RCTPromiseResolveBlock)resolve
12.                  rejecter:(RCTPromiseRejectBlock)reject)
13. {
14.   float volume = [AVAudioSession sharedInstance].outputVolume;
15.   NSString* volumeString = [NSString stringWithFormat:@"%f", volume];
16.
17.   if (volumeString) {
18.     resolve(volumeString);
19.   } else {
20.     reject(@"get_error", @"获取系统音量错误", nil);
21.   }
22.
23. }
24.
25. @end
```

11.3.2 React Native 调用混合开发代码

JavaScript 代码 App.js 的完整代码如下，因为原生平台代码中使用了 Promise 的形式进行了代码的定义，所以 JavaScript 的代码中同样使用了 Promise 的语法进行了事件回调函数的处理。

```
1. /**
2.  * 章节: 11-03
3.  *在React Native JavaScript代码中调用iOS平台的原生代码定义模块
4.  * 获取系统音量
5.  * FilePath: /11-03/GetSystemVolume/App.js
6.  * @Parry
7.  */
8.
9. import React, {Component} from 'react';
10. import {Platform, StyleSheet, Text, View, Alert} from 'react-native';
11.
12. import {NativeModules} from 'react-native';
```

```
13.
14. export default class App extends Component < {} > {
15.   constructor(props) {
16.     super(props);
17.   }
18.
19.   getVolume() {
20.     const OutputVolume = NativeModules.OutputVolume;
21.     OutputVolume
22.       .get()
23.       .then(volume => {
24.         Alert.alert('系统当前音量', volume * 100 + "%")
25.       });
26.   }
27.
28.   render() {
29.     return (
30.       <View style={styles.container}>
31.         <Text
32.           style={styles.welcome}
33.           onPress={this
34.           .getVolume
35.           .bind(this)}>
36.           获取系统设备的音量
37.         </Text>
38.       </View>
39.     );
40.   }
41. }
42.
43. const styles = StyleSheet.create({
44.   container: {
45.     flex: 1,
46.     justifyContent: 'center',
47.     alignItems: 'center',
48.     backgroundColor: '#F5FCFF'
49.   },
50.   welcome: {
51.     fontSize: 20,
52.     textAlign: 'center',
53.     margin: 10
54.   }
55. });
```

最终 App 打包后在 iOS 平台的执行结果如图 11-7 所示，通过点击“获取系统设备的音量”使用 Alert 组件显示了当前设备音量值。

图 11-7 显示设备的音量

React Native 文档中还给出了原生 UI 组件的混合开发方法，具体的内容可以直接参见官方文档即可：https://facebook.github.io/react-native/docs/native-components-ios.html。

11.4 本章小结

本章我们通过结合一个实际的小案例学习了 React Native 框架与原生 iOS 平台的实际通信方式，我们发现 React Native 框架通过很巧妙的开放接口设计使得开发者可以自己打通并利用所有的原生平台 API 或其他业务逻辑。这样的架构与框架设计方式在我们自己设计开发框架时非常值得参考，可以很大地提高了框架的灵活性。

最后一小节我们又结合一个更加实际的案例进行了学习，即使你不接触混合开发的内容，也建议照着本书的讲解步骤自己来实现一次，这将能大大地帮助你理解 React Native 框架与 iOS 原生平台通信的原理。

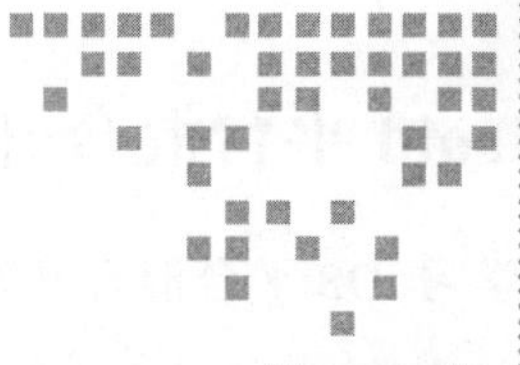

第 12 章 Chapter 12

Android 平台与 React Native 混合开发

本章继续介绍 Android 平台下的混合开发原理以及实战，同时深入讲解 React Native 与 Android 平台的通信机制。

12.1 Android 平台混合开发简介

与 iOS 平台的混合开发一样，有时遇到 React Native 框架没有提供的原生 Android 平台 API 时，我们就需要自己来进行 React Native 平台与 Android 平台的混合开发。

同样，混合开发还可以利用现有的 Android 原生平台的代码，并可以用于开发一些需求高性能、多线程的应用场景。

React Native 框架的设计同样为 Android 原生平台提供了混合开发的可能性，这部分依然属于 React Native 开发的高阶部分，在开发前需要掌握 Android 原生平台的开发语言及开发流程，以及 React Native 平台与 Android 平台的通信原理。

我们还是结合一个实际的小实例结合代码进行原理讲解，而不是仅仅空洞地讲解概念性的东西，便于大家理解。最后我们还将完成一个更加贴近实际的小实例，来加深 React Native 框架与 Android 平台混合开发的理解与运用。

12.2 Android平台混合开发原理详解

我们按照学习iOS平台混合开发的模式，继续结合一个小实例来学习React Native平台与Android平台混合开发的原理与方法。

Android平台的混合开发主要包含如下几个步骤：

1）在Android项目中通过原生代码实现提供给React Native调用的原生功能；

2）在Android项目中将编写好的功能模块进行注册；

3）定义功能模块的Android包；

4）在React Native项目中通过JavaScript代码调用混合开发实现的Android平台原生功能。

> 完整代码在本书配套源码的12-02文件夹。

12.2.1 Android原生代码实现

先通过React Native CLI初始化一个空项目，名称为NativeAndroidModule，项目初始化的流程如图12-1所示。

```
12-02 — Parry@Parrys-MBP — ..ce_code/12-02 — -zsh — 80×24
Parry@Parrys-MBP ▶ ~/Desktop/React Native 写作/react_native_book_source_code/12
-02 ▶ react-native init NativeAndroidModule
This will walk you through creating a new React Native project in /Users/Parry/D
esktop/React Native 写作/react_native_book_source_code/12-02/NativeAndroidModule
Using yarn v0.21.3
Installing react-native...
yarn add v0.21.3
info No lockfile found.
[1/4] 🔍 Resolving packages...
warning react-native > fbjs-scripts > gulp-util@3.0.8: gulp-util is deprecated -
 replace it, following the guidelines at https://medium.com/gulpjs/gulp-util-ca3
b1f9f9ac5
[2/4] 🚚 Fetching packages...
[3/4] 🔗 Linking dependencies...
warning "@babel/plugin-check-constants@7.0.0-beta.38" has incorrect peer depende
ncy "@babel/core@7.0.0-beta.38".
warning "react-native@0.54.3" has unmet peer dependency "react@^16.3.0-alpha.1".
[4/4] 📃 Building fresh packages...
success Saved lockfile.
success Saved 600 new dependencies.
├ @babel/code-frame@7.0.0-beta.42
├ @babel/core@7.0.0-beta.42
├ @babel/generator@7.0.0-beta.42
├ @babel/helper-annotate-as-pure@7.0.0-beta.42
```

图12-1 Android混合开发项目初始化

使用Android平台的开发工具Android Studio打开项目文件夹中的android文件夹，在Android Studio中选择导入此文件夹即可，如图12-2所示。

注意，如果你是第一次打开此项目文件夹，Android Studio会自动下载Gradle

并使用 Gradle 进行项目的构建，在此过程中要确保你的网络环境没有任何阻碍并需要耐心等待加载完毕，加载过程如图 12-3 所示。

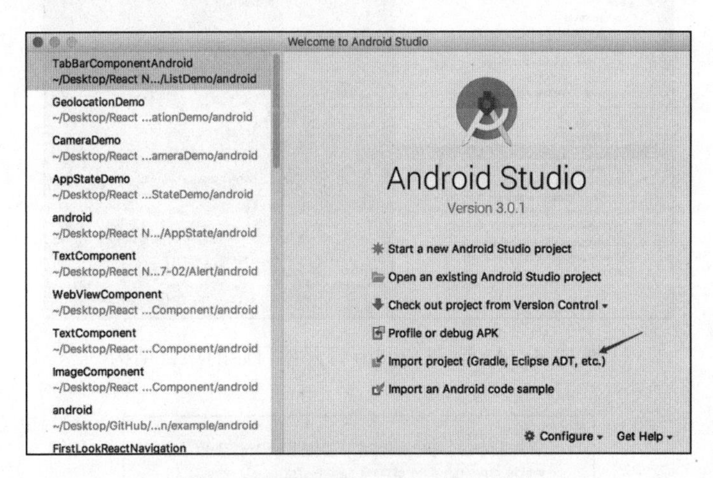

图 12-2　Android Studio 导入项目

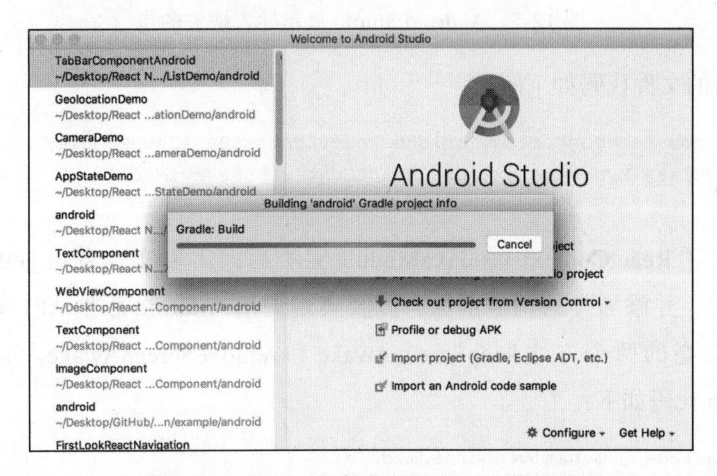

图 12-3　Gradle 初始化并进行项目的构建

项目使用 Android Studio 导入后打开显示如图 12-4 所示。

新建的 Android 原生平台的类需要继承于 React Native 框架提供的父类 ReactContextBaseJavaModule，这里我们新建的类命名为 MyModule。

如果没有导入 ReactContextBaseJavaModule 的包，Android Studio 会提示你进行包的引入，如图 12-5 所示。

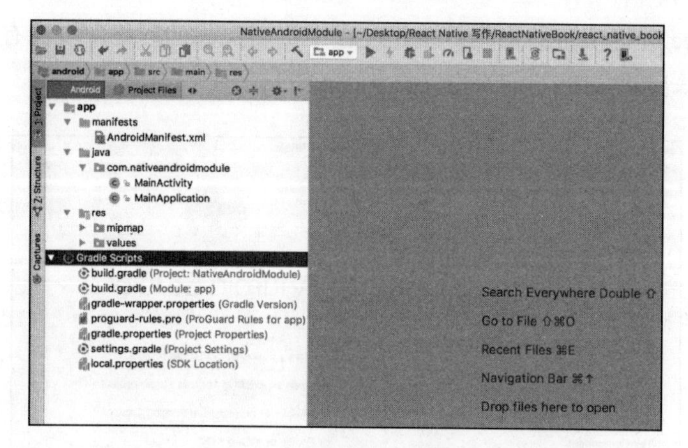

图 12-4　Android Studio 打开项目后的项目结构

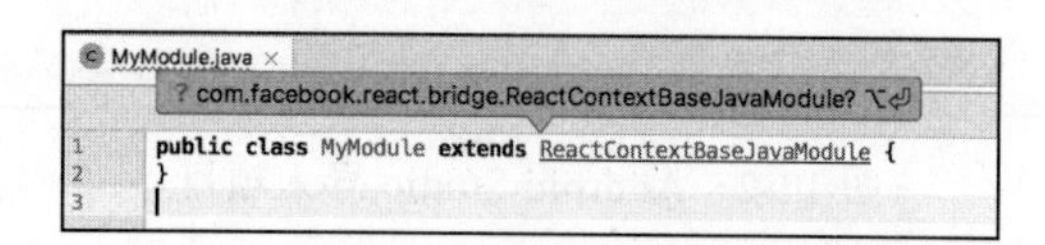

图 12-5　Android Studio 提示导入缺失的包

新建后的文件代码如下所示：

```
import com.facebook.react.bridge.ReactContextBaseJavaModule;
public class MyModule extends ReactContextBaseJavaModule {
}
```

在继承了 ReactContextBaseJavaModule 父类后，需要实现方法 getName 来返回模块名称，并添加类的构造函数，以及实现调用 Android 原生 API 保持屏幕常亮并关闭常亮的两个方法 keepScreenAwake 和 removeScreenAwake。完整的 MyModule.java 代码如下：

```
1.  package com.nativeandroidmodule;
2.
3.  import com.facebook.react.bridge.ReactApplicationContext;
4.  import com.facebook.react.bridge.ReactContextBaseJavaModule;
5.  import com.facebook.react.bridge.ReactMethod;
6.
7.  public class MyModule extends ReactContextBaseJavaModule {
8.
9.      ReactApplicationContext reactContext;
10.
11.     public MyModule(ReactApplicationContext reactContext) {
```

```
12.         super(reactContext);
13.         this.reactContext = reactContext;
14.     }
15.
16.     @Override
17.     public String getName() {
18.         return "MyModule";
19.     }
20.
21.     @ReactMethod
22.     public void keepScreenAwake() {
23.         getCurrentActivity().runOnUiThread(new Runnable() {
24.             @Override
25.             public void run() {
26.                 getCurrentActivity().getWindow().addFlags(
27.                         android.view.WindowManager.LayoutParams.FLAG_
                          KEEP_SCREEN_ON);
28.             }
29.         });
30.     }
31.
32.     @ReactMethod
33.     public void removeScreenAwake() {
34.         getCurrentActivity().runOnUiThread(new Runnable() {
35.             @Override
36.             public void run() {
37.                 getCurrentActivity().getWindow().clearFlags(
38.                         android.view.WindowManager.LayoutParams.FLAG_
                          KEEP_SCREEN_ON);
39.             }
40.         });
41.     }
42. }
```

同样，其他的 Android 平台的原生方法都可以按照此形式进行添加，之后即可在 React Native 的 JavaScript 代码中调用。

12.2.2 Android 原生模块注册

接下来我们需要创建一个类来实现 ReactPackage 的接口函数，实现原生模块的注册，这里我们命名此文件名为 MyModulePackage.java，并实现接口中的 createNativeModules 与 createViewManagers 两个方法。这里我们使用函数 createNative-

Modules 来进行模块的注册，另一个函数 createViewManagers 进行空值返回即可。

最终的完整代码如下，注意代码第 19 行的定义：

```
1.  package com.nativeandroidmodule;
2.
3.  import com.facebook.react.ReactPackage;
4.  import com.facebook.react.bridge.NativeModule;
5.  import com.facebook.react.bridge.ReactApplicationContext;
6.  import com.facebook.react.uimanager.ViewManager;
7.
8.  import java.util.ArrayList;
9.  import java.util.Collections;
10. import java.util.List;
11.
12. public class MyModulePackage implements ReactPackage {
13.     @Override
14.     public List<NativeModule> createNativeModules(
15.             ReactApplicationContext reactContext) {
16.         List<NativeModule> modules = new ArrayList<>();
17.
18.         modules.add(new
19.                 MyModule(reactContext));
20.
21.         return modules;
22.     }
23.
24.     @Override
25.     public List<ViewManager> createViewManagers(ReactApplicationContext
26.                                                             reactContext) {
27.         return Collections.emptyList();
28.     }
29. }
```

12.2.3 Android 包定义

在项目中的 MainApplication.java 文件中，需要包含我们自己开发的原生包，添加在 getPackages 函数中即可。

```
1.  package com.nativeandroidmodule;
2.
3.  import android.app.Application;
4.
5.  import com.facebook.react.ReactApplication;
6.  import com.facebook.react.ReactNativeHost;
```

```
 7. import com.facebook.react.ReactPackage;
 8. import com.facebook.react.shell.MainReactPackage;
 9. import com.facebook.soloader.SoLoader;
10.
11. import java.util.Arrays;
12. import java.util.List;
13.
14. public class MainApplication extends Application implements ReactApp-
      lication {
15.
16.   private final ReactNativeHost mReactNativeHost = new ReactNative-
        Host(this) {
17.     @Override
18.     public boolean getUseDeveloperSupport() {
19.       return BuildConfig.DEBUG;
20.     }
21.
22.     @Override
23.     protected List<ReactPackage> getPackages() {
24.       return Arrays.<ReactPackage>asList(
25.           new MainReactPackage(),
26.                 //包含我们自定义的原生组件包
27.                 new MyModulePackage()
28.       );
29.     }
30.
31.     @Override
32.     protected String getJSMainModuleName() {
33.       return "index";
34.     }
35.   };
36.
37.   @Override
38.   public ReactNativeHost getReactNativeHost() {
39.     return mReactNativeHost;
40.   }
41.
42.   @Override
43.   public void onCreate() {
44.     super.onCreate();
45.     SoLoader.init(this, /* native exopackage */ false);
46.   }
47. }
```

包含的方式在代码的第 27 行，Android 原生端开发完毕后的文件结构如图 12-6 所示。

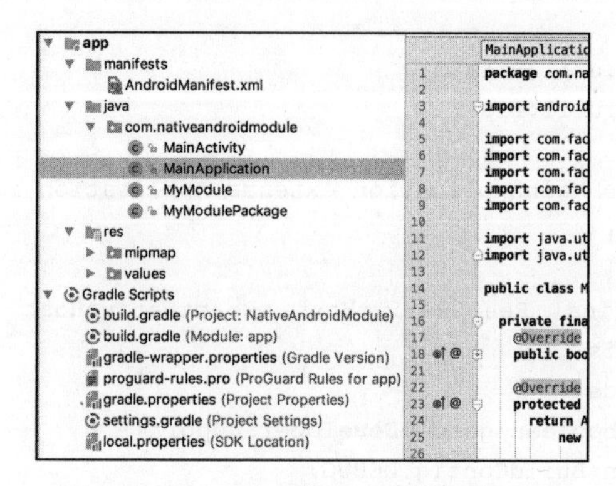

图 12-6 Android 端开发完毕文件结构

12.2.4 React Native 中调用混合开发代码

在 JavaScript 项目中，我们可以建立一个独立的文件将 Android 平台中定义的原生模块导出使用，新建的 JavaScript 代码文件为 MyAndroidModule.js：

```
1. /**
2.  * 章节: 12-02
3.  * 定义Android平台的原生组件进行导出使用
4.  * FilePath: /12-02/NativeAndroidModule/MyAndroidModule.js
5.  * @Parry
6.  */
7.
8. import { NativeModules } from "react-native";
9. module.exports = NativeModules.MyModule;
```

在 App.js 中的代码使用如下：

```
1.  /**
2.   * 章节: 12-02
3.   * 演示使用Android中的混合开发模块的调用
4.   * FilePath: /12-02/NativeAndroidModule/App.js
5.   * @Parry
6.   */
7.
8.  import React, {Component} from 'react';
9.  import {Platform, StyleSheet, Text, View} from 'react-native';
10.
```

```
11. import MyModule from "./MyAndroidModule";
12.
13. export default class App extends Component < {} > {
14.   componentDidMount() {
15.     if (Platform.OS == "android") {
16.       MyModule.keepScreenAwake();
17.     }
18.   }
19.
20.   render() {
21.     return (
22.       <View style={styles.container}>
23.         <Text style={styles.welcome}>
24.           React Native Android 混合开发
25.         </Text>
26.         <Text style={styles.instructions}>
27.           演示调用Android的原生组件方法
28.         </Text>
29.       </View>
30.     );
31.   }
32. }
33.
34. const styles = StyleSheet.create({
35.   container: {
36.     flex: 1,
37.     justifyContent: 'center',
38.     alignItems: 'center',
39.     backgroundColor: '#F5FCFF'
40.   },
41.   instructions: {
42.     textAlign: 'center',
43.     color: '#333333',
44.     marginBottom: 5
45.   }
46. });
```

代码说明如下：

- 代码的第 11 行从之前定义的单独的 JavaScript 模块中导入了在 Android 原生模块中定义的模块；
- 代码的第 15 行在调用原生函数前，判断当前的平台类型，如果是 Android 平台才会调用 Android 平台下的原生方法，因为我们可能还需要处理 iOS 平台下的逻辑代码；

- 代码第 16 行就直接通过 MyModule.keepScreenAwake() 调用了我们之前在 Android 原生平台下定义的保持屏幕常亮的方法。

在 Android 模拟器或者真机设备中，我们首先需要将屏幕的保持常亮关闭，并设置一个较短的时间自动关闭屏幕，如我在测试的 Android 模拟器中的设置如图 12-7 所示。

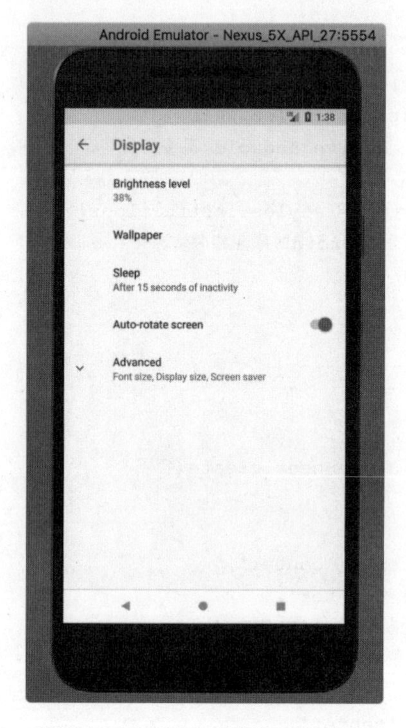

图 12-7　Android 模拟器的设置

设置并测试屏幕会在固定的时长后自动关闭，运行我们开发的 App 进行测试，如图 12-8 所示。

我们发现不管过多久屏幕都不会熄灭，所以我们成功从 JavaScript 中调用了原生模块中的原生 API 设置了屏幕的显示，此功能常用于导航 App 或微信的实时位置分享中，如果遇到此功能的开发需求可以参考这里的实现方法，其他的原生平台 API 都可以通过此方法提供给 React Native 的 JavaScript 代码去调用。

从这个 App 的实现中，我们了解到了 React Native 与 Android 平台混合开发的思路与原理，与 iOS 平台的实现类似，都是 React Native 开放对应的功能接口给原生平台使用，我们按照固定的接口规范使用对应平台的原生语言进行开发即可。

图 12-8　Android 混合开发 App 运行效果

12.2.5　Android 平台混合开发特性详解

React Native 为 Android 平台还开放了其他的接口，详细的介绍如下所述。

1. 回调

原生模块同样也支持一种特殊的参数，就是回调函数，其提供了一个向 JavaScript 代码返回结果的功能。

在 Android 平台下的定义方法如下：

```
1. import com.facebook.react.bridge.Callback;
2.
3. public class UIManagerModule extends ReactContextBaseJavaModule {
4.
5. ...
6.
```

```
 7.   @ReactMethod
 8.   public void measureLayout(
 9.       int tag,
10.       int ancestorTag,
11.       Callback errorCallback,
12.       Callback successCallback) {
13.     try {
14.       measureLayout(tag, ancestorTag, mMeasureBuffer);
15.       float relativeX = PixelUtil.toDIPFromPixel(mMeasureBuffer[0]);
16.       float relativeY = PixelUtil.toDIPFromPixel(mMeasureBuffer[1]);
17.       float width = PixelUtil.toDIPFromPixel(mMeasureBuffer[2]);
18.       float height = PixelUtil.toDIPFromPixel(mMeasureBuffer[3]);
19.       successCallback.invoke(relativeX, relativeY, width, height);
20.     } catch (IllegalViewOperationException e) {
21.       errorCallback.invoke(e.getMessage());
22.     }
23.   }
24.
25. ......
```

此 Android 原生平台定义的方法在 JavaScript 中调用的方法如下：

```
 1. UIManager.measureLayout(
 2.   100,
 3.   100,
 4.   (msg) => {
 5.     console.log(msg);
 6.   },
 7.   (x, y, width, height) => {
 8.     console.log(x + ':' + y + ':' + width + ':' + height);
 9.   }
10. );
```

原生模块中的回调函数仅可以被调用一次，当然你可以先存储回调之后再来执行。注意执行的过程是异步的。

2. Promise

同 React Native 为 iOS 平台提供的接口一样，原生模块还可以使用 Promise 来简化你的代码。如果桥接的原生模块中方法的最后一个参数是 Promise，那么对应的 JavaScript 方法就会返回一个 Promise 对象。

上面的代码使用 Promise 来代替回调进行重构的代码如下：

```
1. import com.facebook.react.bridge.Promise;
```

```
 2.
 3. public class UIManagerModule extends ReactContextBaseJavaModule {
 4.
 5. ...
 6.
 7.   @ReactMethod
 8.   public void measureLayout(
 9.       int tag,
10.       int ancestorTag,
11.       Promise promise) {
12.     try {
13.       measureLayout(tag, ancestorTag, mMeasureBuffer);
14.
15.       WritableMap map = Arguments.createMap();
16.
17.       map.putDouble("relativeX", PixelUtil.toDIPFromPixel(mMeasureBuf
          fer[0]));
18.       map.putDouble("relativeY", PixelUtil.toDIPFromPixel(mMeasureBuf
          fer[1]));
19.       map.putDouble("width", PixelUtil.toDIPFromPixel(mMeasureBuff
          er[2]));
20.       map.putDouble("height", PixelUtil.toDIPFromPixel(mMeasureBuff
          er[3]));
21.
22.       promise.resolve(map);
23.     } catch (IllegalViewOperationException e) {
24.       promise.reject(e.getMessage());
25.     }
26.   }
27.
28. ......
```

对应的 JavaScript 代码如下，我们可以在声明为 async 的异步函数内使用 await 关键字来调用，代码如下：

```
1. async function measureLayout() {
2.   try {
3.     var {
4.       relativeX,
5.       relativeY,
6.       width,
7.       height,
8.     } = await UIManager.measureLayout(100, 100);
9.
```

```
10.     console.log(relativeX + ':' + relativeY + ':' + width + ':' +
          height);
11.   } catch (e) {
12.     console.error(e);
13.   }
14. }
15.
16. measureLayout();
```

3. 发送事件到 JavaScript

同 iOS 平台的混合开发一样，Android 平台的混合开发模式下，也可以给 JavaScript 代码发送事件。最简单的办法就是通过 RCTDeviceEventEmitter，可通过 ReactContext 来获得对应的引用，实现的代码如下：

```
1. ......
2. private void sendEvent(ReactContext reactContext,
3.                        String eventName,
4.                        @Nullable WritableMap params) {
5.   reactContext
6.       .getJSModule(DeviceEventManagerModule.RCTDeviceEventEmitter.class)
7.       .emit(eventName, params);
8. }
9. ......
10. WritableMap params = Arguments.createMap();
11. ......
12. sendEvent(reactContext, "keyboardWillShow", params);
```

JavaScript 端的代码如下，可通过 DeviceEventEmitter 来进行事件的监听。

```
1. import { DeviceEventEmitter } from 'react-native';
2. ...
3. componentWillMount: function() {
4.   DeviceEventEmitter.addListener('keyboardWillShow', function(e: Event) {
5.     // 处理事件
6.   });
7. }
8. ...
```

4. 从 startActivityForResult 中获取结果

当在 Android 原生平台下使用 startActivityForResult 的方法调起一个 activity 并获得返回结果，那么你需要监听 onActivityResult 事件。

具体的做法是继承 BaseActivityEventListener 或是实现 ActivityEventListener，

如使用 BaseActivityEventListener 的方法代码如下：

```
reactContext.addActivityEventListener(mActivityResultListener);
```

通过重写下面的方法来实现对 onActivityResult 的监听，代码如下：

```
1. @Override
2. public void onActivityResult(
3.   final Activity activity,
4.   final int requestCode,
5.   final int resultCode,
6.   final Intent intent) {
7.   // 添加自己处理的逻辑
8. }
```

如下为官方演示的一个简单的图片选择器的代码。这个图片选择器会把 pickImage 方法暴露给 JavaScript 代码，这个方法在调用时就会把图片的路径返回到 JavaScript 代码端，代码如下：

```
1. public class ImagePickerModule extends ReactContextBaseJavaModule {
2.
3.   private static final int IMAGE_PICKER_REQUEST = 467081;
4.   private static final String E_ACTIVITY_DOES_NOT_EXIST = "E_ACTIVITY_
       DOES_NOT_EXIST";
5.   private static final String E_PICKER_CANCELLED = "E_PICKER_CANCELLED";
6.   private static final String E_FAILED_TO_SHOW_PICKER = "E_FAILED_TO_
       SHOW_PICKER";
7.   private static final String E_NO_IMAGE_DATA_FOUND = "E_NO_IMAGE_
       DATA_FOUND";
8.
9.   private Promise mPickerPromise;
10.
11.  private final ActivityEventListener mActivityEventListener = new
       BaseActivityEventListener() {
12.
13.    @Override
14.    public void onActivityResult(Activity activity, int requestCode,
         int resultCode, Intent intent) {
15.      if (requestCode == IMAGE_PICKER_REQUEST) {
16.        if (mPickerPromise != null) {
17.          if (resultCode == Activity.RESULT_CANCELED) {
18.            mPickerPromise.reject(E_PICKER_CANCELLED, "取消了选择");
19.          } else if (resultCode == Activity.RESULT_OK) {
20.            Uri uri = intent.getData();
```

```
21.
22.             if (uri == null) {
23.               mPickerPromise.reject(E_NO_IMAGE_DATA_FOUND, "没有图片资源");
24.             } else {
25.               mPickerPromise.resolve(uri.toString());
26.             }
27.           }
28.
29.           mPickerPromise = null;
30.         }
31.       }
32.     }
33.   };
34.
35.   public ImagePickerModule(ReactApplicationContext reactContext) {
36.     super(reactContext);
37.
38.     // 添加事件监听 `onActivityResult`
39.     reactContext.addActivityEventListener(mActivityEventListener);
40.   }
41.
42.   @Override
43.   public String getName() {
44.     return "ImagePickerModule";
45.   }
46.
47.   @ReactMethod
48.   public void pickImage(final Promise promise) {
49.     Activity currentActivity = getCurrentActivity();
50.
51.     if (currentActivity == null) {
52.       promise.reject(E_ACTIVITY_DOES_NOT_EXIST, "Activity doesn't exist");
53.       return;
54.     }
55.
56.     // 先存储起 promise，等待返回数据时使用。
57.     mPickerPromise = promise;
58.
59.     try {
60.       final Intent galleryIntent = new Intent(Intent.ACTION_PICK);
61.
62.       galleryIntent.setType("image/*");
63.
64.       final Intent chooserIntent = Intent.createChooser(galleryIntent,
```

```
        "选取图片");
65.
66.         currentActivity.startActivityForResult(chooserIntent, IMAGE_
              PICKER_REQUEST);
67.     } catch (Exception e) {
68.         mPickerPromise.reject(E_FAILED_TO_SHOW_PICKER, e);
69.         mPickerPromise = null;
70.     }
71.   }
72. }
```

核心的代码在 66 行，从调起的 chooserIntent activity 中获取返回结果。

5. 监听生命周期事件

我们还可以为 JavaScript 代码提供监听 activity 生命周期的事件函数，和实现 ActivityEventListener 的做法类似，实现模块 LifecycleEventListener，然后在构造函数中注册一个监听函数，代码如下。

```
reactContext.addLifecycleEventListener(this);
```

监听生命周期的代码如下。

```
 1. @Override
 2. public void onHostResume() {
 3.     // Activity `onResume`
 4. }
 5.
 6. @Override
 7. public void onHostPause() {
 8.     // Activity `onPause`
 9. }
10.
11. @Override
12. public void onHostDestroy() {
13.     // Activity `onDestroy`
14. }
```

同样，React Native 平台为 Android 平台也提供了开发原生 UI 组件的功能，官方的文档中有详细的描述，更多高阶开发内容可以直接参见 https://facebook.github.io/react-native/docs/native-components-android.html，如你在开发中遇到任何问题，都可以直接在本书的线上资源库中找到提问方式并向我咨询。

12.3 Android 平台混合开发实例

此小节我们在 Android 平台下实现在学习 iOS 平台混合开发时实现的获取系统音量的功能，这样大家也可以类比 iOS 平台与 Android 平台的实现异同，加深对 React Native 框架的理解，其他的复杂功能都可以依照此方式进行开发，并可以同时实现 iOS 平台与 Android 平台的功能。

在此实例中，我们再次进行一个 Android 平台的混合功能开发，开发一个常用的功能：获取 Android 系统中的设备音量，此功能在 React Native 框架中没有提供对应的 API，所以需要自己开发一个原生模块供 JavaScript 调用，iOS 平台的实现可以参见第 11 章节的实战部分。

> 完整代码在本书配套源码的 12-03 文件夹。

12.3.1 Android 原生代码实现

初始化的项目文件夹名称为 GetSystemVolumeAndroid，项目新建后，使用 Android Studio 导入 android 项目文件夹，分别建立两个 Android 平台的文件 VolumeModule.java 和 VolumePackage.java。

项目文件建立后在 Android Studio 下的结构如图 12-9 所示。

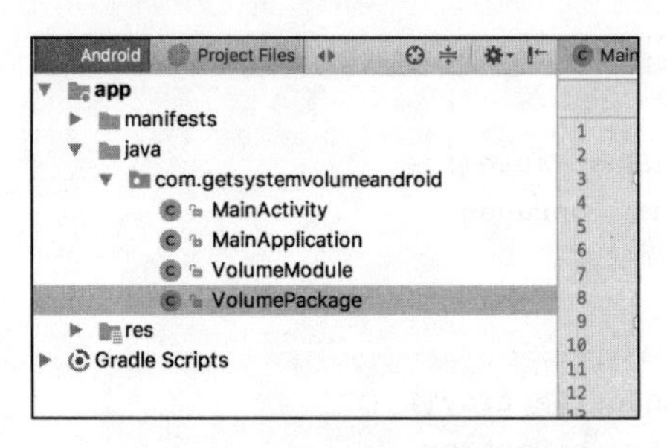

图 12-9 项目建立后的结构

VolumeModule.java 中调用了 Android 平台的 API 获取到了系统设备的音量，并使用回调的形式返回了 JavaScript 代码供调用。完整的代码如下：

```
1. package com.getsystemvolumeandroid;
2.
3. import android.content.Context;
4. import android.media.AudioManager;
```

```
5.
6. import com.facebook.react.bridge.Callback;
7. import com.facebook.react.bridge.ReactApplicationContext;
8. import com.facebook.react.bridge.ReactContextBaseJavaModule;
9. import com.facebook.react.bridge.ReactMethod;
10.
11. public class VolumeModule extends ReactContextBaseJavaModule {
12.     private static final String TAG = "Volume";
13.     private AudioManager audio;
14.
15.     public VolumeModule(ReactApplicationContext reactContext) {
16.         super(reactContext);
17.         audio = (AudioManager) reactContext.getSystemService(Context.
              AUDIO_SERVICE);
18.     }
19.
20.     @Override
21.     public String getName() {
22.         return TAG;
23.     }
24.
25.     @ReactMethod
26.     public void getSystemVolume(Callback callback) {  // 调用Android平
          台的API
27.         int currentVolume = audio.getStreamVolume(AudioManager.STREAM_MUSIC);
28.         int maxVolume = audio.getStreamMaxVolume(AudioManager.STREAM_MUSIC);
29.         callback.invoke(null, ((float) currentVolume / maxVolume));
30.     }
31. }
```

12.3.2 Android 包定义

VolumePackage.java 文件对模块进行了包的定义，按照介绍原理性的部分实现即可，完整的代码如下。

主要的实现为代码的第 23 到第 27 行。

```
1. package com.getsystemvolumeandroid;
2.
3. import com.facebook.react.ReactPackage;
4. import com.facebook.react.bridge.JavaScriptModule;
5. import com.facebook.react.bridge.NativeModule;
6. import com.facebook.react.bridge.ReactApplicationContext;
7. import com.facebook.react.uimanager.ViewManager;
```

```
 8.
 9. import java.util.ArrayList;
10. import java.util.Collections;
11. import java.util.List;
12.
13. public class VolumePackage implements ReactPackage {
14.
15.     @Override
16.    public List<ViewManager> createViewManagers(ReactApplicationContext
        reactContext) {
17.         return Collections.emptyList();
18.    }
19.
20.     @Override
21.     public List<NativeModule> createNativeModules(
22.             ReactApplicationContext reactContext) {
23.         List<NativeModule> modules = new ArrayList<>();
24.
25.         modules.add(new VolumeModule(reactContext));  // 添加模块
26.
27.         return modules;
28.     }
29. }
```

12.3.3 Android 原生模块注册

同样，你需要在Android项目的入口文件MainApplication.java中包含自定义的模块包。

主要的实现为代码的第26行，在MainReactPackage后添加了混合开发的VolumePackage包。

```
 1. package com.getsystemvolumeandroid;
 2.
 3. import android.app.Application;
 4.
 5. import com.facebook.react.ReactApplication;
 6. import com.facebook.react.ReactNativeHost;
 7. import com.facebook.react.ReactPackage;
 8. import com.facebook.react.shell.MainReactPackage;
 9. import com.facebook.soloader.SoLoader;
10.
11. import java.util.Arrays;
12. import java.util.List;
```

```
13.
14. public class MainApplication extends Application implements ReactApplication {
15.
16.         private final ReactNativeHost mReactNativeHost = new ReactNative-
              Host(this) {
17.           @Override
18.           public boolean getUseDeveloperSupport() {
19.             return BuildConfig.DEBUG;
20.           }
21.
22.           @Override
23.           protected List<ReactPackage> getPackages() {
24.             return Arrays.<ReactPackage>asList(
25.                     new MainReactPackage(),
26.                     new VolumePackage()  // 添加自定义的包
27.       );
28.     }
29.
30.     @Override
31.     protected String getJSMainModuleName() {
32.       return "index";
33.     }
34.   };
35.
36.   @Override
37.   public ReactNativeHost getReactNativeHost() {
38.     return mReactNativeHost;
39.   }
40.
41.   @Override
42.   public void onCreate() {
43.     super.onCreate();
44.     SoLoader.init(this, /* native exopackage */ false);
45.   }
46. }
```

12.3.4　React Native 调用混合开发代码

下面来实现 JavaScript 端的调用代码，我们首先创建一个单独的 JavaScript 文件进行 Android 原生模块的导入。

文件名为 volume.js，导出了原生模块的函数供其他 JavaScript 模块使用，完整代码如下：

```
1. import { NativeModules } from 'react-native'
2.
3. export const getSystemVolume = (callback) => {
4.   NativeModules.Volume.getSystemVolume(callback)
5. }
```

导入后，我们在入口文件 App.js 中使用即可，使用代码的布局与 iOS 混合开发实战的布局一样，完整的实现代码如下：

```
1. /**
2.  * 章节: 12-03
3.  *在React Native JavaScript代码中调用Android平台的原生代码定义模块
4.  * 获取系统音量
5.  * FilePath: /12-03/GetSystemVolumeAndroid/App.js
6.  * @Parry
7.  */
8.
9. import React, {Component} from 'react';
10. import {Platform, StyleSheet, Text, View, Alert} from 'react-native';
11.
12. import {getSystemVolume} from './volume'
13.
14. export default class App extends Component < {} > {
15.   constructor(props) {
16.     super(props);
17.   }
18.
19.   getVolume() {  // 调用原生平台定义的方法
20.     getSystemVolume((error, volume) => Alert.alert('系统当前音量', volume.
        toFixed(2) * 100 +'%'))
21.   }
22.
23.   render() {
24.     return (
25.       <View style={styles.container}>
26.         <Text
27.           style={styles.welcome}
28.           onPress={this  // 点击后弹出当前的音量
29.           .getVolume
30.           .bind(this)}>
31.           获取系统设备的音量
32.         </Text>
33.       </View>
34.     );
```

```
35.    }
36. }
37.
38. const styles = StyleSheet.create({
39.   container: {
40.     flex: 1,
41.     justifyContent: 'center',
42.     alignItems: 'center',
43.     backgroundColor: '#F5FCFF'
44.   },
45.   welcome: {
46.     fontSize: 20,
47.     textAlign: 'center',
48.     margin: 10
49.   }
50. });
```

我们在 Android 模拟器或真机上运行测试，调整系统的音量，如图 12-10 所示，大概为 50% 的音量，之后我们再通过运行代码看精确的音量值是多少。

图 12-10　运行前设置 Android 系统音量

点击“获取系统设备的音量”后显示出调整系统音量的准确值为 47%，结果如图 12-11 所示。

图 12-11 Android 下运行效果

如果你想调用 Android 原生平台其他的 API 功能，然后提供给 React Native 的 JavaScript 代码调用，你都可以参考此实例的实现方法进行开发，iOS 平台的混合开发参见上一章节即可。

12.4 本章小结

本章我们在学习了 iOS 平台混合开发的基础上，又学习了 Android 平台混合开发的知识，因为两个平台的混合开发需要具备大量的原生平台的开发知识与经验。

如果你刚接触 React Native 开发，看完这两章节可能会觉得晦涩难懂，这部分高阶内容本来就是在有需求的时候才去深入学习与研究，在 React Native 平台提供的原生组件、API 以及海量的第三方类库都不能满足的时候才会去接触，不过既有的社区资源已足够满足我们开发所需。

所以一般情况下，只需要大家能领会到各平台与 React Native 框架通信的基本原理即可。同时是让大家在心里知道 React Native 为我们在 iOS 平台与 Android 平台之间还留了一扇门，当遇到实在不能解决的问题或既有框架都不能满足需求的时候，我们还有 React Native 混合开发这条路可走。

Chapter 13 第13章

React Native 消息推送

本章将详细讲解React Native框架下iOS平台与Android平台的消息推送原理，并介绍两个平台的消息推送实战。消息推送是App给用户推送即时消息的入口，此知识点常用且重要。

13.1 iOS平台消息推送机制

我们经常在iOS设备的App上会接收到各种消息推送，如目前最常用的微信消息、QQ消息、其他App的提醒消息甚至各种广告消息的推送，并且App的消息推送可以大大提高App的打开率，如图13-1所示为iOS平台下接收到的推送消息。

图13-1　iOS平台的推送消息

我们使用 React Native 开发的 App 同样也会有消息推送的需求，这里还是一贯按照本书的学习逻辑，在实战一个知识点前，最好能理解一下其背后的实现原理，这样才能更好地处理好实战中的使用。接下来我们先看一看 iOS 平台下是如何实现 App 消息推送的。

所有的 iOS 设备甚至 macOS、tvOS 设备的消息推送都会经过 Apple 的消息推送服务器 Apple Push Notification service (APNs)，所有的推送消息由此服务器进行消息的下发，Apple 负责维护整个服务集群的分布与稳定性，我们只需要向 APNs 按照固定的格式发送消息下发请求即可。

当然，在向 APNs 发送请求的服务器端需要配置 Apple 开发者账号下的证书，确保整个流程是安全且确定唯一的。

1. 原生消息推送原理与流程

整个 iOS 平台的推送流程图如图 13-2 所示，此流程设计可以保证即使用户的相关 App 不在开启的状态，消息也是可以推送到，如我们在 iPhone 的后台清空了所有的 App，但是 iPhone 还是可以接收到所有 App 的推送消息（前提是你允许了对应的 App 接受消息通知的权限），这样的设计就保证了 iOS 设备下一贯的优秀用户体验，后面我们介绍 Android 平台时会进行简单对比讲解。

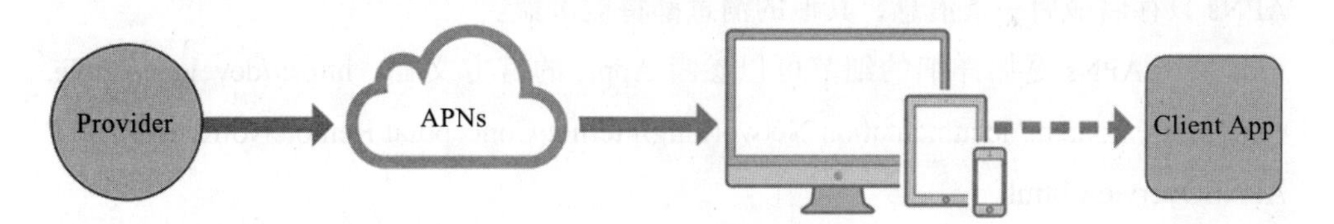

图 13-2　iOS 消息推送流程

Provider（客户端服务器）与 APNs 以及设备之间的时序图如图 13-3 所示，注意其中几个重要的流程：

- 你通过 APNs 接收对应的 App 全球唯一设备码以及其他一些数据，这样就可以保证消息可以发送到唯一的设备上，可以理解为知道了设备的身份证号才可以精确向其推送消息；
- 所有的消息都是先发送请求到 APNs 后，由 APNs 进行消息的推送；
- 获得设备加密后的 token 的服务器都可以进行消息的请求，所以客户端的请求服务器不一定是一个，可以是很多个，这个可以根据实际的 App 推送业务需求进行部署；

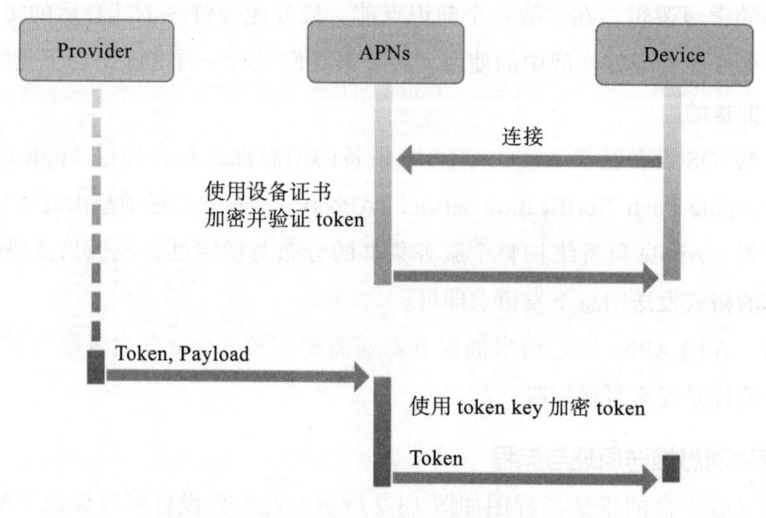

图 13-3 iOS 消息推送时序图

你可能会想到如果设备关机了，消息是如何处理的。此部分的功能由 APNs 实现，APNs 发现目标设备离线后，会先将请求的消息存储起来，等设备上线后再进行消息的推送。不过如果设备离线时，服务器向此设备推送了很多条消息，那么 APNs 只存储最后一条消息，其他的消息都将被覆盖。

关于 APNs 更加详细的细节可以参考 Apple 的官方文档：https://developer.apple.com/library/content/documentation/NetworkingInternet/Conceptual/RemoteNotificationsPG/APNSOverview.html。

而关于后期 iOS 平台的原生消息推送设置非常复杂，需要我们手动设置消息推送的开发者账号证书、推送消息请求的服务器证书、环境、编写与 APNs 交互的代码。

2. iOS 平台第三方消息推送框架原理与流程

不过总会有第三方的框架会将开发的流程简单化，对于消息推送的流程也是如此。大家可以思考一下，是不是可以在我们发送推送消息的请求到 APNs 之间由一个第三方的平台提供，所有的消息推送都按照一个固定的格式请求到第三方平台，由第三方平台再来请求 APNs，这样是不是就可以大大减少普通开发者的维护成本了？我们只需要按照固定的格式请求第三方平台即可，每一个开发者不需要自己维护一个消息推送的服务器与 APNs 进行通信。

的确，目前已经存在了很多的第三方移动 App 消息推送平台，我们使用了第三方消息推送平台后，所有的请求都可以统一起来，而不需要分开进行消息推送服务器的维护以及消息请求代码的开发。

这里我们介绍目前国内使用比较广泛且下面章节进行实战开发使用的第三方消息推送框架，极光推送，其官网为：https://www.jiguang.cn/，我们下面将继续进行其原理的讲解。

图 13-4 为极光官网描述的 iOS 平台下的消息推送原理图，可以看到我们只需要与极光平台通过 JPush API 进行通信，JPush API 提供了 APNs Sender 与 Apple APNs Server 进行通信，后续 APNs 与设备的通信与原生消息推送通信的过程一致，由 APNs 负责即可，前部分由极光平台代理即可。

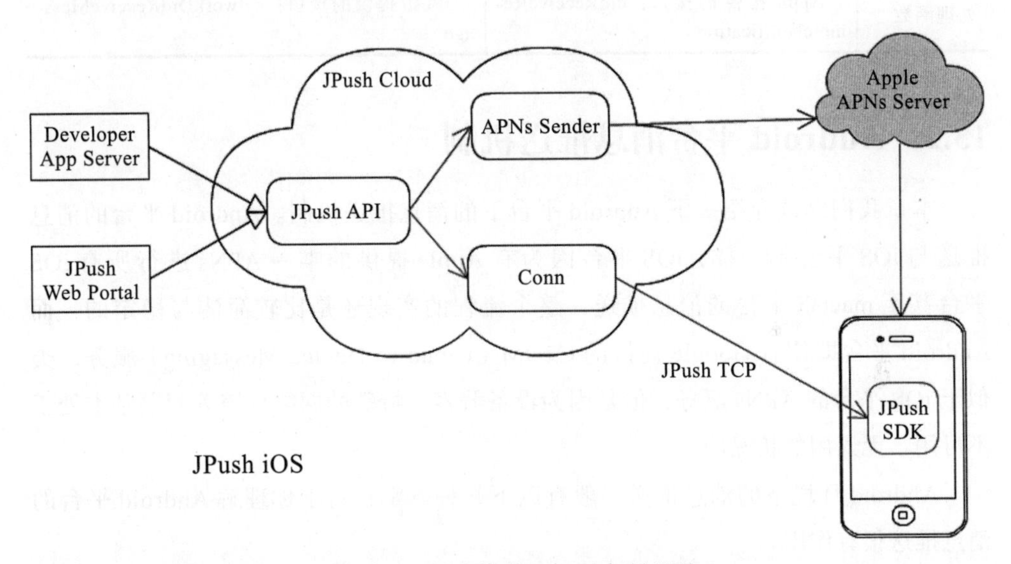

图 13-4　极光推送 iOS 平台原理图

另外 JPush 还提供了应用内消息推送部分，即 App 启动时，内嵌的 JPush SDK 会开启长连接到 JPush Server，从而 JPush Server 可以推送消息到 App 里。

下表解释了极光推送提供的 APNs 推送与应用类消息推送的区别。

当然，如果使用极光推送进行 APNs 消息推送，你还是需要向极光推送平台提供 Apple 开发者账号下的消息推送证书的，至于具体的配置我们会在第三小节进行极光推送的详细实战讲解。

	APNS	应用内消息
推送原则	由 JPush 服务器发送至 APNS 服务器，再下发到手机	由 JPush 直接下发，每次推送都会尝试发送，如果用户在线则立即收到。否则保存为离线
离线消息	离线消息由 APNS 服务器缓存按照 Apple 的逻辑处理	用户不在线 JPushserver 会保存离线消息，时长默认保留一天。离线消息保留 5 条
推送与证书环境	应用证书和推送指定的 iOS 环境匹配才可以收到	自定义消息与 APNS 证书环境无关
接收方式	应用退出，后台运行以及打开状态都能收到 APNS	需要应用打开，与 JPush 建立连接才能收到
展示效果	如果应用后台运行或退出，会有系统的 APNS 提醒 如果应用处于打开状态，则不展示	非 APNS，默认不展示。可通过获取接口自行编码处理
处理函数	Apple 提供的接口：didReceiveRemoteNotification	JPush 提供的接口：networkDidReceiveMessage

13.2 Android 平台消息推送机制

本章我们继续介绍一下 Android 平台下的消息推送机制。Android 平台的消息推送与 iOS 平台不一样，iOS 平台因为有 Apple 提供的唯一 APNs 进行所有 iOS 平台甚至 macOS 平台的消息推送，整个流程的实现还是比较简洁与稳定的，而 Android 平台即使有 Google 提供的 C2DM（Cloud to Device Messaging）服务，类似于 iOS 平台的 APNs 服务，但是因为设备兼容、特殊的网络环境等问题基本处于不可用、无人用的状况。

Android 环境下的消息推送一般有以下几种方案，对于你理解 Android 平台的消息推送很有作用。

- 轮询（Pull）方式：轮询的方式可以简单理解为用户的手机端每隔一段时间就去问问服务器“我有没有新消息”，所以也称为拉取（Pull）操作，缺点显而易见，会浪费很多的资源，包括每次请求消耗的性能、用户数据流量、用户设备电量以及占用 App 进程等。
- 长连接（Push）方式：客户端与服务器建立 HTTP 的长连接，客户端并定期向服务器发送心跳包，当服务器端有该设备的新消息时，通过之前建立的 HTTP 长连接直接将消息发送给设备。此方案同样会有用户设备端的资源损耗问题。

- 使用 XMPP、MQTT 实现 Android 消息推送：使用消息发布 / 订阅协议来进行消息的推送定义。具体的实现涉及大量的 Android 原生开发的内容，感兴趣的读者可以参考 Android 原生开发的相关书籍。

综合考虑以上几种 Android 平台下的消息推送方案，使用长连接（Push）方式在实现简易度以及资源损耗方面可以找到一个比较好的平衡点。

接下来我们直接看极光推送基于长连接实现的 Android 平台下消息推送方案的原理与流程。图 13-5 是极光推送提供的 Android 平台下消息推送的实现原理图。

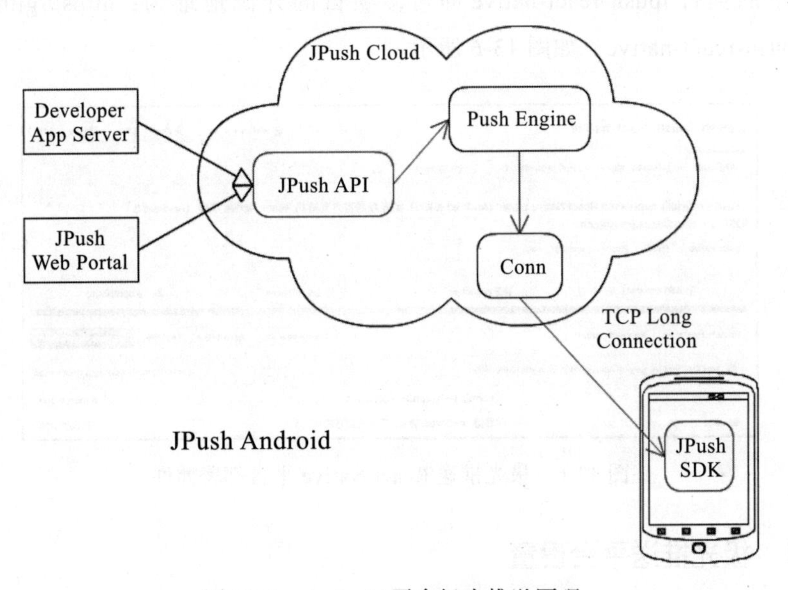

图 13-5　Android 平台极光推送原理

开发者集成 JPush Android SDK 到其应用里，JPush Android SDK 创建到 JPush Cloud 的长连接，为 App 提供永远在线的能力。当开发者想要及时地推送消息到达 App 时，只需要调用 JPush API 推送，或者使用其他方便的智能推送工具，即可轻松与用户交流。注意 JPush Android SDK 是作为 Android Service 长期运行在后台的，从而创建并保持长连接，保持永远在线。

因为极光推送已经对于消息推送框架的性能、稳定性、电量消耗与流量消耗都进行了持续地优化，所以 Android 平台下使用极光推送进行消息的推送是一个比较好的选择，当然还有其他很多的第三方消息推送平台可以使用，这里我们只是为了学习平台的消息推送原理并实战，并不进行第三方平台的优劣比较。

13.3 React Native 极光推送实战

接下来我们看一下在 React Native 中如何使用极光推送。极光推送本身是为 iOS 原生开发与 Android 原生开发提供现有的 SDK 包的，原生开发直接按照文档安装、配置、后期二次开发即可，而这里使用的是 React Native 框架进行 App 的开发，所以我们主要看一下 React Native 框架下如何使用极光推送进行消息的推送。

React Native 框架下使用极光推送，我们需要借助极光推送官方提供的 React Native 下的插件 jpush-react-native 即可，项目的开源地址为：https://github.com/jpush/jpush-react-native，如图 13-6 所示。

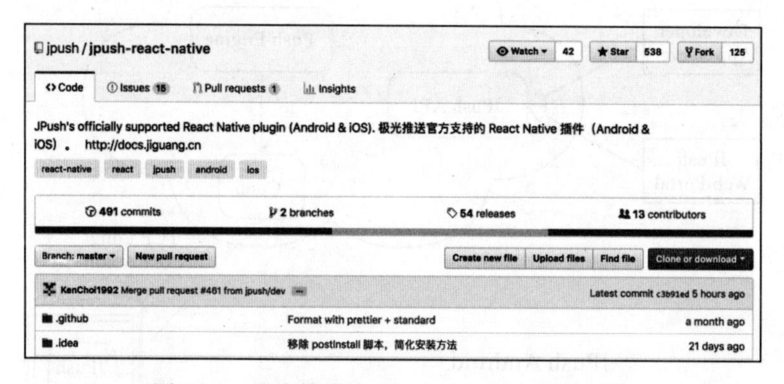

图 13-6 极光推送 React Native 平台部署插件

13.3.1 极光推送平台设置

首先在使用极光推送前，需要注册账号并添加对应的 App 设置。

极光推送支持 iOS 平台、Android 平台与 Windows Phone 平台的添加，我们这里添加 React Native 支持的 iOS 平台与 Android 平台即可，需要特别注意 Android 的应用包名与 iOS App 的 Bundle ID 最好保持一致，方便 App 以后使用其他混合开发框架进行修改时，可以为你省去很多的时间，其设置如图 13-7 所示。

Android 平台设置比较简单，只要填写上 Android App 的应用包名。而 iOS 平台需要进行相关证书的设置，具体过程如下。

极光推送平台对于 iOS 平台的设置，需要上传两个 APNS 证书文件，分别为生产环境证书与开发环境证书，但是证书有有效期，需要每隔一年在极光推送的后台进行一次更新，因为 iOS 的 App 需要上架，上架后的 App 只能使用生产环境的证书进行消息的推送，而在开发测试 iOS 的 App 时，使用开发环境的证书进行消息的推送即可。并且极光推送的发送后台也同时具有不同模式的选择，如图 13-8 所示。

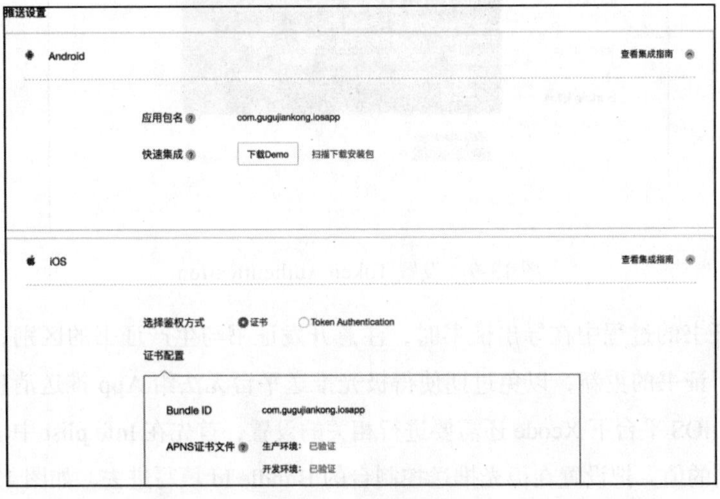

图 13-7　极光推送设置

图 13-8　极光推送后台发送选项

当然你也可以通过设置 iOS 平台的 Token Authentication 使得开发者账号下的多个 App 可以一起使用，并且没有 APNs 证书过期的问题，设置如图 13-9 所示，根据你的实际项目需求进行相应的设置即可。

整个证书的请求、下载、上传、设置等过程直接参考极光推送文档即可，因为是中文版的，所以非常方便，地址为：https://docs.jiguang.cn/jpush/client/iOS/ios_cer_guide/。

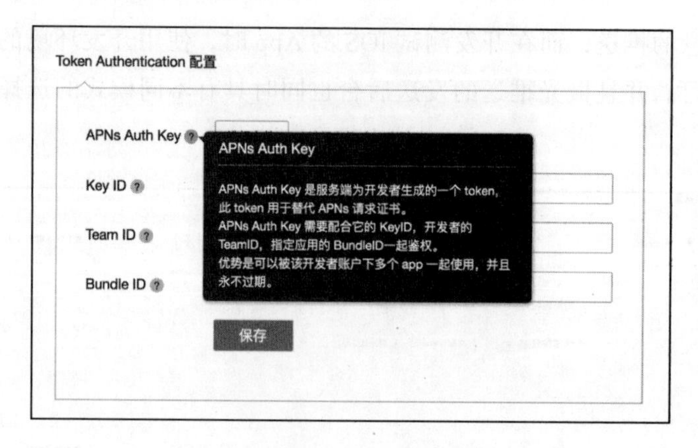

图 13-9 设置 Token Authentication

设置证书的过程中在导出证书时，注意开发证书与生产证书的区别，并注意每年需要进行证书的更新，以免过期使得极光推送平台无法给 App 推送消息。

同样，iOS 平台下 Xcode 还需要进行相关的设置，首先在 Info.plist 中填写 Bundle identifier 项的值，把设置在极光推送控制台的 Bundle Id 填写进去，如图 13-10 所示。

Key	Type	Value
▼Information Property List	Dictionary	(18 items)
▶ App Transport Security Settings	Dictionary	(1 item)
Localization native development re...	String	en
Bundle display name	String	${PRODUCT_NAME}
Executable file	String	${EXECUTABLE_NAME}
▶ Icon files (iOS 5)	Dictionary	(0 items)
▶ CFBundleIcons~ipad	Dictionary	(0 items)
Bundle identifier	String	JPush.Example 需要与JPush应用的应用设置上的bundle id一致
InfoDictionary version	String	6.0
Bundle name	String	${PRODUCT_NAME}
Bundle OS Type code	String	APPL
Bundle versions string, short	String	1.0
Bundle creator OS Type code	String	????
Bundle version	String	1.0
Application requires iPhone enviro...	Boolean	YES
▶ Required background modes	Array	(1 item)
Launch screen interface file base...	String	RootViewController
▶ Required device capabilities	Array	(1 item)
▶ Supported interface orientations	Array	(1 item)

图 13-10 在 Xcode 中设置 Bundle identifier

并选择项目的左侧 TARGETS 标签后进入 Build Setting 界面，设置“Code Signing Identity”，配置如图 13-11 所示。

13.3.2 React Native 插件安装与配置

接下来要进行 jpush-react-native 插件的安装，jpush-react-native 自 1.4.4 之后，需要安装 jcore-react-native。

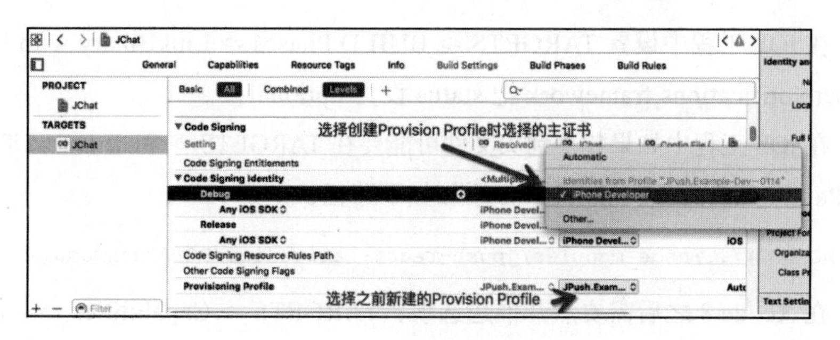

图 13-11 设置代码签名证书

我们建立消息推送实战项目的文件夹为 13-03 下的 JPushDemo，初始化项目后使用 npm 直接在项目中安装上 jpush-react-native 与 jcore-react-native 这两个组件，安装的命令为 npm install jpush-react-native jcore-react-native --save，命令执行的过程如图 13-12 所示。

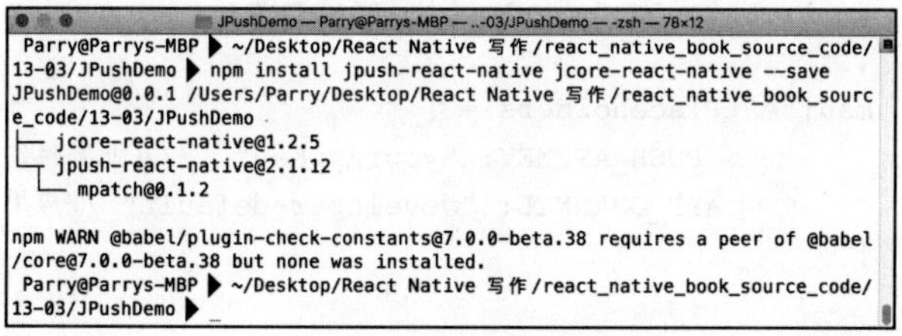

```
Parry@Parrys-MBP ▶ ~/Desktop/React Native 写作/react_native_book_source_code/
13-03/JPushDemo ▶ npm install jpush-react-native jcore-react-native --save
JPushDemo@0.0.1 /Users/Parry/Desktop/React Native 写作/react_native_book_sourc
e_code/13-03/JPushDemo
├── jcore-react-native@1.2.5
└─┬ jpush-react-native@2.1.12
  └── mpatch@0.1.2

npm WARN @babel/plugin-check-constants@7.0.0-beta.38 requires a peer of @babel
/core@7.0.0-beta.38 but none was installed.
Parry@Parrys-MBP ▶ ~/Desktop/React Native 写作/react_native_book_source_code/
13-03/JPushDemo ▶ _
```

图 13-12 加载 JPush 组件

安装成功后需要执行 react-native link 命令进行既有框架的链接并自动插入组件需要的原生代码，执行过程如图 13-13 所示。

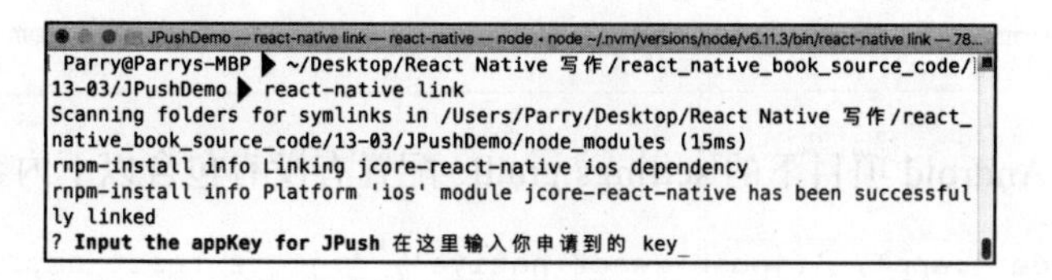

图 13-13 执行 react-native link

注意此过程的命令行会需要你输入极光推送后台的 AppKey 以及 Android 项目的模块包名，以便命令行为你自动设置项目的相关极光推送的配置，当然也可以后期手动去项目中去修改、配置。在此命令执行后，需要手动检查如下相关配置。

iOS 平台的配置如下：

1）在 iOS 工程中设置 TARGETS -> BUILD Phases -> LinkBinary with Libraries 找到 UserNotifications.framework 把 status 设为 optional；

2）在 iOS 工程中如果找不到头文件可能要在 TARGETS -> BUILD SETTINGS -> Search Paths -> Header Search Paths 添加如下路径；

```
$(SRCROOT)/../node_modules/jpush-react-native/ios/RCTJPushModule
```

3）在 Xcode 8 之后需要点开推送选项：TARGETS -> Capabilities -> Push Notification 设为 On 状态。

Android 平台的设置如下：

1）修改 Android 项目下的 build.gradle 配置文件，文件路径为 android/app/build.gradle；

```
1. android {
2.     defaultConfig {
3.         applicationId "yourApplicationId"
4.         ...
5.         manifestPlaceholders = [
6.                 JPUSH_APPKEY: "yourAppKey", //在此替换你的APPKey
7.                 APP_CHANNEL: "developer-default" //应用渠道号
8.         ]
9.     }
10. }
11. ...
12. dependencies {
13.     compile fileTree(dir: "libs", include: ["*.jar"])
14.     compile project(':jpush-react-native')  // 添加 jpush 依赖
15.     compile project(':jcore-react-native')  // 添加 jcore 依赖
16.     compile "com.facebook.react:react-native:+"  // From node_modules
17. }
```

2）检查 Android 项目下的 settings.gradle 配置有没有包含以下内容；

```
1. include ':app', ':jpush-react-native', ':jcore-react-native'
2. project(':jpush-react-native').projectDir = new File(rootProject.
     projectDir, '../node_modules/jpush-react-native/android')
3. project(':jcore-react-native').projectDir = new File(rootProject.
     projectDir, '../node_modules/jcore-react-native/android')
```

3）检查一下 app 下的 AndroidManifest 配置，有没有增加 <meta-data> 部分，路径为 android/app/AndroidManifest.xml；

```
1. <application
2.     ...
3.     <!-- Required . Enable it you can get statistics data with channel
         -->
4.     <meta-data android:name="JPUSH_CHANNEL" android:value="${APP_
         CHANNEL}"/>
5.     <meta-data android:name="JPUSH_APPKEY" android:value="${JPUSH_
         APPKEY}"/>
6.
7. </application>
```

4）完成上述配置后，重新 sync 一下项目，可以看到 jpush-react-native 以及 jcore-react-native 作为 android Library 项目导进来了，最终的项目加载效果如图 13-14 所示。

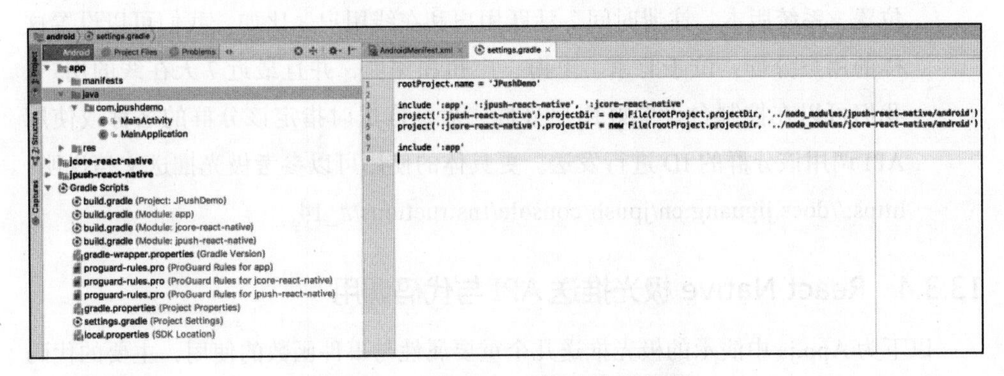

图 13-14　Android 项目包加载结果

13.3.3　理解标签、别名、Registration ID 概念

我们需要推送消息到哪些设备，极光推送提供了多种设备的属性来定义设备的唯一性或设备分组，供极光推送精准地推送指定的消息到指定的设备中。

极光推送提供的设备属性功能非常强大实用，具体的属性定义如下：

- 标签——我们可以通过代码为安装了应用程序的用户打上标签，其目的主要是方便我们根据定义的标签来批量下发 Push 消息。我们可以为每个用户打多个标签。比如将所有的男性用户设置标签 men，后期服务端的消息下发请求就可以带上此 men 标签请求极光推送平台发送消息给所有的男性用户手机，或 VIP 用户标签等，这样给用户推送的消息更加个性化，也更加精准；
- 别名——我们可以为每一个用户指定别名，但是注意每一个用户只可以设置一个别名，还要注意的是这里是指每一个用户，不是用于描述每一个不同的设备，因为一个用户可能具有多个设备，同时在不同的设备上登录了你开发的 App。同一个应用程序内，对不同的用户，建议取不同的别名。这样，就可以根据别名来唯一确定用户。

- Registration ID——客户端初始化 App 中的极光推送组件后，极光推送服务端会分配一个 Registration ID，作为此设备的标识（同一个手机不同 App 的 Registration ID 是不同的）。开发者可以通过指定具体的 Registration ID 来对单一设备推送，这里可以理解为每一个用户的每一个设备的唯一身份标识。
- 用户分群——后期我们基于极光推送组件采集到的用户信息与用户设备信息，可以对用户按照不同的属性进行分群。用户分群的筛选条件有：标签、地理位置、系统版本、注册时间、活跃用户和在线用户。比如，我们可以设置这样的用户分群：位于北京、上海、广州和深圳，并且最近 7 天在线的用户。我们可以在控制台设置好用户分群之后，推送时指定该分群的名称或使用 API 调用该分群的 ID 进行发送。更具体的使用可以参考极光推送文档说明：https://docs.jiguang.cn/jpush/console/Instructions/#_14。

13.3.4 React Native 极光推送 API 与代码调用

以下为 App.js 中演示的极光推送几个重要属性与事件函数的使用，主要的代码解释已经直接写在了代码注释中，因为代码较长，省略了其他无关代码，并直接在代码注释中解释代码，便于查看。

首先使用 import 导入必要的组件：

```
1. /**
2.  * 章节：13-03
3.  *在React Native JavaScript代码中调用极光推送组件的方法
4.  * FilePath: /13-03/JPushDemo/App.js
5.  * @Parry
6.  */
7.
8. import React, { Component } from 'react'
9. import {
10.   Alert,
11.   Platform,
12.   ScrollView,
13.   StyleSheet,
14.   Text,
```

```
15.    TextInput,
16.    TouchableHighlight,
17.    View
18.  } from 'react-native'
19.
20.  // 导入 jpush-react-native 组件中的JPushModule
21.  import JPushModule from 'jpush-react-native'
```

定义一些字符串参数，并在 state 中初始化一些属性值：

```
22.  const receiveNotificationEvent = 'receiveNotification'
23.  const openNotificationEvent = 'openNotification'
24.  const getRegistrationIdEvent = 'getRegistrationId'
25.
26.  export default class App extends Component {
27.    constructor (props) {
28.      super(props)
29.
30.      this.state = {
31.        appkey: 'AppKey', // app的key，可以通知极光推送的后台获取到
32.        imei: 'IMEI', //设备 IMEI 号
33.        package: 'PackageName', // Android项目包名
34.        deviceId: 'DeviceId', //设备 ID
35.        version: 'Version', // 极光推送版本信息
36.        registrationId: 'registrationId', //设备注册到的唯一 ID
37.        tag: '', // 标签
38.        alias: '' // 别名
39.      }
```

定义一些事件以及事件的处理函数：

```
40.      this.onInitPress = this.onInitPress.bind(this)
41.      this.onGetRegistrationIdPress = this.onGetRegistrationIdPress.bind(this)
42.      this.setTag = this.setTag.bind(this)
43.      this.setAlias = this.setAlias.bind(this)
44.    }
45.
46.    onInitPress () {
47.      JPushModule.initPush()
48.    }
49.
50.
51.    onGetRegistrationIdPress () {
52.      //获取设备唯一ID
53.      JPushModule.getRegistrationID(registrationId => {
```

```
54.         this.setState({
55.           registrationId: registrationId
56.         })
57.       })
58.     }
59.
60.     setTag () {
61.       if (this.state.tag) {
62.         //参数为一个标签数组字符串
63.         JPushModule.setTags(this.state.tag.split(','), map => {
64.           if (map.errorCode === 0) {
65.             console.log('Tag operate succeed, tags: ' + map.tags)
66.           } else {
67.             console.log('error code: ' + map.errorCode)
68.           }
69.         })
70.       }
71.     }
72.
73.     setAlias () {
74.       if (this.state.alias !== undefined) {
75.         JPushModule.setAlias(this.state.alias, map => {
76.           if (map.errorCode === 0) {
77.             console.log('set alias succeed')
78.           } else {
79.             console.log('set alias failed, errorCode: ' + map.errorCode)
80.           }
81.         })
82.       }
83.     }
```

组件加载完毕后，进行极光推送组件的设置，并定义接收到消息时对应的业务处理逻辑：

```
84.     componentDidMount () {
85.       // Android平台的特别处理
86.       if (Platform.OS === 'android') {
87.         JPushModule.initPush() // 初始化极光推送组件
88.         JPushModule.getInfo(map => { // 初始化成功后获取极光推送的相关属性
89.           this.setState({
90.             appkey: map.myAppKey,
91.             imei: map.myImei,
92.             package: map.myPackageName,
93.             deviceId: map.myDeviceId,
```

```
94.           version: map.myVersion
95.         })
96.       })
97.       JPushModule.notifyJSDidLoad(resultCode => {
98.         if (resultCode === 0) {
99.         }
100.      })
101.    }
102.
103.    // App 接收到消息推送时，可以通过此函数获取相关通知参数
104.    JPushModule.addReceiveNotificationListener(map => {
105.      console.log('alertContent: ' + map.alertContent)
106.      console.log('extras: ' + map.extras)
107.    })
108.
109.    JPushModule.addGetRegistrationIdListener(registrationId => {
110.      console.log('从平台注册到的设备唯一ID: ' + registrationId)
111.    })
112.  }
113.
114.  componentWillUnmount () {
115.    // App 退出时取消事件的订阅
116.    JPushModule.removeReceiveNotificationListener(receiveNotificationEvent)
117.    JPushModule.removeReceiveOpenNotificationListener(openNotificationEvent)
118.    JPushModule.removeGetRegistrationIdListener(getRegistrationIdEvent)
119.  }
120.
121.  render () {
122.    return (
123.      <View>
124.        <Text style={styles.textStyle}>{this.state.appkey}</Text>
125.        <Text style={styles.textStyle}>{this.state.imei}</Text>
126.        <Text style={styles.textStyle}>{this.state.package}</Text>
127.        <Text style={styles.textStyle}>{this.state.deviceId}</Text>
128.        <Text style={styles.textStyle}>{this.state.version}</Text>
129.        <TouchableHighlight
130.          underlayColor='#0866d9'
131.          activeOpacity={0.5}
132.          style={styles.btnStyle}
133.          onPress={this.onInitPress}
134.        >
135.          <Text style={styles.btnTextStyle}>INITPUSH</Text>
136.        </TouchableHighlight>
137.
```

```
138.        <TouchableHighlight
139.          underlayColor='#f5a402'
140.          activeOpacity={0.5}
141.          style={styles.btnStyle}
142.          onPress={this.onGetRegistrationIdPress}
143.        >
144.          <Text style={styles.btnTextStyle}>获取设备注册到的唯一 ID</Text>
145.        </TouchableHighlight>
146.
147.        <Text style={styles.textStyle}>{this.state.registrationId}</Text>
148.
149.        <View style={styles.cornorBg}>
150.          <View style={styles.setterContainer}>
151.            <Text style={styles.label}>Tag:</Text>
152.            <TextInput
153.              style={styles.tagInput}
154.              placeholder={
155.                'Tag为大小写字母，数字，下划线，中文，多个tag以，分割'
156.              }
157.              multiline
158.              onChangeText={e => {
159.                this.setState({ tag: e })
160.              }}
161.            />
162.            <TouchableHighlight
163.              style={styles.setBtnStyle}
164.              onPress={this.setTag}
165.              underlayColor='#e4083f'
166.              activeOpacity={0.5}
167.            >
168.              <Text style={styles.btnText}>设置 Tags</Text>
169.            </TouchableHighlight>
170.          </View>
171.
172.          <View style={styles.setterContainer}>
173.            <Text style={styles.label}>Alias:</Text>
174.            <TextInput
175.              style={styles.aliasInput}
176.              placeholder={'Alias为大小写字母，数字，下划线'}
177.              multiline
178.              onChangeText={e => {
179.                this.setState({ alias: e })
180.              }}
181.            />
```

```
182.             <TouchableHighlight
183.               style={styles.setBtnStyle}
184.               onPress={this.setAlias}
185.               underlayColor='#e4083f'
186.               activeOpacity={0.5}
187.             >
188.               <Text style={styles.btnText}>设置 Alias</Text>
189.             </TouchableHighlight>
190.           </View>
191.       </View>
192.     )
193.   }
194. }
195.
196. var styles = StyleSheet.create({
197.   ......
198. })
```

除了上面演示的 API，jpush-react-native 还提供了其他功能非常全面的 API 供开发者调用，在 GitHub 上有详细文档：https://github.com/jpush/jpush-react-native/blob/master/documents/api.md，下面我们再将主要的 API 功能进行一下详细地解释，当然你也可能使用了其他的消息推送框架，实现的原理与思路基本一致，学习后同样也具有参考意义。

jpush-react-native 提供的 API 分为通用 API、iOS 平台特有 API 与 Android 平台特有 API。

常用的 API 及其功能解释如表 13-1 所示，更加全面的 API 功能描述可以参阅极光推送的官方文档。

表 13-1 常用的 API 及功能解释

极光推送 API	功能解释
getRegistrationID	获取唯一设备 ID
setAlias	设置别名
setTags	设置标签
sendLocalNotification	发送本地化的通知
setBadge	设置 iOS App 的角标
setStyleBasic	设置 Android 平台的通知样式
setStyleCustom	设置 Android 平台的通知自定义样式
setLatestNotificationNumber	设置展示的通知数

1. 通用 API

- getRegistrationID

从极光推送平台获取到此设备注册后的唯一设备 ID 标识，使用方法如下：

```
JPushModule.getRegistrationID(registrationId => {})
```

- setAlias

设置别名，一般用于设置用户的唯一标识。

空字符串值表示取消之前的设置。每次调用设置有效的别名，覆盖之前的设置。

有效的别名组成：字母（区分大小写）、数字、下划线、汉字。

限制：alias 命名长度限制为 40 字节。（判断长度需采用 UTF-8 编码）

使用方法如下：

```
JPushModule.setAlias('alias', success => {})
```

- setTags

设置标签，可以设置多个属性值，参数为一数组，进行用户或设备的分类。

每次调用至少设置一个 tag。

有效的标签组成：字母（区分大小写）、数字、下划线、汉字。

限制：每个 tag 命名长度限制为 40 字节，最多支持设置 1000 个 tag，但总长度不得超过 5K 字节。（判断长度需采用 UTF-8 编码）

单个设备最多支持设置 1000 个 tag。App 全局 tag 数量无限制。

使用方法如下：

```
JPushModule.setTags(['tag1', 'tag2'], success => {})
```

- sendLocalNotification

极光推送还可以进行本地消息的推送，如生日提醒或闹钟 App，这些提醒消息不需要服务器下发提醒，直接通过程序在固定的周期进行本地提醒即可，提供的方法属性如下：

- buildId: Number // 设置通知样式，1 为基础样式，2 为自定义样式。自定义样式需要先调用 setStyleCustom 接口设置自定义样式。（Android Only）
- id: Number // 通知的 id，可用于取消通知
- title: String // 通知标题
- content: String // 通知内容

- extra: Object // extra 字段
- fireTime: Number // 通知触发的时间戳（毫秒）
- badge: Number // 本地推送触发后应用角标的 badge 值（iOS Only）
- sound: String // 指定推送的音频文件（iOS Only）
- subtitle: String // 子标题（iOS10+ Only）

使用方法如下：

```
1. var currentDate = new Date()
2. JPushModule.sendLocalNotification({
3.   id: 5,
4.   content: 'content',
5.   extra: { key1: 'value1', key2: 'value2' },
6.   fireTime: currentDate.getTime() + 3000,
7.   badge: 8,
8.   sound: 'fasdfa',
9.   subtitle: 'subtitle',
10.  title: 'title'
11. })
```

其他的清空推送消息、用户点击推送时间、接收推送时间等操作请参考上面提供的 API 文档即可，使用起来大同小异。

2. iOS 平台 API

- setBadge

设置 iOS 平台下 App 的角标，该方法还会同步极光推送服务器的 badge 值，极光推送服务器的 badge 值用于推送 badge 自动 +1 时会用到。

使用方法如下：

```
JPushModule.setBadge(5, success => {})
```

极光推送还为 iOS 平台提供了获取角标、设置推送、iOS 平台的本地消息推送等 API，具体内容直接参见文档即可。

3. Android 平台 API

因为 Android 平台的自由度比较高，所以平台推送的消息可以进行丰富的样式定义，极光推送同样提供了对应的 API 进行推送消息的样式控制。

- setStyleBasic

设置通知为基本样式为 JPushModule.setStyleBasic()。

- setStyleCustom

自定义通知样式，需要添加自定义 xml 样式为 JPushModule.setStyleCustom()。

- setLatestNotificationNumber

设置展示最近通知的条数，默认展示 5：JPushModule.setLatestNotification-Number(maxNumber)。

极光推送还为 Android 平台提供了崩溃日志的上报、获取设备信息、设置允许推送的时间段等 API，具体内容直接参见文档即可。

13.3.5 服务器端进行消息推送请求

在前面所有的平台以及组件都开发、配置完毕之后，极光推送平台已经可以对不同的设备、不同的用户、不同的标签设备、不同的别名设备进行标识，这里我们只需要通过极光推送的后台或 API 告诉极光推送平台发送哪些消息给哪些设备即可，后续的消息推送操作交给平台去完成。

极光推送提供了 REST 规范的 API，我们可以直接在服务器端进行 API 的调用即可，可以使用如 Java、Python、PHP、C#、Node.js 等后台语言进行相关的开发，极光推送平台为大部分的后端语言提供了现成的 SDK，开发时只需要在开发框架中引入 SDK 进行调用与逻辑开发即可。

SDK 文档地址为：https://docs.jiguang.cn/jpush/resources/#sdk_1。

因为后台语言众多，且多数的主要内容为讲解 React Native 框架的知识，所以后端的开发直接参考极光推送的文档即可，后端可以挑选一个你熟悉的语言进行开发。

如下是使用 C# 实现的部分后端核心代码，供实现参考，详细的代码解释直接写在了注释里，方便查看：

```
1. ......
2. //设置标签
3. var clientTags = "Tags" + site.UserId;
4. var pushPayload = new PushPayload();
5. pushPayload.platform = Platform.all();
6. pushPayload.options.apns_production = true; //使用生成环境证书推送消息
7. pushPayload.audience = Audience.s_tag(clientTags);
8. //设置推送的消息内容
9. pushPayload.notification = new Notification().setAlert("站点\"" + (string.IsNull-
   OrEmpty(site.SiteNickName) ? site.SiteName : site.SiteNickName) + "\"目
   前无法连通！");
```

下面可以通过 API 设置自定义的推送消息铃声：

```
10. pushPayload.notification.IosNotification =
11.     new IosNotification().setSound("buguniao.wav").autoBadge();
12.
13. var client = new JPushClient(app_key, master_secret);
14. MessageResult result = new MessageResult();
15. try
16. {
17.     //请求极光推送平台
18.     result = client.SendPush(pushPayload);
19.     //你可以在消息发送后在数据库中记录一些日志信息
20.     var loger = new GuGuJianKong.Data.EntityClasses.SystemLogerEntity
21.     {
22.         LogerType = "jPush Success",
23.         UserId = site.UserId,
24.         LogerContent = "jPush Success: " + site.SiteNickName
25.     };
26.     loger.Save();
```

保存推送的日志消息，供客户端查看：

```
27.     var message = new AppPushMessageEntity
28.     {
29.         UserId = site.UserId,
30.         SiteId = site.SiteId,
31.         MessageTitle = (string.IsNullOrEmpty(site.SiteNickName) ?
              site.SiteName : site.SiteNickName) + "宕机提醒",
32.         MessageContent = "站点\"" + (string.IsNullOrEmpty(site.SiteNickName)
              ? site.SiteName : site.SiteNickName) + "\"无法连通！",
33.         MessageReadStatus = false,
34.         NotifyType = "ServerDown",
35.         FromModule = "GuGuJianKong.Monitor.TestOnline",
36.         CreateDateTime = DateTime.Now
37.     };
38.     message.Save();
39. }
```

添加一些异常处理，在推送失败的时候进行错误日志的存储或通知，以便第一时间进行运维或后期查阅：

```
40. catch (cn.jpush.api.common.APIRequestException exception)
41. {
42.     var appendError = ", MessageResult - Code: " + exception.ErrorCode + ",
          Error: " + exception.ErrorMessage;
```

```
43.     var loger = new SystemLogerEntity
44.     {
45.         LogerType = "jPush Failed",
46.         UserId = site.UserId,
47.         LogerContent = "jPush Failed: " + site.SiteUrl + appendError
48.     };
49.     loger.Save();
50. }
51. catch (cn.jpush.api.common.resp.APIConnectionException exception)
52. {
53.     if (exception.InnerException != null)
54.     {
55.         var appendError = ", MessageResult - Error: " + exception.
              InnerException.Message;
56.         var loger = new SystemLogerEntity
57.         {
58.             LogerType = "jPush Failed",
59.             UserId = site.UserId,
60.             LogerContent = "jPush Failed: " + site.SiteUrl + appendError
61.         };
62.         loger.Save();
63.     }
64. }
65. catch (Exception e)
66. {
67.     //常规日志处理
68.     ...
69. }
70. ......
```

当执行后台的推送逻辑时，后端请求极光推送平台向对应的设备下发消息，设备在接收到消息后进行消息的显示，且 iOS 平台与 Android 平台通过一套代码即可实现，图 13-15 为实战代码在 iOS 真机与 Android 真机下执行的效果。

13.4 本章小结

本章介绍了 App 开发中一个常用的消息推送功能。我们可以在此完整的原理与实战学习过程中，感受到 React Native 的开发对比起原生开发来的确简洁很多，基本上通过 JavaScript 代码即可以实现原生平台的复杂功能。

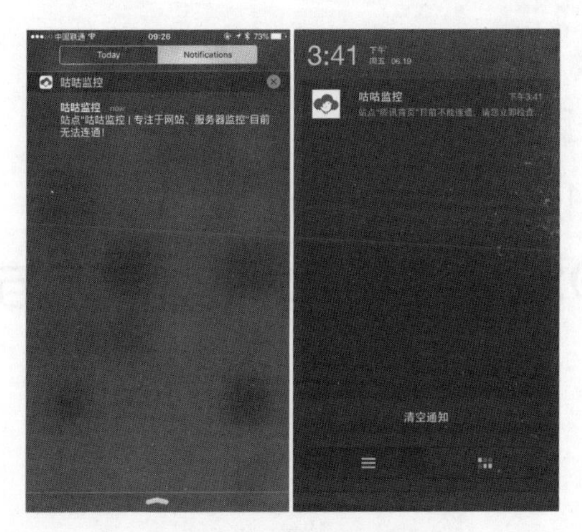

图 13-15　极光推送效果

推送功能的使用也需要根据实际的需求进行开发，不要滥用而引起用户的反感，那还不如将精力用于优化 App 的功能细节。优秀的功能留住用户肯定比通过推送消息骚扰用户打开 App 来说要好很多。

Chapter 14 第 14 章

iOS、Android 平台发布与热更新

本章介绍项目最终打包前 App 的图标与启动图的设置，并介绍如何通过第三方工具快速生成这些相关资源。主要介绍 iOS 平台、Android 平台项目的打包上架流程，并对 React Native 中的热更新机制进行了详细讲解。

14.1 App 图标与启动图

App 项目的逻辑部分开发完毕后，需要设置 App 的图标以及启动图，这部分的内容一般在开发的最后进行，iOS 平台与 Android 平台的这些图标与启动图的参数是不一样的，而且有明确的参数要求，接下来我们先看一下 iOS 平台与 Android 平台下 App 图标的不同参数要求。

1. iOS App 图标

iOS 平台的图标经历了几次 iOS 系统的更新后，目前基本采用扁平式地图标设计风格，且外观都统一要求成圆角正方形的图标形式，如图 14-1 所示。

iOS 系统下为了兼容不同版本的 iOS 系统，对图片的基本要求如图 14-2 所示的几个分辨率，假设你的原始图片为 1x 大小（10px×10px），那么 2x 图片的大小就为 20px×20px，3x 图片的大小就为 30px×30px，目前 iOS 下的设备 iPhone X、iPhone 8 Plus、iPhone 7 Plus、iPhone 6s Plus 会使用 3x 的图片，其他高分辨率的 iOS 设备使用 2x 的图片。

图 14-1　iOS 系统下的图标表现

文件的命名格式为：假设原始图片为 logo.png，那么 2x 大小的图片名应该为 logo@2x.png，3x 大小的图片名应该为 logo@3x.png。

图片格式上，如果是 PNG 图片，那么 PNG 图片不需要完全是 24 位色的图片，只需要 8 位色的图片即可。JPEG 图片在使用前可以进行压缩处理，需在图片质量与图片文件大小之间找到平衡。

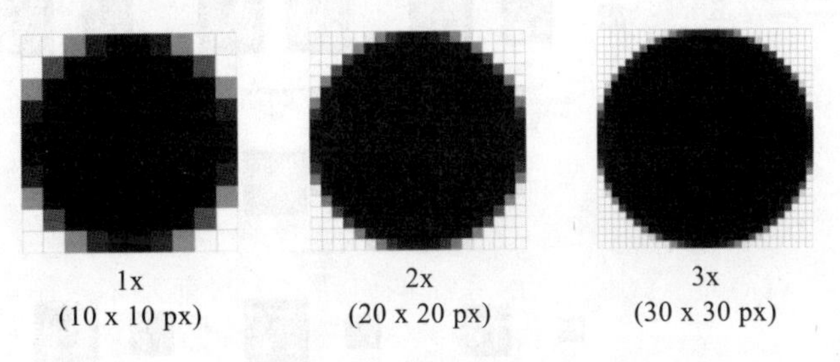

图 14-2　iOS 下的图片分辨率

App 应用程序图标的大小具体要求如图 14-3 所示，注意需要为不同的设备提供不同尺寸的图标。

在 iOS 系统中，除了主屏幕以及 App Store 中的图标外，系统的搜索栏、设置菜单、消息提醒中也都需要使用应用程序的图标，具体的尺寸要求如下。

iPhone	180px × 180px (60pt × 60pt @3x)
	120px × 120px (60pt × 60pt @2x)
iPad Pro	167px × 167px (83.5pt × 83.5pt @2x)
iPad, iPad mini	152px × 152px (76pt × 76pt @2x)
App Store	1024px × 1024px (1024pt × 1024pt @1x)

图 14-3 iOS 应用程序图标要求

设备	搜索栏图标尺寸
iPhone	120px × 120px (40pt × 40pt @3x)
	80px × 80px (40pt × 40pt @2x)
iPad Pro, iPad, iPad mini	80px × 80px (40pt × 40pt @2x)

设备	设置菜单图标尺寸
iPhone	87px × 87px (29pt × 29pt @3x)
	58px × 58px (29pt × 29pt @2x)
iPad Pro, iPad, iPad mini	58px × 58px (29pt × 29pt @2x)

设备	消息提醒图标尺寸
iPhone	60px × 60px (20pt × 20pt @3x)
	40px × 40px (20pt × 20pt @2x)
iPad Pro, iPad, iPad mini	40px × 40px (20pt × 20pt @2x)

图 14-4 iOS 系统中其他图标尺寸要求

注意图标文件名要按照对应的需求添加 @2x 与 @3x 后缀。准备好所有的图标文件后，直接拖拽到 Xcode 的 AppIcon 资源文件中，Xcode 自动设置到不同尺寸的图标文件，如图 14-5 所示。

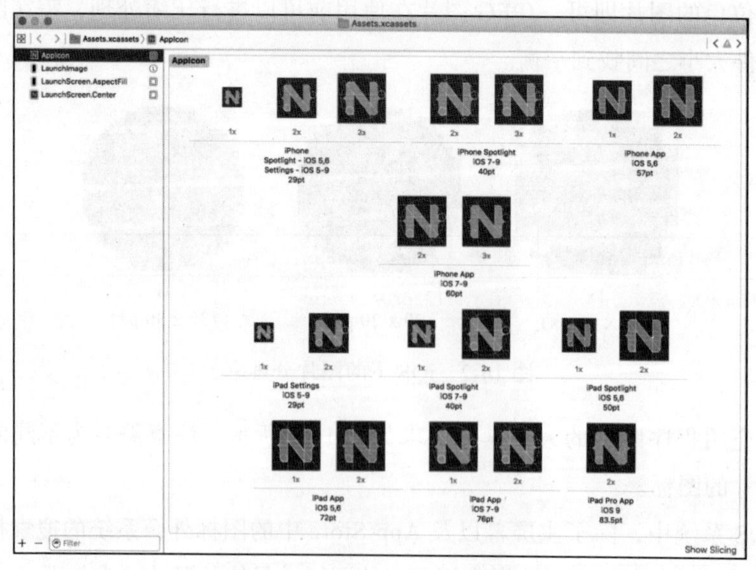

图 14-5 Xcode 中设置图标

2. iOS App 启动图

React Native 会自动生成对应平台的原生项目，所以 iOS 平台下的 App 启动图可以直接通过 Xcode 进行设置，设置如图 14-6 所示。

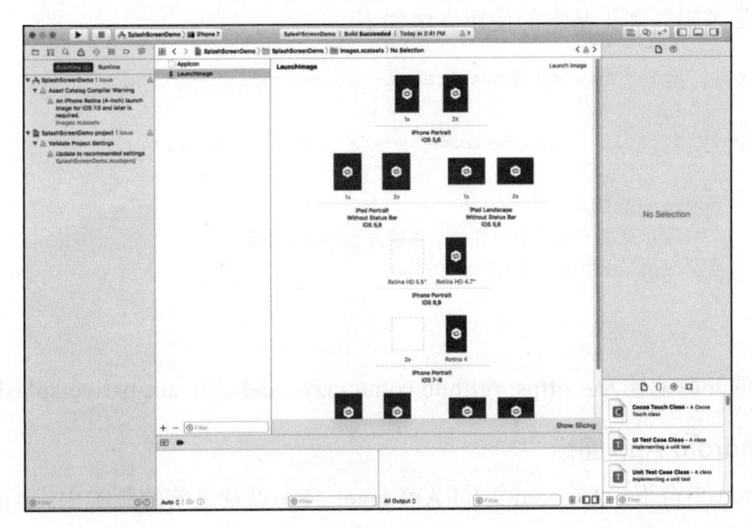

图 14-6　Xcode 下设置启动图

iOS 系统下的启动图尺寸大小如表 14-1 所示，你需要设计师提供这些尺寸的图片或使用下面章节的工具直接生成这些资源文件。

表 14-1　iOS 设备启动图尺寸

设　　备	竖屏尺寸	横屏尺寸
12.9" iPad Pro	2048px×2732px	2732px×2048px
10.5" iPad Pro	1668px×2224px	2224px×1668px
9.7" iPad	1536px×2048px	2048px×1536px
7.9" iPad mini 4	1536px×2048px	2048px×1536px
iPhone X	1125px×2436px	2436px×1125px
iPhone 8 Plus	1242px×2208px	2208px×1242px
iPhone 8	750px×1334px	1334px×750px
iPhone 7 Plus	1242px×2208px	2208px×1242px
iPhone 7	750px×1334px	1334px×750px
iPhone 6s Plus	1242px×2208px	2208px×1242px
iPhone 6s	750px×1334px	1334px×750px
iPhone SE	640px×1136px	1136px×640px

如果你想通过代码逻辑控制设备启动图的显示过程，你可以安装 React Native 开源组件 react-native-splash-screen，组件提供了 show 和 hide 方法供你更加精准的控制启动图显示与关闭，此功能一般用于在启动图关闭前进行一些资源的初始化、网络请求等逻辑处理，基本的使用方法如下。

```
1. import SplashScreen from 'react-native-splash-screen'
2.
3. export default class WelcomePage extends Component {
4.
5.     componentDidMount() {
6.         // 这里可以添加一些启动图消失前的处理逻辑
7.         SplashScreen.hide();
8.     }
9. }
```

项目的开源地址为：https://github.com/crazycodeboy/react-native-splash-screen。

3. Android App 图标

Android 平台下，Android 7.1（API level 25）以及之前的版本中，App 启动图标叫 Legacy 图标，而 Android 8.0（API level 26）中的启动图标叫 Adaptive 图标。

这里需要特别给大家推荐 Android 官方的文档，质量非常高，详细讲解了 Android 系统下的扁平设计模式、原理、颜色选择以及实现方法，同时也包含了所有的尺寸定义，大家可以直接查看 Android 的官方文档。

- Adaptive 图标文档：

https://developer.android.com/guide/practices/ui_guidelines/icon_design_adaptive.html

- Legacy 图标文档：

https://material.io/guidelines/style/icons.html

- 具体的启动图标尺寸如下：
  - Android 平台提供了如下的屏幕分辨率。
  - ldpi（低）~120dpi
  - mdpi（中）~160dpi
  - hdpi（高）~240dpi
  - xhdpi（超高）~320dpi
  - xxhdpi（超超高）~480dpi

- 对应的图标尺寸定义如下：
  - xxxhdpi（超超超高）~640dpiLDPI（Low Density Screen，120 DPI），其图标大小为 36×36 px；
  - MDPI（Medium Density Screen，160 DPI），其图标大小为 48×48 px；
  - HDPI（High Density Screen，240 DPI），其图标大小为 72×72 px；
  - XHDPI（Extra-high density screen，320 DPI），其图标大小为 96×96 px；
  - XXHDPI（xx-high density screen，480 DPI），其图标大小为 144×144 px。

文档在项目中的存储结构如图 14-7 所示。

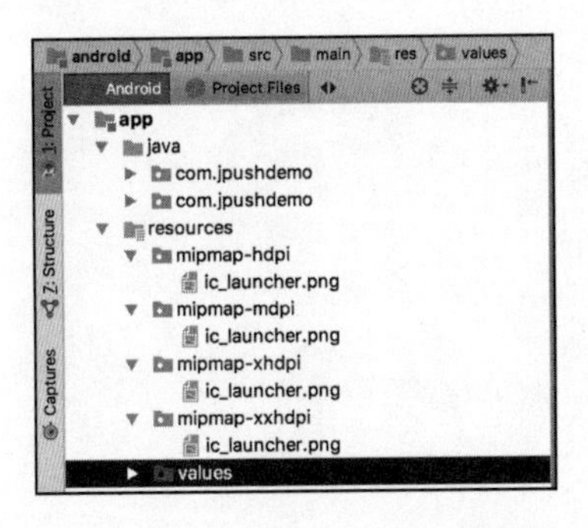

图 14-7　Android 启动图标存储

具体的图标设置需要在项目的 AndroidManifest.xml 文件中设置，代码如下：

```
1. ......
2.     <uses-sdk
3.         android:minSdkVersion="16"
4.         android:targetSdkVersion="22" />
5.
6.     <application
7.       android:name=".MainApplication"
8.       android:allowBackup="true"
9.       android:label="@string/app_name"
10.      android:icon="@mipmap/ic_launcher"
11.      android:theme="@style/AppTheme">
12. ......
```

4. Android App 启动图

Android 因为设备众多，尺寸各异，很难做到完全适配，所以一般按照下面所列的尺寸进行设置即可。

- LDPI：

竖屏：200×320px

横屏：320×200px

- MDPI：

竖屏：320×480px

横屏：480×320px

- HDPI：

竖屏：480×800px

横屏：800×480px

- XHDPI：

竖屏：720p×1280px

横屏：280×720px

- XXHDPI

竖屏：960×1600px

横屏：1600×960px

- XXXHDPI

竖屏：1280×1920px

横屏：1920×1280px

在 AndroidManifest.xml 文件中设置即可，当然你也可以使用 iOS 平台下介绍的 React Native 组件 react-native-splash-screen 进行启动图的显示与隐藏时机的精准控制。

14.2 快速生成所有平台 App 图标与启动图的方法

除了让设计师帮我们导出 iOS 平台与 Android 平台所要求的所有尺寸外，我们还可以通过现有的很多在线平台或工具直接通过提交一个通用的资源文件生成所有需要的图片资源。

这里给大家推荐的是在线生成工具 Ape Tools，此工具支持的平台非常多，具体支持生成如图 14-8 所示的资源。Ape Tools 在线工具的地址为：http://apetools.webprofusion.com/tools/imagegorilla。

图 14-8　支持的导出平台资源

App 图标需要上传一个 1024px×1024px 大小的 PNG 图片，启动图需要提供一个 2048px×2048px 大小的 PNG 图片，注意启动图因为尺寸大小差异非常大，工具会自动从中间向外部进行剪切，所以一般的设计是将 App 图标居中放置即可，这样设计出来的启动图也比较简洁。

上传对应的文件后点击生成，Ape Tools 工具就会自动帮你生成好所有可用平台的所有尺寸的 App 图标和启动图，非常方便，可以大大地提高你的开发效率，如果觉得资源文件不合适，只需要重新生成下即可，而不需要一个一个文件地修改导出。

下面是给大家提供的更多的在线资源生成工具，可以根据自己的实际需求选择使用。

- https://makeappicon.com/
- http://ios.hvims.com/
- https://romannurik.github.io/AndroidAssetStudio/

14.3 iOS 项目打包并上架 App Store

iOS 的项目最终需要使用 Xcode 进行打包，打包后的 App 可以直接通过 Xcode 提交到 App Store 供 Apple 审核。只有将 App 上架后用户才可以下载到你开发的 App，打包以及提交审核的流程如下。

1. iOS 项目打包

在 Xcode 中打开 React Native 项目下的 ios 文件夹中的 Xcode 项目，检查项目的 Bundle Identifier 与 App 的版本号，并确认项目的签名文件，当然你选择的签名开发者账号应该是 Apple 的付费开发者账号，账号的注册与付费去 Apple 官网注册即可。基本的设置如图 14-9 所示。

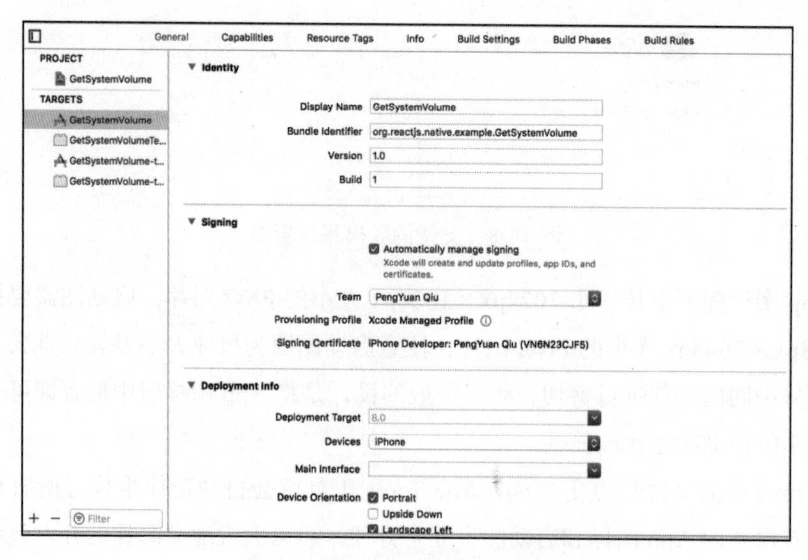

图 14-9 Xcode 中的项目设置

在使用 Xcode 打包前，需要在设备列表中选择“ Generic iOS Device”或选择你连接的真机才可以进行后续的打包动作，不然打包的按钮就是灰色的，选择的设备列表如图 14-10 所示。

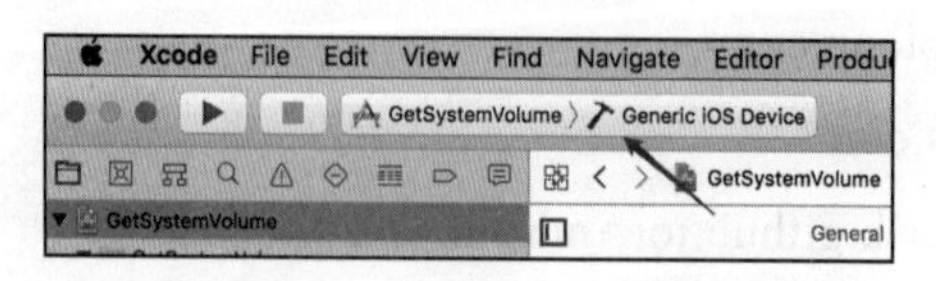

图 14-10 打包前的设备选择

选择了设备后，在 Xcode 的菜单中依次选择 Product → Archive 菜单，点击菜单按钮后 Xcode 将进行 App 的打包。

在打包前需要按照第 10 章的内容进行 iOS 平台的部署，修改对应的文件并生成 main.jsbundle 文件，打包的界面如图 14-11 所示，后续的 App 更新打包都执行此过程即可。

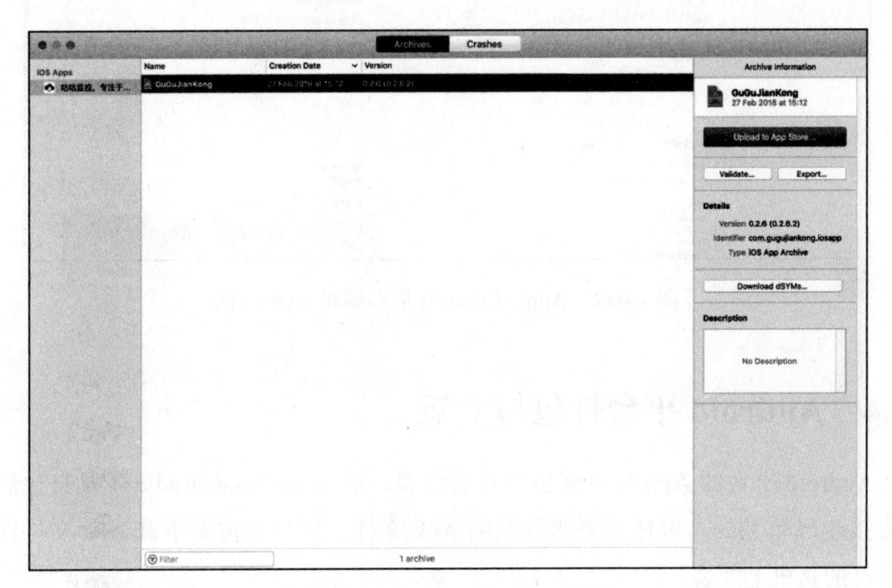

图 14-11　Xcode 的 Archive 界面

执行 Archive 过程后，点击“Upload to App Store…”按钮，打包后的 App 将会上传到你的开发者账号下，我们继续切换到 Apple 的开发者网页后台进行 App 信息的填写与提交。

2. Apple 开发者后台提交 App

打开 Apple Connect 网站（https://itunesconnect.apple.com/），如果是第一次发布 App 就点击新建，如果是更新之前的 App 进行升级操作就选择现有的 App 进入编辑页面进行操作。

按照站点后台提示，编辑 App 的基本信息后选择之前提交的 App，确定所有信息正确后，点击提交按钮提交给 Apple 审核，审核的时长一般为一周左右，审核通过后会收到 Apple 的通知邮件，之后用户就可以在 App Store 中搜索并下载到你提交的 App。后台信息编辑如图 14-12 所示。

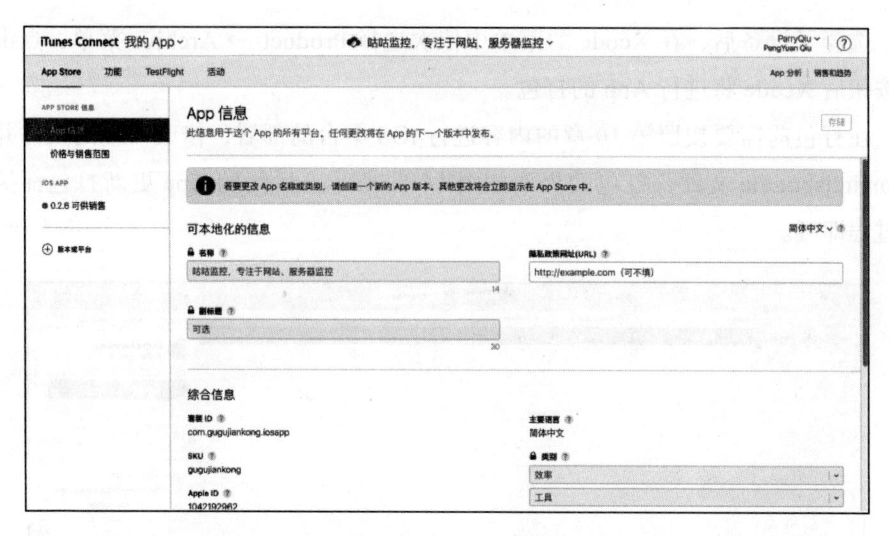

图 14-12　Apple Connect 后台编辑 App 信息

14.4　Android 平台打包与上架

Android 平台的 App 打包就显得开放很多，通过 Android Studio 工具打包后可以直接生成单独的、可任意复制分发的 Apk 文件，用户只需要下载 Apk 文件即可在自己的真机上安装。

在 Android Studio 中打开 React Native 项目文件夹下的 android 文件夹，导入 Android 项目后，通过点击 Build → Generate Signed APK…菜单打开 Apk 的生成界面，菜单如图 14-13 所示。

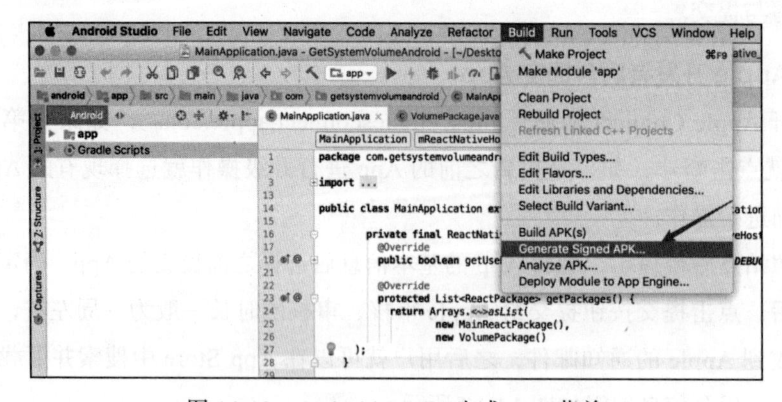

图 14-13　Android Studio 生成 Apk 菜单

Android Apk 在用户安装前，需要先进行数字签名，签名后的 App 才可以安装使用。mac 系统可以使用 keytool 生成签名的 key，Windows 系统下的 keytool 在目录 C:\Program Files\Java\jdkx.x.x_x\bin 中。

生成的命令为：

```
$ keytool -genkey -v -keystore my-release-key.keystore -alias my-key-alias -
   keyalg RSA -keysize 2048 -validity 10000
```

在打包生成的过程中需要确认 key 的存储位置与密码，以后的 Apk 生成都会需要使用到此密码，界面如图 14-14 所示，当然此过程也可以完全通过命令行执行，如果是通过命令行生成，那么编辑项目中的 gradle.properties 文件即可。

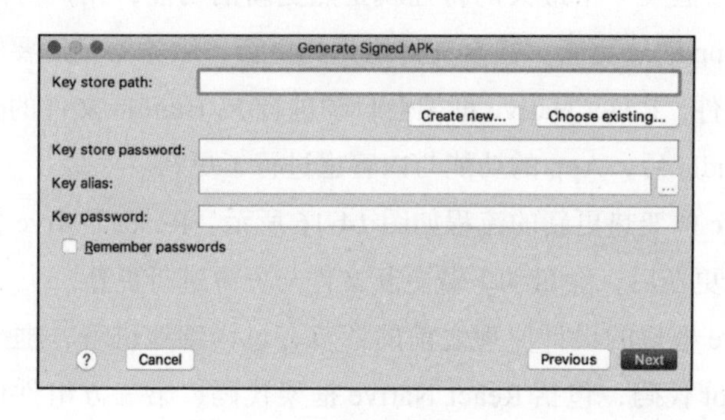

图 14-14　生成 Apk 的 key 设置

生成好 Apk 文件后，可以直接部署在你的产品站点上供用户下载使用，最终生成的 Apk 文件路径在 android/app/build/outputs/apk/app-release.apk。

在发布到应用商店前，可以通过执行如下代码进行完整的 App 测试，确保上架的 App 是没有任何问题的，如果有问题，在执行如下代码时可以在控制台看到详细的错误信息：

```
$ react-native run-android --variant=release
```

后续 Android 应用程序的分发，可以通过各大应用商店进行分发即可，如 Google Play、豌豆荚、阿里应用平台等，后续的更新也只要更新 Android 应用平台即可，这样用户可以第一时间接收到应用程序的更新。如阿里应用分发平台的编辑页面如图 14-15 所示，平台地址为：http://aliapp.open.uc.cn/。

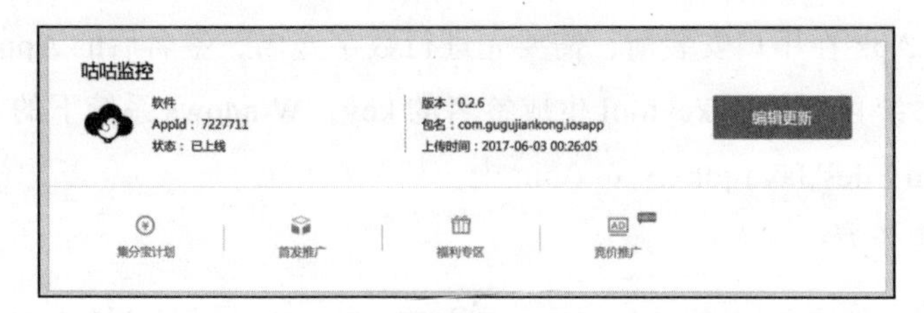

图 14-15 阿里 Android 应用分发平台

14.5 React Native 热更新

React Native 框架一个最大的特性就是热更新的功能，用户可以在不更新 App 的情况下进行 App 的热更新，甚至支持增量热更新，服务器只需要给用户下发新增的代码与资源文件，React Native 框架会自动进行 JS Bundle 文件的合并，App 在重新加载了 JS Bundle 后，App 的功能与内容也进行了更新。

React Native 框架热更新的流程如图 14-16 所示，React Native 框架在判断到服务器上的文件有更新后，会自动下载更新文件与资源进行更新。

React Native 框架的设计原理之前的章节有过详细地讲解，框架会将我们开发的所有 JavaScript 代码，包括 React Native 框架代码、第三方组件代码、业务逻辑代码、图片等资源都将打包在一个 JS Bundle 文件中，React Native App 运行时会加载这个 JS Bundle 文件。你可以简单理解成用户安装 App 后安装的是一个 React Native 框架提供的"程序壳子"，而程序实际的功能与逻辑是通过 JS Bundle 文件来实现的。所以我们可以通过动态地替换 JS Bundle 文件实现了 App 的热更新，而不需要频繁地更新"程序壳子"。

接下来我们详细讲解 React Native 框架下热更新的实现过程。

1. CodePush 框架介绍

React Native 框架只是提供了热更新的功能基础，具体的功能需要自己去使用代码实现。而服务端的代码增量比较、部署以及前台下载更新的代码都自己去实现的话，整个过程会比较复杂，而且在 App 引入热更新功能后，如果此模块不稳定的话，可能会造成 App 完全不能打开的问题，而且还会涉及版本的管理、更新出错后的版本回滚等复杂操作，所以我们推荐直接选择一个既有的、稳定的第三方框架来完成 React Native 平台下的热更新功能。

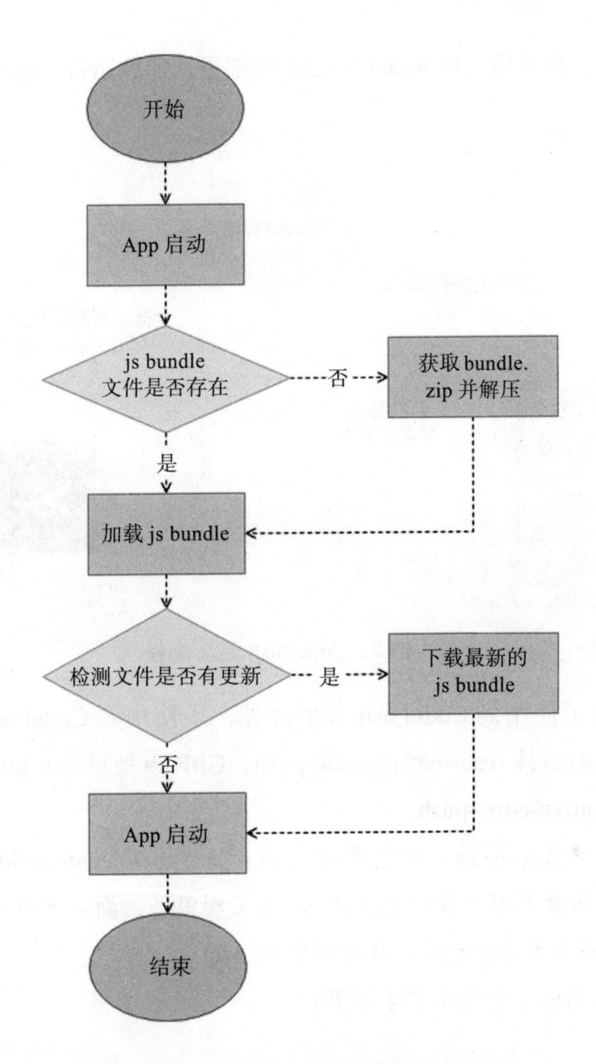

图 14-16　React Native 框架热更新流程

CodePush 是微软推出的用于 Cordova 框架与 React Native 框架 App 热更新的框架，目前已是微软 App Center 平台的一部分，我们可以直接通过调用 CodePush 的 SDK 来快速、稳定地实现 App 的热更新功能。CodePush 的更新流程如图 14-17 所示。

我们可以通过 CodePush 的 CLI 将更新的代码包以及相关资源文件按照 CodePush 的格式打包后提交到 CodePush 云平台，用户的设备会请求 CodePush 的服务器询问是否有文件更新，如果没有更新的话，就继续加载本地的 JS Bundle 文件运行。如果发现 CodePush 上有代码更新，由 CodePush 组件的逻辑部分来实现更新代码的下载、合并后，供 React Native 框架重新加载运行，以实现了 App 的热更新。

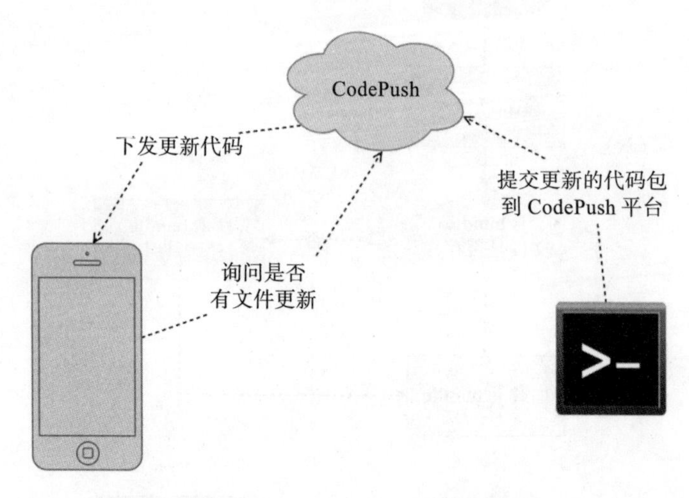

图 14-17 CodePush 更新流程

整个过程除了使用到 CodePush 云平台外，还使用到 CodePush 专门为 React Native 框架提供的组件 react-native-code-push，GitHub 地址为：https://github.com/Microsoft/react-native-code-push。

当然如果你的 App 涉及了原生平台文件，如 AppDelegate.m/MainActivity.java 文件的修改，那么就不可以通过 CodePush 来实现更新，而需要你重新提交 iOS 应用重新审核上架或更新 Android 应用市场中的 App。

CodePush 支持的平台版本要求如下：

- iOS (7+)
- Android (4.1+)

当然，你还需要注意 CodePush 的版本与 React Native 版本对应选择的问题，免得在版本兼容上浪费太多的时间，CodePush 官方文档给出了详细的对应版本说明，地址为：https://docs.microsoft.com/en-us/appcenter/distribution/codepush/reactnative#supported-react-native-platforms。

2. CodePush 组件安装

在 CodePush 平台注册并在后台添加了对应的 App 后，按照提示来操作即可，下面我们主要进行项目的相关配置讲解。

我们先在项目文件夹下执行组件 react-native-code-push 的安装命令，命令为：

```
npm install --save react-native-code-push
```

在安装了 react-native-code-push 组件后，我们需要将组件集成到对应的 iOS 平台与 Android 平台中去。

3. iOS 平台与 Android 平台配置

iOS 平台的集成推荐使用 link 命令进行自动的组件集成，执行的命令为：

```
react-native link react-native-code-push
```

此过程会需要你输入 CodePush 平台对应应用的 Deployment Key，我们可以通过 CodePush CLI 的命令 appcenter codepush deployment list -a yourAppName 获取应用的 Deployment Key。

安装完成后，你可以在 Xcode 中确认一下对应的类库文件是否进行了正确引入，如图 14-18 所示。

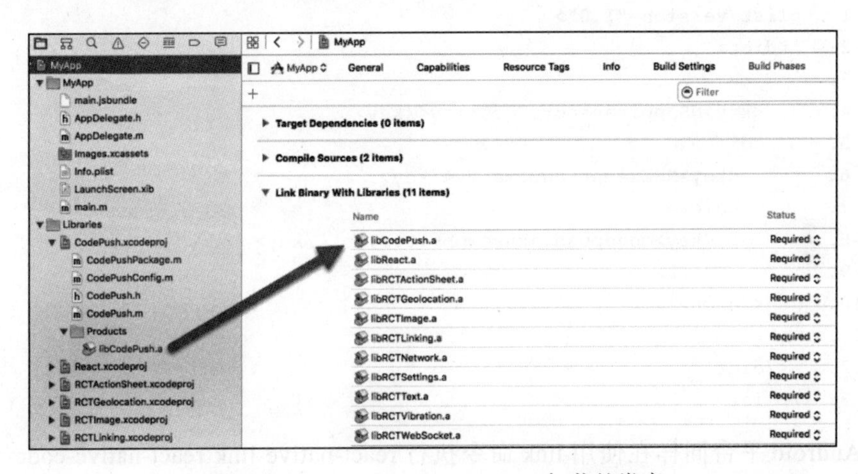

图 14-18　react-native-code-push 加载的类库

如果需要适配 iOS 9.1 以下的版本，还需要进行如图 14-19 所示的引入。

在 iOS 项目中还需要配置域名白名单，以便 App 可以正常请求 CodePush 服务器。CodePush 服务器的域名列表如下：

- codepush.azurewebsites.net
- codepush.blob.core.windows.net
- codepushupdates.azureedge.net

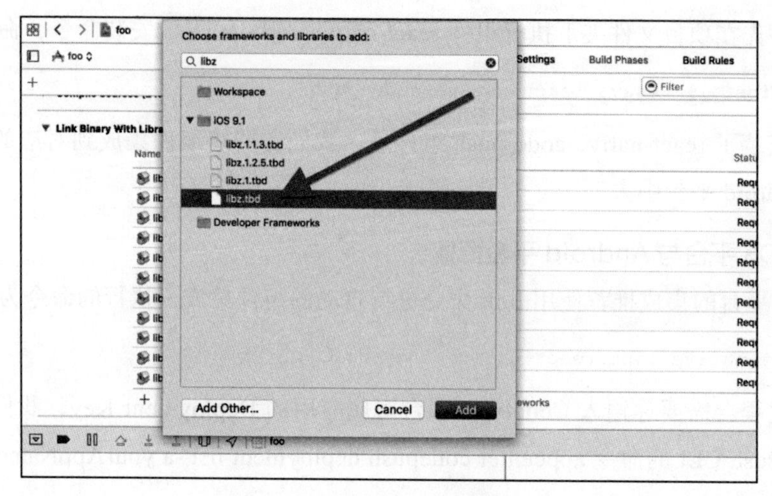

图 14-19 iOS 9.1 版本特别引入

当然要记得之前章节讲解的配置 iOS 的 ATS，如下所示。

```
 1. <plist version="1.0">
 2.   <dict>
 3.
 4.     <key>NSAppTransportSecurity</key>
 5.     <dict>
 6.       <key>NSExceptionDomains</key>
 7.       <dict>
 8.         <key>codepush.azurewebsites.net</key>
 9.       </dict>
10.     </dict>
11.
12.   </dict>
13. </plist>
```

Android 平台同样在使用 link 命令执行 react-native link react-native-code-push 后，已将组件的原生组件代码部分自动添加到了项目中，之后需要手动检查一下 Android 项目下的 MainApplication.java 文件代码，如下所示。

```
1. ......
2. // 1. 导入插件
3. import com.microsoft.codepush.react.CodePush;
4.
5. public class MainApplication extends Application implements ReactApplication {
6.
7.     private final ReactNativeHost mReactNativeHost = new ReactNativeHost(this) {
```

```
8.          ...
9.          // 2. 重写 getJSBundleFile方法
10.         //在App 启动时进行JS Bundle的检测
11.         @Override
12.         protected String getJSBundleFile() {
13.             return CodePush.getJSBundleFile();
14.         }
15.
16.         @Override
17.         protected List<ReactPackage> getPackages() {
18.             // 3.在deployment-key-here 处配置Deployment Key, 启动 CodePush
                  的实例
19.             return Arrays.<ReactPackage>asList(
20.                 new MainReactPackage(),
21.                 new CodePush("deployment-key-here", MainApplication.
                      this, BuildConfig.DEBUG)
22.             );
23.         }
24.     };
25. }
```

4. 代码发布

我们可以通过 CodePush CLI 进行版本的发布，命令如下：

```
appcenter codepush release-react -a <ownerName>/<appName>
```

完整的命令定义如下：

```
1. appcenter codepush release-react -a <ownerName>/<appName> -d <deployment-
     Name> -t <targetBinaryVersion>
2. [-t|--target-binary-version <targetBinaryVersion>]
3. [-o|--output-dir]
4. [-s|--sourcemap-output]
5. [--plist-file-prefix]
6. [-p|--plist-file]
7. [-g|--gradle-file]
8. [-e|--entry-file]
9. [--development]
10. [-b|--bundle-name <bundleName>]
11. [-r|--rollout <rolloutPercentage>]
12. [--no-duplicate-release-error]
13. [-k|--private-key-path <privateKeyPath>]
14. [-m|--mandatory]
15. [-x|--disabled]
16. [--description <description>]
```

```
17. [-d|--deployment-name <deploymentName>]
18. [-a|--app <ownerName>/<appName>]
19. [--disable-telemetry]
20. [-v|--version]
```

如果需要查看参数的详细信息，可以在终端输入 code-push release-react 命令。

更多的 CLI 的使用方法与参数，请直接参考官方文档：https://docs.microsoft.com/en-us/appcenter/distribution/codepush/react-native#releasing-updates。

此部分内容需进行大量的实践才能比较好地掌握，大家在学习、开发过程中如有任何问题，可在本书的线上资源页面中找到提问方式向我提问即可。

14.6 本章小结

热更新可以让我们更加深刻地体会到 React Native App 部署后就是安装了一个“程序外壳”在客户端的设备上，核心的功能与资源以及相关业务逻辑都被打包在了 JS Bundle 文件中，我们通过替换 JS Bundle 就实现了 App 的更新，所以 React Native 下 App 的更新就是 JS Bundle 文件的更新（不考虑原生级别的更新的话），这也是 React Native 下实现热更新的根本以及特点所在。

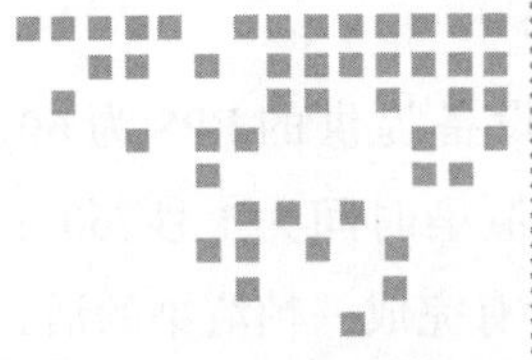

第 15 章 Chapter 15

React Native 性能调优方法与技巧

本章将介绍 React Native 性能调优的方法，以便在 App 上架前测试以及后期遇到性能问题时快速定位问题。主要内容包括：性能调优基准参数、常见 App 性能低下的原因、查找性能问题及性能调优方法，还将介绍在 React Native 开发框架下，性能优化的方法以及优化性能的一些第三方框架。

15.1 性能调优基准参数

我们有时在使用一个 App 时觉得它“卡”，让我们觉得这个 App 写的烂、性能差，那么这个“卡”的本质是什么呢？所以我们在谈论 React Native 框架的性能优化前，先来看 App 中性能调优的基准参数是什么。

一个动态图像界面的显示，是由很多帧构成的。在视频领域，电影、电视、数字视频等可视为随时间连续变换的许多张画面，而帧是指每一张画面。对应的，每秒钟显示的画面数就称为帧率，也就是常说的参数“每秒显示帧数”（Frame per Second，FPS），玩游戏的朋友应该很熟悉这个参数。

我们看到的所谓的动态内容，其实是在每一秒内画面以固定的频率进行切换的视觉效果，如果这个变化的频率低到骗不过大脑的话，我们就会觉得卡了，那么我们优化 App 时努力的方向就是要使开发出来的 App 保持一个较高的 FPS 即可，这样用户就不会有卡的感觉。

比如iOS设备提供的FPS为60，那么一秒就需要静态切换60个图形界面，每一个画面的渲染时间为1秒/60个画面=16.67毫秒/画面，如果我们的程序在16.67毫秒内没有完成一帧渲染的话，用户就会感觉到App的卡顿效果。

在本地运行App后，打开之前章节介绍的App调试工具，选择“Show Perf Monitor”，如图15-1所示。

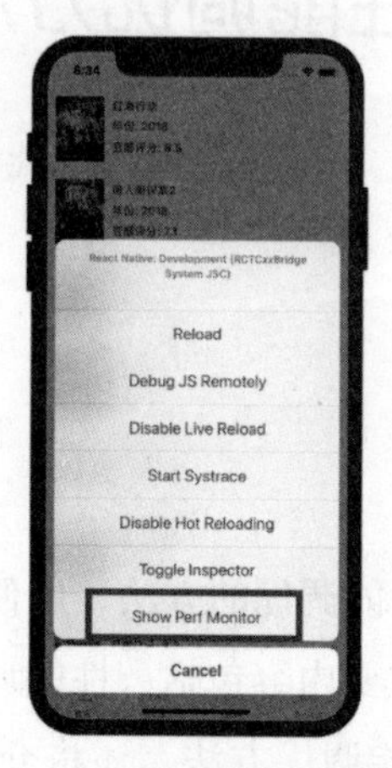

图15-1 打开性能监控工具

我们打开的演示项目是之前的列表章节开发的豆瓣电影列表页面，可以在App的头部看到性能监控的工具显示，如图15-2所示。

在工具页面中，我们可以直观地看到UI下的FPS值、JavaScript的FPS值以及很详细的系统设备性能相关参数。我们可以看到当前的App在滑动的情况下，FPS也保持在60，所以整个列表滑动起来非常流畅，没有任何卡顿效果，和原生平台完全一样的体验。

在性能监控的参数页面中，工具提供的参数以及参数说明如表15-1所示。

表15-1 性能监控工具参数及说明

名 称	说 明
RAM	内存占用
JSC	JavaScript堆内存占用
Views	上面的数字为当前屏幕中所有的View数量；下面的数字为当前组件中所有的View数量
UI	FPS（帧率）
JS	JavaScript帧率

图 15-2　性能监控工具

工具下方的数据是针对上面几个重要参数的详细显示，根据这几个重要参数就可以针对性地去优化 App 的性能。

- 如 Views 下方的值肯定是比上面的值大的，因为存在滚屏的原因。但是如果大太多的话，说明 App 还具有很大的优化空间，你可以修改屏幕外的数据为异步加载，就是只有在用户滚动到的时候才去请求加载，而不是一次绑定渲染到页面上，这样会造成滚动的性能较差。
- UI 的帧率，如在 iOS 设备下，保证 FPS 在 60 的时候，App 的页面才会有很流畅的感觉。有的时候我们觉得 App 用起来“卡”，主要就是 FPS 较低造成的。

接下来我们看一看造成 React Native App 性能低下的原因，在开发的过程中需要尽量避开这些问题。

15.2　常见造成 App 性能低下的原因

React Native 的官方也总结出了很多常见的 App 性能低下的原因，这里我们重点看一看一些常见的原因及其规避方法。

React Native 框架下包含 JavaScript 线程和 UI 线程。

React Native App 的业务逻辑是运行在 JavaScript 线程上的，也就是底层 React

所在的进程，同时 API 的调用以及处理用户触摸事件等操作都在此线程之上。React 的底层会批量进行 UI 的更新，更新的操作会发送到原生端，这一完整的更新操作流程会在一帧时间结束前完成。这时，如果 UI 更新操作非常复杂，导致了 JavaScript 的线程在一帧的时间内来不及更新完毕，那么就会丢失这一帧。

React Native 组件之间的层级关系太复杂，当在底层的组件上调用了 this.setState 更改了 state 值后，React 会进行所有子树组件的重新渲染，那么此过程极易造成 UI 丢帧的情况。所以我们在之前介绍 App 层级设计时就强调过不要设计太过复杂的组件关系，不仅仅是从用户体验的角度去考虑，还需要考虑 UI 更新的性能问题。

除了 JavaScript FPS 外，还有一个 UI FPS，也称为主线程，这就是组件 NavigatorIOS 比 Navigator 组件性能好的原因，因为 NavigatorIOS 的切换动画是完全在主线程上执行的，因此不会被 JavaScript 线程上的掉帧所影响。还有其他带 IOS 后缀的 iOS 平台组件同样可以这样探讨其性能方面的优势。

如下是几个常见的会造成 React Native App 性能低下的情况，首先需要确认 App 是运行在发布模式下进行性能的测试。

1. console.log 语句

在开发 App 的过程中，有时为了调试方便我们会在代码中添加很多的 console.log 进行调试信息的输出，而发布给用户使用的 App 并不需要这些信息，且这部分代码还会占用 JavaScript 的线程资源。移除的方法不仅仅是需要检查你代码中使用到 console.log 的地方并注释掉，而且在很多引入的第三方库中也会存在 console.log 的地方，可以通过 React Native 的全局变量 __DEV__ 来实现所有 console.* 的调用屏蔽，实现的代码如下。

```
1. if (!__DEV__) { //判断当前不是开发环境，而是生产环境
2.   global.console = {
3.     info: () => {},
4.     log: () => {},
5.     warn: () => {},
6.     error: () => {},
7.   };
8. }
```

或者我们可以通过配置 babel 的插件实现自动的替换，通过安装命令 npm install babel-plugin-transform-remove-console –save 在项目中安装 babel-plugin-trans-formremove-console 插件，安装完成后可以通过在项目的 .babelrc 文件中添加如下配置。

```
1. {
2.   "env": {
3.     "production": {
4.       "plugins": ["transform-remove-console"]
5.     }
6.   }
7. }
```

这样发布后的 App 中所有的 console.* 函数都被替换成了空函数，同时也就优化了 App 的性能。

2. Navigator 性能问题

React Native 框架有一个重要的性能问题就是在页面切换时，UI 的重绘导致丢帧并造成 App 卡顿。JavaScript 线程控制着 Navigator 的切换动画，在转场动画中 JavaScript 线程会持续发送 X 轴的偏移量给 React Native 的主线程，以便 UI 线程控制组件页面的移动。但是在 JavaScript 线程中同时还会有其他的业务逻辑，特别是在加载子组件时，它的业务逻辑会占用 JavaScript 线程，而当 JavaScript 线程无法处理以上的切换逻辑时，页面之间的切换就会丢帧造成很严重卡顿。

解决的方案是使用最新版本的 react-navigation 组件，react-navigation 组件中的视图使用了原生组件并使用了 Animated 类库，使得在主线程上形成了有效的 60 FPS 的动画效果。详细的使用说明可参考：https://facebook.github.io/react-native/docs/navigation.html#react-navigation。

3. Touchable 类组件使用问题

有时我们在使用一些 Touchable 类组件的时候，在组件的点击函数 onPress 执行后，没有对应的 Touchable 组件效果，原因就是在执行点击函数的过程中有丢帧现象的出现，特别是其中包含 setState 操作的时候。

解决的方案是将一些操作的逻辑包含在 requestAnimationFrame 中处理，示例代码如下。

```
1. onPress () {
2.   this.requestAnimationFrame(() => {
3.     //在这里添加一些处理的逻辑，如setState 等
4.   });
5. }
```

4. 改变图片大小导致掉帧问题

在 iOS 平台下，如果直接修改图片的大小以便实现你剪切图片的功能需求，特别是处理一些大图片的时候，会造成丢帧的现象。

解决的方案为使用样式定义 transform: [{scale}] 来实现图片的剪切缩放效果，避免了 iOS 平台下可能出现的丢帧现象。

5. 改变视图时导致丢帧问题

在滚动、切换、旋转视图时，特别是图片上放置了一个透明背景的文本组件，或涉及一些透明度合并的情况，此过程需要每一帧都进行重绘，造成可能丢帧的情况。

解决方案为通过设置 shouldRasterizeIOS 或者 renderToHardwareTextureAndroid 属性可以改善这一现象，当使用此方案解决问题时，需要注意内存的使用量问题，应该根据项目的实际需求决定是否启用该设置。

6. ListView 组件性能问题

React Native 下如果你遇到了 ListView 初始化加载过慢，或者当你使用 ListView 加载非常多的数据的时候，之前的 React Native 版本中的确会遇到严重的性能问题。

官方的建议是使用 FlatList 或 SectionList 组件来代替，在 React Native 的最新版本中已可以直接使用这两个组件来优化列表的加载。

7. 在重绘一个没有改变的视图时 JS 的 FPS 突然下降

在使用 ListView 组件的代码中，你需要显式地提供 rowHasChanged 函数的实现，用于定义每一行是否需要重绘，不然会造成 ListView 的性能问题。

另外，我们可以在生命周期函数 shouldComponentUpdate 中定义明确的更新条件，可以避免很多不必要的组件重绘，这部分内容我们在生命周期的章节中已有过明确的原理解释，可以回看那部分章节。

8. JavaScript 线程繁忙时导致 JS 线程掉帧

Navigator 切换较慢就是此问题的一种表现。可通过使用 InteractionManager 来解决，而在动画中，可以通过使用 LayoutAnimation 来解决。

15.3 查找性能问题以及调优方法

我们在开发 App 时，需要避开以上可能导致 App 性能低下的问题，因为每一个

App 所处的业务场景不一样，环境也可能各种各样，所以我们接下来介绍通用的查找性能问题的方法。

这里需要再强调一次，性能测试需要关闭开发模式，在正式的生成环境发布模式下进行。

在 Xcode 下你可以使用 Xcode 的性能测试工具 Instruments，功能非常强大、易用，基本的使用界面如图 15-3 所示。

图 15-3 Xcode 中的性能工具 Instruments

这部分内容在 Apple 的 Xcode 开发文档中有详细的说明，内容较多，可以直接参阅官方文档，地址为：https://developer.apple.com/library/content/documentation/DeveloperTools/Conceptual/InstrumentsUserGuide/index.html。

而 Android 平台下可以通过 Android 原生的性能统计工具 systrace 进行性能问题排查，在电脑上连接好安装了测试 App 的真机后，通过如下命令可以收集执行过程中的性能问题，并最终生成一个 HTML 结果页面：

```
$ <path_to_android_sdk>/platform-tools/systrace/systrace.py --time=10 -o trace.
  html sched gfx view -a <your_package_name>
```

命令参数 time 是指定收集日志的时长，单位为秒。sched、gfx 与 view 是 Android SDK 中的标签，sched 给出了运行在手机每一个 CPU 核上的信息，gfx 给出了帧的界限。

最终生成的性能日志结果如图 15-4 所示。

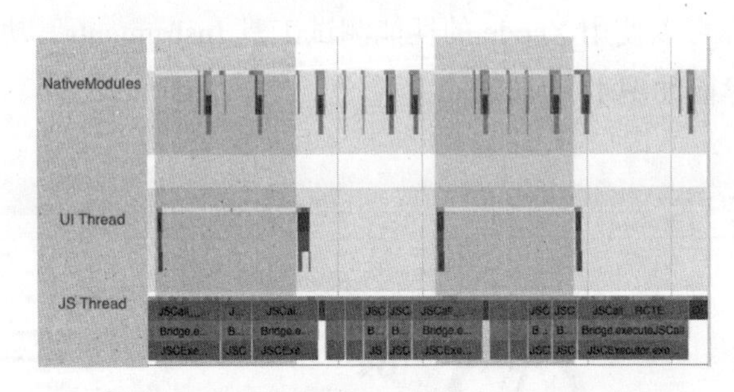

图 15-4 systrace 收集的 Android App 性能日志

你可以对该结果图形缩放查看，如放大后我们看到如图 15-5 的结果。

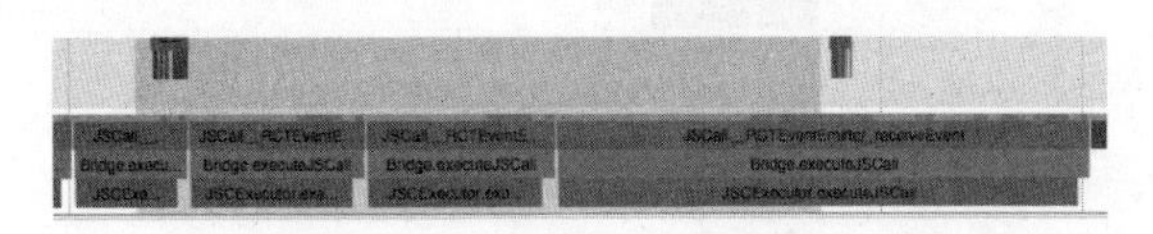

图 15-5 systrace 日志结果

可以看到在上图中每一帧的结果中，RCTEventEmitter 被调用了多次，我们可以查看代码判断是不是更新太多导致的，然后可以在生命周期函数 shouldComponentUpdate 中加以干涉以便提高 App 的重绘更新性能。

一般的调优过程非常复杂，需要你在收集日志后根据业务代码认真分析，这里介绍的主要是如何在 iOS 平台与 Android 平台进行日志的收集，后续还是需要你根据自己的代码详细分析，因为只有你自己最了解你的项目代码，从而进行项目代码性能的改进。

15.4 性能优化方法与组件

在对 React Native 项目进行性能优化时，除了上面章节提到的要避开那些可能会造成 React Native 性能低下的代码实现，我们还可以有针对性地去优化 React Native 的代码，以便进一步提高 React Native App 的性能。

15.4.1　性能优化原则

React Native 项目性能优化的最核心原则就是尽量减少通过 bridge 的通信内容，也就是在前端 JavaScript 代码与原生平台之间的通信量要小。

比如，在项目中使用了 ListView 加载了非常多的数据，那么这些数据在滚动时，就有可能会遭遇性能的问题。那么，首先我们可以使用滚动的 View（ScrollView）包裹内部滚动的列表进行性能的提升。

如果上面的方法还是不能很好地提升性能，原因是前端与原生平台通过 bridge 交互的数据量还是太多，页面组件的移动以及后续的渲染都会通过 bridge 通信，以便让原生平台进行对应的渲染动作。这时，我们就可以将一些滚动操作、页面透明度等等之类的操作通过混合开发的模式，将这些计算操作在原生平台中实现，然后通过事件的方式暴露给前端平台，前端 JavaScript 代码只需要传递参数调用即可。bridge 之间传递的数据量大大减少，React Native App 的性能将会得到大幅提升。

15.4.2　使用特定平台组件

如果对应的平台有特定的组件，那么在考虑过平台代码复用的利弊后，可以使用特定平台的组件开发特定平台的功能，如 NavigatorIOS、TabBarIOS 等，后缀指明了特定的平台。

如果需要将两个平台的代码写在同一个代码文件中，可以通过判断 platform 进行代码的分别实现。platform 参数的使用如下。

```
1. //导入 Platform
2. import {Platform} from 'react-native';
3.
4. if(Platform.OS === 'ios'){
5.   // 添加 iOS平台的特定代码
6.   //或者使用iOS平台特定的组件去实现功能
7. }
8. else if(Platform.OS === 'android'){
9.   // 添加 Android平台的特定代码
10.  //或者使用Android平台特定的组件去实现功能
11. }
```

Platfrom 参数还有一个使用场景就是，在分别针对 iOS 平台与 Android 平台优化时，可以将对应平台的代码写在对应的平台下。

关于特定平台的组件高性能实现的原理可以在学习了下一章节关于如何查阅React Native源码的讲解后，去深入理解React Native底层组件的实现。

15.4.3 高性能第三方组件

如果某些组件在React Native App的开发过程中，成为较大的性能瓶颈，除了通过上面介绍的一些方式进行优化外，这些组件的性能问题肯定不会只有你一个人遇到，还可以通过快速地使用一些高性能的第三方组件来解决，这些组件本就是针对性能问题进行特别优化过的。

表15-2给大家列举了一些React Native生态下的高性能第三方组件，供大家参考使用，同样这些开源组件内部的实现方法也值得你后期学习研究之用。

表 15-2 React Native 高性能第三方组件

名 称	介 绍	地 址
react-native-fast-image	高性能的React Native图片显示组件，支持iOS平台与Android平台	https://github.com/DylanVann/react-native-fast-image
react-native-largelist	高性能的React Native列表组件，可以用于加载大量的列表数据，支持iOS平台与Android平台	https://github.com/bolan9999/react-native-largelist
react-native-display	通过样式控制元素显示与隐藏组件，具备动画效果以及较好的性能	https://github.com/sundayhd/react-native-display
react-native-swipeview	滑动组件，支持iOS平台与Android平台，解决了React Native框架滑动组件的性能问题	https://github.com/rishabhbhatia/react-native-swipeview
react-native-interactable	高性能的页面交互实现组件，如视图元素的滑动、拖动、滚动等	https://github.com/wix/react-native-interactable

15.4.4 资源优化

React Native项目最终会将所有的资源文件打包成一个Bundle文件，这个在项目打包的章节有其原理与实战的讲解。

如果最终打包的Bundle文件太大的话，App的整体加载与执行都会受到Bundle尺寸的影响，所以我们要控制Bundle的尺寸大小。

React Native在打包Bundle文件时，除了将我们编写的JavaScript代码打包外，也会将图片等资源打包进去，所以除了一些如Tab图标或一些页面显示基础框架使用到的图片资源外，其他的图片资源文件可以通过网络加载的方式进行加载，甚至从图片的 CDN 上去加载，这样还同时优化了图片资源的网络请求。

另外，图片资源在使用或上传到 CDN 前要进行适当地压缩，既要保证图片显示的质量也要控制图片的大小，从而可以大大提高后期用户加载图片的速度与用户体验。可以尝试使用 Image 组件章节介绍的 WebP 图片格式。

Bundle 文件还可以进行拆分，将用户打开 App 一些必备的资源文件打包成一个 Bundle 文件，其他的资源文件再打包成一个 Bundle 文件，这样除了优化 App 的打开速度外，还可以让资源文件按需加载，进一步提升 React Native App 的性能。

15.5　本章小结

性能调优一般都是在 App 开发成型之后进行的事情。我们在开发的过程中尽量避开那些可能造成 React Native App 性能低下的原因，在后期测试时，如果发现 App 的性能有问题，可以通过连接对应平台的设备到电脑，使用对应平台的性能日志收集工具收集性能日志，就像给 App 开出一个“健康体检报告”。后续的性能优化需要你静下心来去逐步完成，因为只有你最熟悉你自己写的代码，并且写出高性能代码也应该是一个软件开发人员的进阶追求。

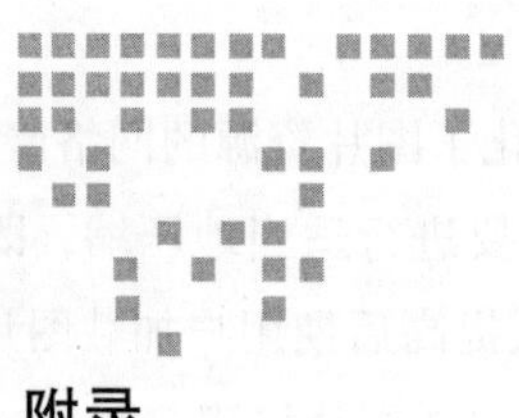

Appendix 附录

React Native 源码学习方法及其他资源

最后的章节给大家介绍 React Native 源码的查阅方法，以便你进行更加高阶的开发与研究时参阅，并分享了开发过程中可能遇到的众多问题的解决方案，以及与 React Native 开发相关、本书相关的一些线上资源。

React Native 源码剖析

我们在学习了 React Native 开发的方方面面之后，再次回到 React Native 的本质。给大家简要介绍 React Native 源码的学习方法，对 React Native 源码的整体框架做一个简单介绍，后续如果大家想深入阅读 React Native 框架的源码，希望这部分对你有所帮助，并且能从源码中学习到复杂框架的设计思想，希望大家也能“造出复杂的轮子”。

React Native 项目的 GitHub 地址为：https://github.com/facebook/react-native，源码的基本结构如图 A-1 所示。

说明如下：

- 根目录中主要包含了项目的一些配置文件和一些描述性文档；
- 初始化项目的 React Native CLI 定义在 react-native-cli 文件夹下；
- RNTester 文件夹包含了 React Native 项目的单元测试用例以及组件、API 的使用示例代码，是一个学习 React Native 组件与 API 使用方法的宝库，这个

ContainerShip	Update license headers for MIT license	13 days ago
IntegrationTests	Update license headers for MIT license	13 days ago
Libraries	Avoid var specific hoisting rules	5 hours ago
RNTester	workaround android-only js module resolution issue	a day ago
React	iOS: pass fabric flag down to RCTRootView/RCTSurface for proper unmou...	a day ago
ReactAndroid	Fix appendChild	5 hours ago
ReactCommon	Check PATENTS does not creep into files	14 hours ago
ReactNative	Use only native robolectric_test rules.	14 days ago
babel-preset	Add possibility to add custom plugin prefix	2 days ago
bots	Do not mention people, suggest labels	a day ago
flow-github	Fix ESLint warnings using 'yarn lint --fix'	8 days ago
flow	Update license headers for MIT license	13 days ago
gradle/wrapper	Android - Update Gradle to 2.2.3	a year ago
jest	Add missing mock for AppState (removeEventListener)	4 days ago
keystores	Apply auto-formatter for BUCK files in fbandroid.	a year ago
lib	Update license headers for MIT license	13 days ago
local-cli	Remove optional parameter from server and enforce empty list everywhere	17 hours ago
react-native-cli	Update to MIT license	13 days ago
react-native-git-upgrade	Update to MIT license	13 days ago
scripts	Check PATENTS does not creep into files	14 hours ago
third-party-podspecs	Update to MIT license	13 days ago
.buckconfig	update gitignore & fix links	9 months ago
.buckjavaargs	limiting BUCK's memory for CI	2 years ago
.editorconfig	Fix indent of .gradle files	a year ago
.eslintignore	Split out docs to their own repo	3 months ago
.eslintrc	Fold .eslintrc's into the root eslintrc	15 days ago
.flowconfig	@allow-large-files Upgrade xplat/js to Flow v0.66	13 days ago
.gitattributes	Added a .gitattributes file, ensuring that Bash script source files (...	2 years ago
.gitignore	Switch e2e to yarn	23 days ago
.npmignore	Update .npmignore to include generated bundle file	a year ago

图 A-1 React Native 源码结构

在之前的章节有过介绍；

- React 文件夹是 iOS 原生平台的项目文件夹，用于与 React Native 的 JavaScript 代码通信；
- ReactAndroid 文件夹是 Android 原生平台的项目文件夹，用于与 React Native 的 JavaScript 代码通信；
- babel-preset 文件夹是 React Native 项目的 Babel 预配置；
- Libraries 文件夹是 React Native 源码的核心，所有的 React Native 组件与 API 的实现都在此文件夹中。

接下来我们任意找一个组件来看看 React Native 是如何实现的，假设我们就来看看 Alert 组件的实现，其实通过我们在 React Native 与原生平台混合开发章节的学习，已经大概知道了 React Native 是如何来实现的。

我们先来看 Alert 组件 JavaScript 端的实现，Alert 组件包含的文件如图 A-2 所示。

Alert.js	Fix ESLint warnings using 'yarn lint --fix'
AlertIOS.js	Fix ESLint warnings using 'yarn lint --fix'
RCTAlertManager.android.js	Update license headers for MIT license
RCTAlertManager.ios.js	Update license headers for MIT license

图 A-2 Alert 组件源码结构

源码在 https://github.com/facebook/react-native/blob/master/Libraries/Alert/Alert.js

```
1. ......
2. class Alert {
3.
4.   /**
5.    * Launches an alert dialog with the specified title and message.
6.    *
7.    * See http://facebook.github.io/react-native/docs/alert.html#alert
8.    */
9.   static alert(
10.     title: ?string,
11.     message?: ?string,
12.     buttons?: Buttons,
13.     options?: Options,
14.     type?: AlertType,
15.   ): void {
16.     if (Platform.OS === 'ios') {
17.       if (typeof type !== 'undefined') {
18.         console.warn('Alert.alert() with a 5th "type" parameter is
            deprecated and will be removed. Use AlertIOS.prompt() instead.');
19.         AlertIOS.alert(title, message, buttons, type);
20.         return;
21.       }
22.       AlertIOS.alert(title, message, buttons);
23.     } else if (Platform.OS === 'android') {
24.       AlertAndroid.alert(title, message, buttons, options);
25.     }
26.   }
27. }
28.
29. /**
30.  * Wrapper around the Android native module.
31.  */
```

```
32. class AlertAndroid {
33.
34.   static alert(
35.     title: ?string,
36.     message?: ?string,
37.     buttons?: Buttons,
38.     options?: Options,
39.   ): void {
40.     var config = {
41.       title: title || '',
42.       message: message || '',
43.     };
44.
45.     if (options) {
46.       config = {...config, cancelable: options.cancelable};
47.     }
48.     // At most three buttons (neutral, negative, positive). Ignore rest.
49.     // The text 'OK' should be probably localized. iOS Alert does that
          in native.
50.     var validButtons: Buttons = buttons ? buttons.slice(0, 3) : [{text:
          'OK'}];
51.     var buttonPositive = validButtons.pop();
52.     var buttonNegative = validButtons.pop();
53.     var buttonNeutral = validButtons.pop();
54.     if (buttonNeutral) {
55.       config = {...config, buttonNeutral: buttonNeutral.text || '' };
56.     }
57.     if (buttonNegative) {
58.       config = {...config, buttonNegative: buttonNegative.text || '' };
59.     }
60.     if (buttonPositive) {
61.       config = {...config, buttonPositive: buttonPositive.text || '' };
62.     }
63.     NativeModules.DialogManagerAndroid.showAlert(
64.       config,
65.       (errorMessage) => console.warn(errorMessage),
66.       (action, buttonKey) => {
67.         if (action === NativeModules.DialogManagerAndroid.button-
              Clicked) {
68.           if (buttonKey === NativeModules.DialogManagerAndroid.button-
                Neutral) {
69.             buttonNeutral.onPress && buttonNeutral.onPress();
70.           } else if (buttonKey === NativeModules.DialogManagerAndroid.
               buttonNegative) {
```

```
71.               buttonNegative.onPress && buttonNegative.onPress();
72.             } else if (buttonKey === NativeModules.DialogManagerAndroid.
               buttonPositive) {
73.               buttonPositive.onPress && buttonPositive.onPress();
74.             }
75.           } else if (action === NativeModules.DialogManagerAndroid.
             dismissed) {
76.             options && options.onDismiss && options.onDismiss();
77.           }
78.         }
79.       );
80.     }
81. }
82.
83. module.exports = Alert;
84. ......
```

此段代码省略了头部的相关内容，在代码的第16行通过Platform变量判断当前所运行的平台，如果是iOS平台，那么就调用AlertIOS文件中定义的代码，如果是Android平台就调用代码第32行定义的AlertAndroid用于实现对Android原生平台Alert的调用。注意代码的第63行，是不是和我们实战React Native与Android平台混合开发的实现一样？所以React Native的所有组件与API基本都是通过此种方法进行了封装后提供给了开发者，所以我们可以说iOS原生平台与Android原生平台具备的功能都可以通过封装后在React Native框架中使用。

对应的Android原生端的实现代码在：https://github.com/facebook/react-native/blob/26684cf3adf4094eb6c405d345a75bf8c7c0bf88/ReactAndroid/src/main/java/com/facebook/react/modules/dialog/DialogModule.java。

```
1. ......
2.  @ReactMethod
3.   public void showAlert(
4.       ReadableMap options,
5.       Callback errorCallback,
6.       final Callback actionCallback) {
7.     final FragmentManagerHelper fragmentManagerHelper = getFragment-
       ManagerHelper();
8.     if (fragmentManagerHelper == null) {
9.       errorCallback.invoke("Tried to show an alert while not attached to
         an Activity");
10.      return;
```

```
11.      }
12.
13.      final Bundle args = new Bundle();
14.      if (options.hasKey(KEY_TITLE)) {
15.        args.putString(AlertFragment.ARG_TITLE, options.getString(KEY_
             TITLE));
16.      }
17.      if (options.hasKey(KEY_MESSAGE)) {
18.        args.putString(AlertFragment.ARG_MESSAGE, options.getString
             (KEY_MESSAGE));
19.      }
20.      if (options.hasKey(KEY_BUTTON_POSITIVE)) {
21.        args.putString(AlertFragment.ARG_BUTTON_POSITIVE, options.get-
             String(KEY_BUTTON_POSITIVE));
22.      }
23.      if (options.hasKey(KEY_BUTTON_NEGATIVE)) {
24.        args.putString(AlertFragment.ARG_BUTTON_NEGATIVE, options.get-
             String(KEY_BUTTON_NEGATIVE));
25.      }
26.      if (options.hasKey(KEY_BUTTON_NEUTRAL)) {
27.        args.putString(AlertFragment.ARG_BUTTON_NEUTRAL, options.get-
             String(KEY_BUTTON_NEUTRAL));
28.      }
29.      if (options.hasKey(KEY_ITEMS)) {
30.        ReadableArray items = options.getArray(KEY_ITEMS);
31.        CharSequence[] itemsArray = new CharSequence[items.size()];
32.        for (int i = 0; i < items.size(); i ++) {
33.          itemsArray[i] = items.getString(i);
34.        }
35.        args.putCharSequenceArray(AlertFragment.ARG_ITEMS, itemsArray);
36.      }
37.      if (options.hasKey(KEY_CANCELABLE)) {
38.        args.putBoolean(KEY_CANCELABLE, options.getBoolean(KEY_CANCELABLE));
39.      }
40.
41.      UiThreadUtil.runOnUiThread(new Runnable() {
42.        @Override
43.        public void run() {
44.          fragmentManagerHelper.showNewAlert(mIsInForeground, args,
               actionCallback);
45.        }
46.      });
47.
48.    }
```

```
49. ......
```

通过如上代码可以看到整个 Android 端的 showAlert 实现完全就是我们平时进行 Android 原生开发的代码实现，而通过 React Native 的封装之后，可以轻松让开发者在前端通过 JavaScript 的代码调用原生平台的方法，还可以直接适配两个平台，这样的框架设计的确有魅力，源码也值得好好阅读。

以上主要是把 React Native 源码的基本结构告诉大家，空闲时间大家可以多去阅读 React Native 的实现源码，希望能对你 React Native 的学习再多一些帮助。

关于源码学习过程中的任何问题都可以在本书的线上资源站点找到我的联系方式并和我交流。

难题解决方法与 Issues 重要作用

任何开发语言的学习，即使相关的书籍讲解得再详细，也不可能完全覆盖你在开发过程中遇到的所有问题，所以我们需要掌握一些查找疑难问题的基本方案。

关于大家在学习本书进行 React Native 开发的过程中，有几个建议遵循的原则与查找问题的方案供大家参考。

1. 不要纠结于 React Native 的版本问题

很多时候我们纠结于 React Native 版本更新后，自己已学习的知识是否会过时，从而频繁地在安装最新版本的 React Native 框架、以及解决新版本与老代码冲突上浪费太多的时间。其实很多的前端框架的更新都比较激进，React 基本实现了两周版本一更新，而每次的版本升级肯定会导致和你既有的项目代码有稍许冲突的地方，而如果你花大量地时间去解决这些冲突没有太大的意义。

所以一般的建议是你固定一个版本的 React Native 进行学习，因为版本的更新一般都很小，你只需要专注于框架的使用学习，尽快通过代码实战掌握框架的基本使用，后期可以认真研究框架的底层实现原理，新版本基本都不会离开你已掌握的框架知识，更不会与你理解的实现原理有太大出入。

2. 单个平台进行问题定位

React Native 的开发因为涉及 iOS 平台与 Android 平台的适配，有时一个问题可能影响到了两个平台的表现，这时应该逐个平台突破，而不是两个平台来一起调试，否则会造成代码的逻辑混乱，如果需要在代码上强制分离逻辑调试，可以通过 Platform 变量判断当前是运行在哪个平台，进而编写特定的平台代码进行分离调试。

3. 善用官方的 Issues

React Native 因为源码就发布在 GitHub 上，所以你可以直接在 GitHub 项目页面上查找开发过程中遇到的问题，在 Issues 页面中已包含了近万个问题，基本上你使用过程中遇到的问题肯定有别人遇到过，所以要学会直接在 Issues 中查找问题的原因以及解决方案，实在找不到解决方案你还可以向 React Native 项目提交 Issue，并可以获得 React Native 开发团队的回复，我想应该没有人比 React Native 开发团队的人更了解 React Native 了吧，不过在提问前最好自己多动手查阅一遍所有的 Issues 是否已包含了你遇到的问题了。

React Native 的官方 Issues 地址为：https://github.com/facebook/react-native/issues，截图如图 A-3 所示。

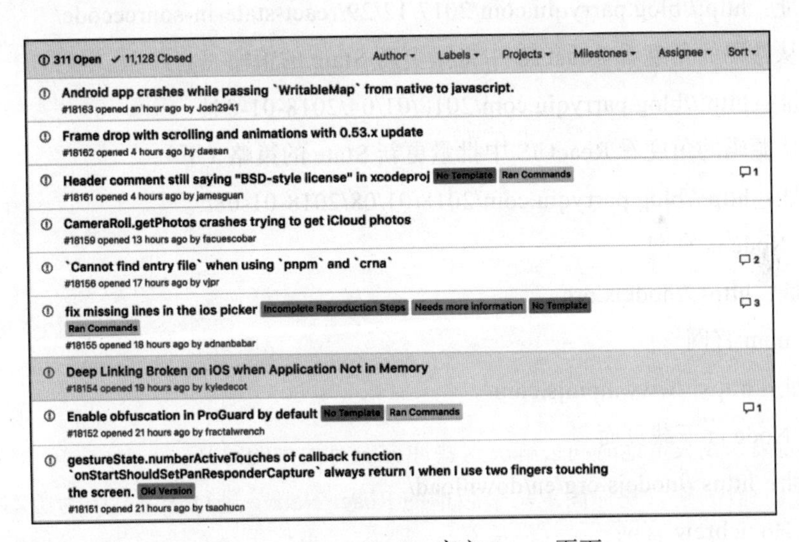

图 A-3　React Native 官方 Issues 页面

书籍相关资源列表

1. 本书配套源码的 GitHub 地址

包含书籍中所有标注的完整代码、代码片段等，所有的章节代码都进行了单独文件夹存放，方便查阅，后续关于本书的相关更新也在此 GitHub 中更新。

地址：https://github.com/ParryQiu/ReactNative-Book-Demo

2. React GitHub

地址：https://github.com/facebook/react/

3. React Native 官网

地址：https://facebook.github.io/react-native/

4. React Native GitHub

地址：https://github.com/facebook/react-native

5. awesome-react-native GitHub

地址：https://github.com/jondot/awesome-react-native

6. 深入理解 React JS 中的 setState

地址：http://blog.parryqiu.com/2017/12/19/react_set_state_asynchronously/

7. 从源码的角度再看 React JS 中的 setState

地址：http://blog.parryqiu.com/2017/12/29/react-state-in-sourcecode/

8. 从源码的角度看 React JS 中批量更新 State 的策略（上）

地址：http://blog.parryqiu.com/2018/01/04/2018-01-04/

9. 从源码的角度看 React JS 中批量更新 State 的策略（下）

地址：http://blog.parryqiu.com/2018/01/08/2018-01-08/

10. Node.js 官网

地址：https://nodejs.org

11. npm 官网

地址：https://www.npmjs.com/

12. Node.js 下载页面

地址：https://nodejs.org/en/download/

13. Homebrew 官网

地址：https://brew.sh/

14. 官方 UI 示例 App

地址：https://github.com/facebook/react-native/tree/master/RNTester

15. react-native-elements

地址：https://github.com/react-native-training/react-native-elements

16. react-native-tab-navigator

地址：https://github.com/happypancake/react-native-tab-navigator

17. react-native-navigation

地址：https://github.com/wix/react-native-navigation

18. react-native-keychain

地址：https://github.com/oblador/react-native-keychain

19. react-native-sensitive-info

地址：https://github.com/mCodex/react-native-sensitive-info

20. react-native-image-picker

地址：https://github.com/react-community/react-native-image-picker

21. Fetch API 文档

地址：https://developer.mozilla.org/en-US/docs/Web/API/Fetch_API/Using_Fetch

22. Awesome React Native

地址：https://github.com/jondot/awesome-react-native

23. react-native-open-share

地址：https://github.com/ParryQiu/react-native-open-share

24. 新浪微博开放平台

地址：http://open.weibo.com/

25. 微信开放平台

地址：https://open.weixin.qq.com/

26. QQ 开放平台

地址：http://open.qq.com/

27. React-Virgin

地址：https://github.com/Trixieapp/react-virgin

28. react-native-pathjs-charts

地址：https://github.com/capitalone/react-native-pathjs-charts

29. react-native-gifted-listview

地址：https://github.com/FaridSafi/react-native-gifted-listview

30. react-native-vector-icons

地址：https://github.com/oblador/react-native-vector-icons

31. React Native metro

地址：https://github.com/facebook/metro

32. Genymotion

地址：https://www.genymotion.com/

33. 极光推送官网

地址：https://www.jiguang.cn/

34. jpush-react-native

地址：https://github.com/jpush/jpush-react-native

35. 极光推送 iOS 证书设置向导

地址：https://docs.jiguang.cn/jpush/client/iOS/ios_cer_guide/

36. Ape Tools

地址：http://apetools.webprofusion.com/tools/imagegorilla

37. App 图标生成工具

https://makeappicon.com/

http://ios.hvims.com/

https://romannurik.github.io/AndroidAssetStudio/

38. react-native-code-push

地址：https://github.com/Microsoft/react-native-code-push

39. React Native Issues

地址：https://github.com/facebook/react-native/issues

40. 以上的所有链接汇总页面

如果需要查阅以上的链接，而手动在浏览器中输入太麻烦，你可以直接访问本书的线上所有链接汇总站点，其中你可以看到以上的所有链接以及链接说明，直接点击即可访问、查阅，希望能帮助大家提高学习效率。

地址：http://rn.parryqiu.com